HarmonyOS

APPLICATION DEVELOPMENT FOR GETTING STARTED & PROJECT-BASED GUIDE

鸿蒙应用开发
入门与实战

陈 伟　徐晓冬　编著

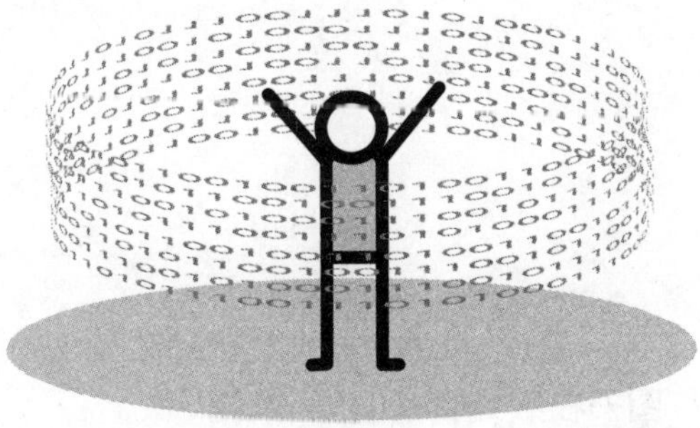

化学工业出版社
·北京·

内容简介

本书以“理论+实战”的形式系统讲解鸿蒙OS应用开发全流程。全书从鸿蒙架构解析、开发环境搭建入手，详细讲解TypeScript基础、UI组件开发、框架服务调用等核心技术，并深入剖析音视频处理、网络通信等关键模块。最后通过完整项目案例，演示从开发到上架的全过程，帮助开发者快速掌握鸿蒙应用开发技能。

本书注重实用性，通过系统化的知识架构、典型场景案例和经过验证的示例代码，帮助开发者快速掌握鸿蒙OS应用开发的核心技能。书中还采用了双角色对话形式，将复杂的系统概念转化为直观的开发实践，帮助读者更深入地理解技术要点。

本书适合鸿蒙开发初学者及进阶开发者学习参考。

图书在版编目（CIP）数据

鸿蒙应用开发入门与实战 / 陈伟，徐晓冬编著. 北京 : 化学工业出版社，2025. 11. -- ISBN 978-7-122-48807-7

Ⅰ. TN929. 53

中国国家版本馆CIP数据核字第2025U2R991号

责任编辑：于成成　　装帧设计：王晓宇
责任校对：边　涛

出版发行：化学工业出版社
（北京市东城区青年湖南街13号　邮政编码100011）
印　　装：高教社（天津）印务有限公司
787mm×1092mm　1/16　印张20　字数500千字
2026年1月北京第1版第1次印刷

购书咨询：010-64518888　　售后服务：010-64518899
网　　址：http://www.cip.com.cn
凡购买本书，如有缺损质量问题，本社销售中心负责调换。

定　　价：99.00元

鸿蒙 HarmonyOS

前言

PREFACE

随着智能设备的快速普及，传统的单设备操作系统已难以满足用户对跨设备无缝体验的需求。在这一背景下，华为推出了鸿蒙 OS（HarmonyOS），以分布式架构为核心，打破设备之间的壁垒，为智能手机、平板、智能家居、车载系统等提供了一体化的操作体验。鸿蒙 OS 不仅是华为生态的核心，更是中国在操作系统领域的重要突破，代表了万物互联时代的全新探索。

对于很多开发者来说，鸿蒙 OS 仍是一片相对陌生的领域。它不仅引入了全新的应用开发模式，还整合了分布式能力、多设备协同、轻量化设计等特性。这些创新虽然提升了系统的智能化体验，但也对开发者提出了新的挑战。如何快速上手鸿蒙 OS？如何理解它的核心技术？如何高效开发出兼容多个设备的应用？这些问题是本书希望帮助读者解决的关键。

本书结合华为官方文档和一线开发经验，精心设计了从入门到进阶的知识体系。全书共分为三个部分，构建了一个完整的学习闭环。

第 1 部分是基础篇，包括第 1～3 章，介绍鸿蒙 OS 的发展背景、技术架构和生态体系；详细讲解开发环境的搭建，包括 DevEco Studio 的使用；系统介绍鸿蒙 OS 支持的编程语言（JavaScript、TypeScript 等）的基础知识，帮助读者快速上手。

第 2 部分是核心技术篇，包括第 4～7 章，深入探讨鸿蒙应用开发的各个关键技术点：从 UI 设计的各种组件使用，到框架服务的调用方法；从音视频处理的实现原理，到网络通信的最佳实践。每个技术点都配有精心设计的示例代码与逐步讲解。

第 3 部分是实战应用篇，包括第 8 章，通过一个完整的项目案例，讲解从零开始开发一个鸿蒙应用的全过程。这个项目将综合运用前面学到的各项技术，包括 UI 设计、数据存储、网络通信、设备协同等。

为了让学习过程更加生动有趣，书中设计了两个开发者角色——“小牛”和“小马”。他们将通过对话的形式，探索鸿蒙开发的奥秘。小马代表有经验的开发者，擅长理论分析；小牛则是刚入门的新手，善于提出实际问题。本书通过两位开发者的互动对话，将抽象的系统概念拆解为易于理解的开发实践，使读者能够更直观地把握鸿蒙 OS 的核心技术要点。

本书虽经反复打磨，但难免存在疏漏，恳请读者指正。期待本书能为开发者提供有价值的参考，共同推动鸿蒙生态建设，开创万物互联的智能新时代。

编著者

鸿蒙 HarmonyOS

目录
CONTENTS

第1章 鸿蒙OS背景介绍

1.1 鸿蒙OS的核心功能与技术特点

（1）分布式架构

鸿蒙OS采用分布式技术，支持跨设备部署和协同工作。例如，用户可以在智能手表上接听手机上的来电，或在平板电脑上继续手机上的文档编辑。它实现了多设备间的硬件虚拟化，形成一个统一的超级终端。

（2）轻量化与高性能

鸿蒙OS针对不同设备进行了优化，既适用于资源有限的物联网设备（如智能家居设备），也能流畅运行在高性能设备（如智能手机和智慧屏）上。其微内核设计保证了系统的安全性和高效性。

（3）开放性与兼容性

鸿蒙OS对开发者友好，支持多语言开发（如JavaScript、C++等），并提供了丰富的开发工具，如DevEco Studio，降低了开发者的学习和迁移成本。现有的Android开发者能够快速适配应用，为其生态系统的扩展提供了助力。

（4）全场景智能体验

鸿蒙OS覆盖了从智能家居、智能办公到智慧出行、健康管理等多个场景。通过华为的战略，鸿蒙OS为用户构建了一个涵盖生活方方面面的智能化解决方案。

1.2 市场前景与发展方向

鸿蒙OS发布后，在市场上迅速获得了硬件制造商和消费者的支持，并吸引了众多开发者参与生态建设。随着物联网设备的普及，全球对跨设备协同能力的需求日益增长，这为鸿蒙OS提供了广阔的市场空间。未来，鸿蒙OS可能在以下几个方面取得突破。

① 国际市场开拓：尽管目前鸿蒙 OS 主要面向中国市场，但随着技术的不断完善和合作伙伴的增加，鸿蒙 OS 有望进军国际市场，为更多国家和地区的用户提供智能解决方案。

② 生态系统扩展：通过吸引更多硬件制造商和开发者加入生态，鸿蒙 OS 可以进一步丰富其应用市场，完善用户体验。

③ 标准化与联盟建设：华为已联合多个合作伙伴成立了开放原子开源基金会（OpenHarmony），推动开源社区的发展，并通过制定行业标准加强鸿蒙 OS 的全球竞争力。

1.3 面临的挑战与应对策略

尽管鸿蒙 OS 在技术上和市场推广上取得了显著进展，但也面临不少挑战。

① 应用生态的完善：与 Android 和 iOS 相比，鸿蒙 OS 的应用生态仍处于起步阶段。华为需要通过提供更有吸引力的激励政策（如分成优惠、开发补贴），吸引更多开发者加入。

② 市场接受度：在全球市场，用户习惯和信任的转变需要时间。华为可以通过提供高性价比的硬件设备以及优秀的用户体验逐步建立口碑。

③ 竞争对手的压力：Android 和 iOS 占据了市场的大部分份额，并拥有强大的品牌效应和开发者支持。鸿蒙 OS 需要在差异化体验（如分布式协同、多设备交互）上持续创新，才能脱颖而出。

鸿蒙 OS 不仅仅是一款操作系统，它代表了华为对于未来智能生活的愿景。通过推动万物互联的实现，鸿蒙 OS 有潜力成为智能设备领域的核心平台，甚至引领行业标准的发展。华为对鸿蒙 OS 的长期支持和持续优化，表明它不仅是当前市场格局的补充，更可能是全球操作系统竞争格局的变革力量。

鸿蒙
HarmonyOS

第 2 章 环境搭建

2024 年 10 月 8 日，华为发布了 HarmonyOS NEXT API12 Release SDK，从 2024 年 11 月 10 日起，华为应用市场将只允许集成了该 SDK 的 API12 应用上架。这意味着，如果开发者使用的是 API12 及以下的 Beta 版本，应用将无法顺利上架。应用集成 Release SDK 如图 2-1 所示。

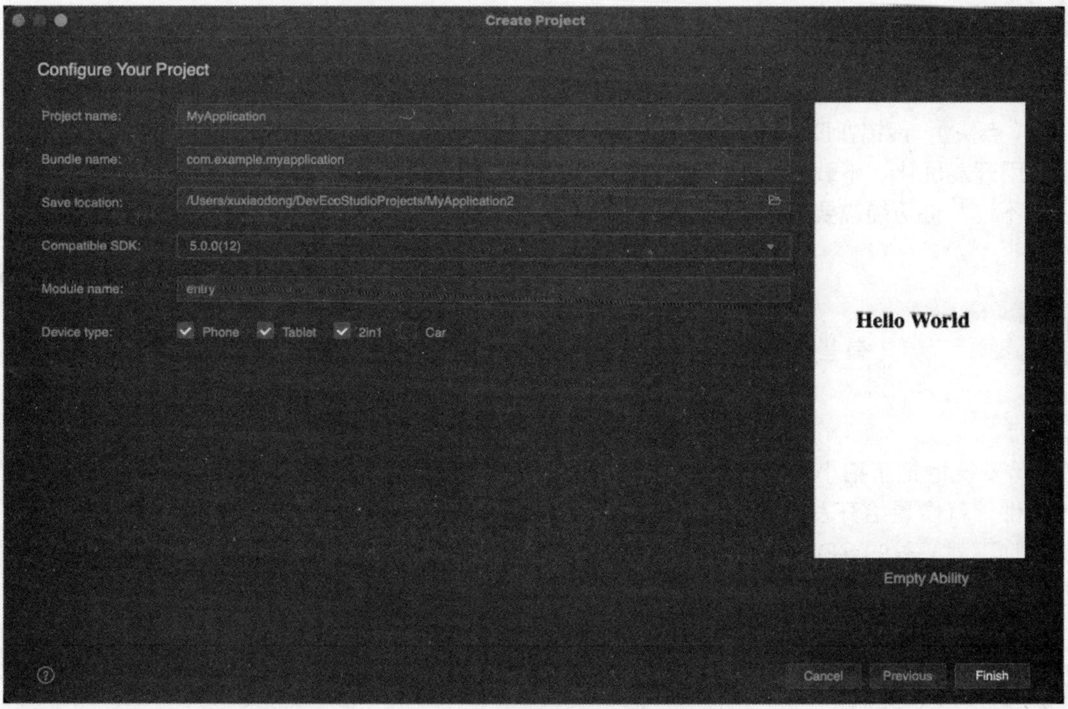

图 2-1　使用 Release SDK

小牛和小马是两个热爱编程、充满好奇心的年轻开发者，他们因为对技术的共同热爱而结缘，组成了一支高效的二人团队，二人正在学习鸿蒙 OS 开发语言

实验室的电脑前，小牛正试图搭建鸿蒙的开发环境，小马走了过来。

小牛：（盯着屏幕，有些迷茫）：小马，我在尝试搭建鸿蒙的开发环境，可是有点不知道该怎么开始。

小马：（微笑着）：别急，小牛。鸿蒙开发环境的搭建其实很简单，第一步就是下载官方的开发工具。就像准备做菜前，先要把食材都备齐。

小牛：（点点头）：那我需要去哪里下载这些工具呢？

小马：（打开浏览器）：你可以到鸿蒙的开发者官网去下载。

小牛：（看着页面）：嗯，看来我要下载 DevEco Studio，这是鸿蒙官方推荐的开发工具，对吧？

小马：（点头）：没错。DevEco Studio 是基于 Android Studio 开发的，专门为鸿蒙应用开发优化。下载好后，安装过程和普通的 IDE 差不多，一路“下一步”就行。不过，你可能需要先设置一些基本的开发环境配置。

小牛：（有些紧张）：还需要配置什么呢？是不是很复杂？

小马：（安抚地拍了拍小牛的肩膀）：不用担心。配置主要是下载一些必需的 SDK 和插件，就像是给开发工具加点“佐料”。DevEco Studio 第一次启动时会自动提示你下载鸿蒙的 SDK，你只要根据提示操作就可以了。

小牛：（放松了不少）：原来如此，那我就可以按照这个步骤先把工具装好，再配置 SDK？

（微笑着）：对的。安装完成后，你可以创建一个新项目，选择鸿蒙应用模板来快速入手。至于具体的开发设置，我们可以一步步来，先把环境搭建好再说。

小马

小牛

（兴奋地）：好！这下我有信心了，我这就去下载工具。

（端起咖啡杯）：加油，小牛！环境搭建好之后，就可以开始写代码，像厨师在厨房里大显身手了。

小马

2.1　环境搭建准备

搭建开发环境的第一步是下载官方的集成开发工具。可以前往 HarmonyOS 开发者网站下载适合的开发环境。华为开发者联盟提供了强大的工具和资源来帮助开发者在 HarmonyOS 平台上高效开发和发布应用，最新版本的 DevEco Studio 5.0.0 Release 对开发者提供了更加完善的支持，尤其是在 HarmonyOS NEXT 环境下。以下是一些重要的新增特性。

代码重构：支持类、方法、变量等重命名和安全删除，并可一键提取代码块、布局等为常量或方法，提升代码质量。

编译构建过程可视化分析：提供构建过程的可视化分析，支持构建日志导出、构建历史查看等，帮助开发者更好地优化构建流程。

自定义构建流程：灵活配置构建流程和目标产物，支持源码、资源等自定义配置。

布局检查器：可以在真机和模拟器上分析应用的 UI 界面，快速定位界面布局和性能问题。

多设备模拟器：支持手机、折叠屏、平板等设备的模拟，提供更真实的调试体验。

Benchmark 检测和性能分析：通过 Profiler 等工具进行性能检测，快速识别应用的性能瓶颈。

AI 辅助编程（Beta）：提供 CodeGenie 和 UI Generator 插件，支持智能知识问答、代码生成等功能，进一步提高开发效率。

关键特性总结如下。

智能编辑：代码高亮、智能补全、错误检查等功能，提高开发效率。

灵活构建工具：DevEco Hvigor 工具让构建任务更加轻量化。

多端实时预览：支持多端动态预览，快速查看 UI 显示效果。

跨语言调试：支持 ArkTS 和 C++ 跨语言调试，帮助开发者轻松解决多语言项目中的问题。

应用模型：应用模型是 HarmonyOS 为开发者抽象出的应用程序能力框架，它整合了应用开发所需的组件和运行机制，旨在帮助开发者更高效地构建应用。通过这种统一的模型，开发过程变得更加规范化和便捷。目前有两种应用模型：FA（Feature Ability）模型和 Stage

模型。两种应用模型的特点如下。

（1）FA 模型

简介：自 HarmonyOS API 7 开始支持，但目前已逐渐淡出主流开发。

特点：适用于早期的 HarmonyOS 应用开发场景。

现状：官方文档快速入门部分不再推荐此模型。

（2）Stage 模型

简介：自 HarmonyOS API 9 引入，目前是主要推荐的开发模型，并将在未来持续演进。

特点：Stage 模型通过提供 AbilityStage 和 WindowStage 等类，作为应用组件和窗口管理的“舞台”，使开发更加直观和模块化。

快速入门：以 Stage 模型为例，提供了一个包含两个页面的开发实例，帮助开发者快速构建首个基于 ArkTS 的应用。

（3）模型对比与开发建议

FA 模型与 Stage 模型在整体架构和设计思想上存在显著差异。如果需要深入了解其细节，可参考官方文档中的应用模型对比部分。在快速入门和日常开发中，建议优先选择 Stage 模型，以便更好地适应未来的框架演进。

安装的系统要求如下。

Windows：16GB 内存，100GB 硬盘空间，支持 Windows 10/11 64 位操作系统。

macOS：8GB 内存，100GB 硬盘空间，支持 macOS 11/12/13/14 版本（x86 及 ARM 架构）。

选择对应系统进行下载后，打开安装包，安装 IDE，如图 2-2、图 2-3 所示。

实验室的电脑前，小牛刚刚下载完 DevEco Studio 的安装包，正在准备安装，小马在一旁指导。

小牛

（打开安装包）：我已经下载好 DevEco Studio，现在正在运行安装程序。接下来要怎么做?

图 2-2　下载 IDE

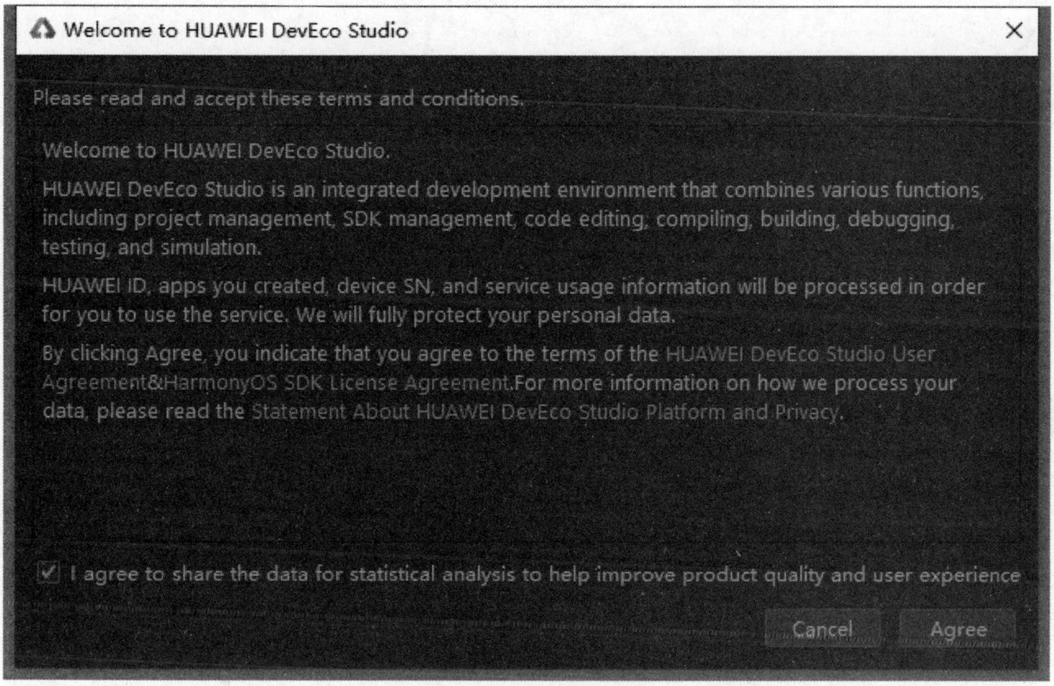

图 2-3　安装 IDE

小马（看着屏幕）：很好！按照安装向导的步骤来就行。接下来会出现一些选项，默认设置就可以了，点击“下一步”继续。

小牛（点击“下一步”）：这个步骤好像很简单。不过，安装到一半的时候，提示需要安装 Node.js 和 OHPM。这是干什么用的？

小马（点头解释）：这是正常的，Node.js 和 OHPM 是开发鸿蒙应用的必要工具。Node.js 是用来支持 JavaScript 编译的运行时环境，OHPM 则是鸿蒙的包管理工具，用来管理项目中的依赖库和模块。

小牛（点点头）：所以这些工具是自动安装的，不需要我额外配置？

小马（微笑着）：没错，安装向导会自动下载并配置好它们。你只需要点击“下一步”，让它继续完成安装就行，就像在做饭时，厨房里的调料都已经备好了，不用自己再去准备。

小牛：（继续点击“下一步”）：原来如此，这样省去了不少麻烦。

小马：（举起咖啡杯）：对啊，鸿蒙的开发环境设计得比较人性化，尽量简化初学者的安装步骤。安装完 IDE 和这些工具后，你就可以正式开始项目开发了。

小牛：（充满干劲）：那我先把这些工具装好，然后就可以尝试创建一个鸿蒙项目了！

小马：（点点头）：没错！安装完成后，我们可以一步步来，先创建一个简单的“Hello World”应用，熟悉一下开发流程。

2.2 创建第一个项目

第一次打开需要安装 Node. js 和 OHPM，分别代表开发的编译语言和开发工具，默认不需要配置。全部安装完成后，就可以新建项目。勾选第一个 Empty Ability，如图 2-4 所示。

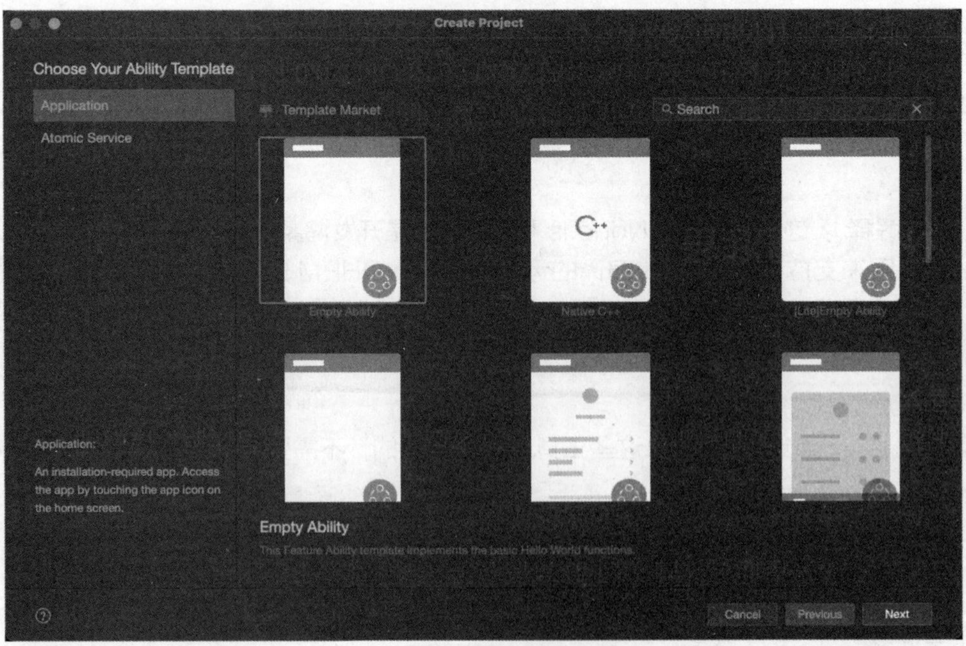

图 2-4　勾选 Empty Ability

接下来配置项目名称、包名、位置等信息，点击 Finish 按钮，完成创建，如图 2-5 所示。

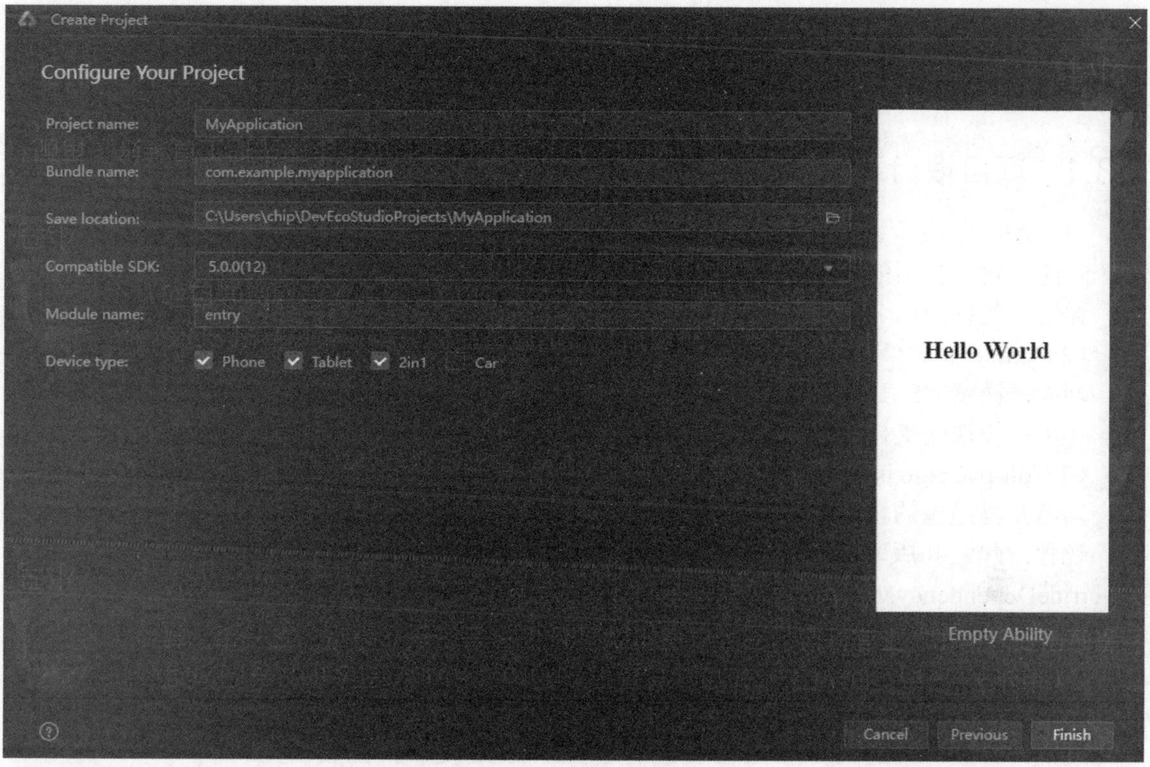

图 2-5　配置项目信息

没有任何报错，就表示创建成功，如图 2-6 所示。

图 2-6　创建项目成功

2.3 项目简介

鸿蒙 OS 项目的文件结构及各文件的功能简介如下，适合开发者快速了解各类配置文件和源码目录的作用。

2.3.1 项目根目录

（1）AppScope > app.json5

功能：定义应用的全局配置信息。

详情：包括应用名称、版本、图标、权限等，具体配置见官方文档 app.json5 配置文件。

（2）entry

功能：鸿蒙 OS 工程模块，负责构建和生成一个 HAP（HarmonyOS Ability Package）包。

作用：模块化支持，为不同设备分发提供灵活性。

（3）oh-package.json5

功能：描述包的全局配置信息。

包含：包名和版本；入口文件；依赖项管理，如依赖覆盖（overrides）和依赖关系重写（overrideDependencyMap）。

（4）oh_modules

功能：存放三方库的依赖信息，类似于 Node.js 项目的 node_modules。

（5）src > main > ets

功能：存放应用的 ArkTS 源码，是开发者编写业务逻辑的主要位置。

（6）src > main > ets > entryability

功能：应用或服务的主要入口。

（7）src > main > ets > entrybackupability

功能：应用扩展的备份恢复能力模块，便于数据备份与迁移。

（8）src > main > ets > pages

功能：存放应用或服务中的各个页面。

（9）src > main > resources

功能：资源文件存放目录，包括图形、音频、视频、字符串、多语言文件和布局文件等。

详情：可参考资源分类与访问。

（10）src > main > module.json5

功能：模块级配置文件，用于配置 HAP 包及其运行时环境。

配置项：设备兼容性、应用图标、运行模式等。

（11）工程级文件 build-profile.json5

.json5 文件为 HarmonyOS 应用的核心配置文件，主要定义了应用的基本信息、运行环境、API 版本等，示例代码如下所示。

```
{
  "app": {
    "bundleName": "com.application.myapplication",
    "vendor": "example",
```

```
    "versionCode": 1000000,
    "versionName": "1.0.0",
    "icon": "$media:layered-image",
    "label": "$string:app_name",
    "description": "$string:description_application",
    "minAPIVersion": 9,
    "targetAPIVersion": 9,
    "apiReleaseType": "Release",
    "debug": false,
    "car": {
      "minAPIVersion": 8
    },
    "targetBundleName": "com.application.test",
    "targetPriority": 50,
    "appEnvironments": [
      {
        "name":"name1",
        "value": "value1"
      }
    ],
    "maxChildProcess": 5,
    "multiAppMode": {
      "multiAppModeType": "multiInstance",
      "maxCount": 5
    },
    "cloudFileSyncEnabled": false,
    "configuration": "$profile:configuration"
  }
}
```

2.3.2 核心属性解读

（1）基础信息

① bundleName　唯一标识应用的名称，必须符合反域名命名规范（如 com.example.demo）。必填，长度范围为 7～128 字节。

② vendor　开发厂商信息，可选填。

③ versionCode & versionName　应用的内部版本号（整数）和展示给用户的版本号（字符串）。versionCode 必填，且新版本必须大于旧版本。versionName 通常采用“A.B.C.D”格式。

（2）平台兼容

① minAPIVersion & targetAPIVersion　定义应用支持的最小和目标 API 版本。由编译工具自动生成。

② apiReleaseType　API 版本的类型，可取 CanaryN、BetaN 或 Release。

③ 设备定制（如 car、tablet 等） 针对特定设备（如车载、平板）进行配置，优先级高于公共区域。

（3）调试与发布

① debug　标识是否启用调试模式。通常在开发阶段设为 true，发布阶段为 false。

② generateBuildHash　打包时是否生成哈希值（主要用于系统预置应用）。

（4）多应用模式

multiAppMode 支持多实例模式（multiInstance）或单实例模式（singleInstance），并可以限制实例数量。

（5）其他

① maxChildProcess　子进程数量限制，范围为 0～512，0 表示不限制。

② icon、label、description　分别表示应用的图标、名称、描述信息，通常引用资源文件。

2.3.3 配置标签常见问题

（1）哪些标签是必填项？

必填项标签包括 bundleName、versionCode、versionName、icon、label。

（2）如何配置多设备支持？

通过设备标签（如 car、tablet）进行特定属性覆盖。示例：

```
"car": {
  "minAPIVersion": 8
},
"tablet": {
  "minAPIVersion": 7
}
```

（3）调试相关的最佳实践

在开发时设置“debug”：true，发布时务必改为“debug”：false。

可通过 asanEnabled 或 GWPAsanEnabled 启用内存调试工具，辅助解决越界问题。

① 工程级配置信息文件（hvigorfile.ts），包括以下几个方面。

签名配置：signingConfigs。

产品配置：products，如运行环境（默认为 HarmonyOS）。

编译选项：buildOption，定义编译过程的行为。

② 编译构建任务脚本（obfuscation-rules.txt），控制模块的编译和打包流程。

③ 混淆规则文件，用于代码混淆、压缩和资产保护。在 Release 模式下开启混淆，可有效保护代码。

鸿蒙 OS 的项目结构清晰，将应用逻辑、配置和资源划分明确。开发者可以快速定位各类文件的功能，并通过合理配置提升开发效率和代码安全性。

新建工程之后，可以使用真机或者模拟器进行测试，和 Android Studio 类似，鸿蒙 OS 支持 ADB（Android Debug Bridge）命令。以下是鸿蒙 OS 支持的常见 ADB 命令。

① adb devices　列出已连接的设备。

② adb kill-server　终止 ADB 服务器。

③ adb start-server　启动 ADB 服务器。

④ adb shell　进入设备的 shell 终端。

⑤ adb reboot　重新启动设备。

⑥ adb push <local> <remote>　将本地文件推送到设备。

示例：

```
adb push /path/to/local/file /data/local/tmp/
```

⑦ adb install <apk-file>　安装 APK 文件到设备。

示例：

```
adb install /path/to/app.apk
```

⑧ adb logcat　显示设备的系统日志。

⑨ adb logcat -s <tag>　只显示指定标签的日志。

示例：

```
adb logcat -s MyApp
```

2.4 常见问题排查

（1）设备未连接或未识别

错误表现：执行 adb devices 时，设备没有显示或者显示为离线。

解决方法：确保设备已经通过 USB 连接，并且开启了开发者选项和 USB 调试。使用命令 adb devices 刷新设备列表，确认设备是否连接。如果设备没有显示，检查 USB 线是否插紧，或者尝试更换端口。确认是否已授权电脑连接设备：有时设备上会弹出授权提示，需要确认授权。使用 adb kill-server 然后 adb start-server 重启 ADB 服务，重新连接设备。

（2）ADB 服务未启动

错误表现：执行 ADB 命令时提示 adb: command not found 或者 adb server not found。

解决方法：确保已经正确安装 ADB 工具。如果 ADB 未启动，可以使用 adb start-server 启动 ADB 服务。如果 ADB 已启动且无法识别设备，尝试执行 adb kill-server 和 adb start-server 来重新启动服务。

（3）推送文件时权限问题

错误表现：执行 adb push 命令时提示 Permission denied 或者无法写入目标路径。

解决方法：在 Android 设备的某些目录下，如 /data/，是需要 root 权限才能进行写入的。使用 adb root 启用 root 权限，再进行推送操作。如果是常见的 /sdcard/ 等用户可访问的路径，确保设备没有外部存储访问限制。

（4）安装 APK 失败

错误表现：执行 adb install <apk-file> 时出现 Failure [INSTALL_FAILED_...] 错误。

解决方法：确保 APK 没有损坏，且支持目标设备的架构和 Android 版本。如果应用已经安装，尝试使用 adb install -r <apk-file> 强制替换安装。如果遇到 INSTALL_FAILED_VERSION_DOWNGRADE 错误，可能是安装了版本较低的 APK，使用 adb install-d <apk-file> 进行降级安装。确保设备存储空间足够，查看存储空间可用情况。

（5）调试日志输出问题

错误表现：使用 adb logcat 输出日志时，无法显示相关日志。

解决方法：确保应用已正确输出日志，日志标签（tag）需要一致。使用 adb logcat -s

<tag> 来过滤输出特定标签的日志，例如 adb logcat -s MyApp 仅显示标记为 MyApp 的日志。使用 adb logcat *:V 输出所有日志级别的信息，查看详细的错误信息。

（6）设备重启或挂起

错误表现：执行 adb reboot 后，设备无法正常启动或出现卡机。

解决方法：确保设备的引导分区没有损坏，重启时设备应能够正常启动。如果设备卡在启动画面，可以尝试进入 recovery 模式修复。如果设备重启后无法正常启动，使用 adb reboot bootloader 进入 bootloader 模式，检查设备状态。

（7）权限问题导致 adb shell 无法执行

错误表现：在执行 adb shell 时遇到 permission denied 错误。

解决方法：某些设备的 shell 操作需要 root 权限，执行 adb root 提升为 root 权限。在某些系统上，设备需要进行解锁，才能允许 ADB 访问部分系统目录。

（8）模拟器与物理设备区别

错误表现：通过模拟器测试应用时，发现与实际设备行为不一致。

解决方法：模拟器并不完全复现物理设备的硬件特性，特别是传感器、摄像头、蓝牙等功能。因此，部分调试应当在实际设备上进行，尤其是对硬件相关的测试。

第3章 TypeScript 教程

搭建完环境后，小牛发现编写鸿蒙项目需要使用一种名叫 TypeScript 的编程语言，小马走过来看到他在看文档。

小牛

（抬起头）：小马，我刚听说了一种叫 TypeScript 的语言。你知道它是干什么的吗?

小马

（微笑着）：当然知道啦，TypeScript 可是现在很流行的编程语言。它是由微软开发的，是 JavaScript 的超集，添加了一些额外的功能，比如可选的静态类型。

小牛

（有些疑惑）：超集？那它和 JavaScript 有什么关系呢?

小马

（点头）：简单来说，TypeScript 和 JavaScript 的关系就像 ES6 和 ES5 的关系。TypeScript 是 JavaScript 的一个超集，也就是说，所有的 JavaScript 代码都是有效的 TypeScript 代码。你可以把 TypeScript 想象成 JavaScript 的“增强版”，在 JavaScript 的基础上增加了一些新功能。

小牛

（恍然大悟）：哦，我明白了。所以 TypeScript 可以写成 JavaScript 一样的代码，而且还能增加一些新特性。

小马

（继续解释）：没错，而且 TypeScript 最大的优势之一就是支持编译时的静态类型检测。这意味着你在写代码的时候，编译器可以帮你检查类型是否匹配，从而减少运行时的错误。

小牛

（有点兴奋）：听起来很有用！那 TypeScript 编写的代码最后是怎么运行的呢？

小马

（喝了口咖啡）：TypeScript 的代码需要先编译成 JavaScript，编译完成后就可以像普通的 JavaScript 一样运行了。这个过程有点像把文稿转换成 PDF，你的原始文档是 TypeScript，而转换后的 PDF 就是 JavaScript。

小牛

（点点头）：原来如此，这样就既能享受静态类型的好处，又能最终在浏览器中运行。看起来很有吸引力！

小马

（拍了拍小牛的肩膀）：没错，而且 TypeScript 的学习曲线不算陡峭，特别是如果你已经熟悉 JavaScript 的话。我们可以一起写点代码，体验一下它的优势。

3.1 TypeScript 简介

TypeScript 是由微软开发的一种开源的编程语言，是 JavaScript 的超集，它添加了可选的静态类型和其他一些特性。

TypeScript 和 JavaScript 的关系类似于 ES6 和 ES5 的关系，TypeScript 是 JavaScript 的一个超集，任何有效的 JavaScript 代码都是有效的 TypeScript 代码。

TypeScript 支持编译时静态类型检测，灵活性高，可以编译成 js 文件。

3.2 安装 TypeScript

推荐使用 Visual Studio Code 进行 TypeScript 开发。

实验室的电脑前，小牛正在安装 TypeScript，小马过来帮忙。

小牛

（看着屏幕）：小马，我已经下载了 TypeScript，但我还需要配置一些工具，对吗？

小马（点头）：没错！在开始之前，我们需要确保 npm 和 yarn 已经安装好。这些工具能帮助我们管理项目的依赖包。

小牛（好奇）：那我该怎么安装它们呢？

小马（打开终端）：如果你是 Mac 用户，可以使用 Homebrew 来安装 yarn。你只需在终端中输入以下命令：brew install yarn

小牛（记下命令）：好的，接下来呢？

小马（继续操作）：然后，我们使用 npm 来安装 TypeScript。可以在终端输入这个命令：npm install -g typescript

小牛（点头）：明白了。那安装完成后我该做些什么？

小马（微笑着）：安装完毕后，接下来我们需要初始化一个 npm 项目。在控制台中执行这个命令：npm init -y

小牛（认真记下）：这样就可以创建一个 package.json 文件，对吗？

小马（赞同）：对的！接着我们再用 yarn 来添加 TypeScript 作为开发依赖。在终端中执行这个命令：yarn add typescript -D

小牛（继续操作）：这会把 TypeScript 加入到我的项目依赖中。

（点头）：正是如此！最后，我们需要初始化 TypeScript 配置。运行这个命令：tsc --init

小马

小牛

（兴奋地）：完成这些后，我可以在左侧看到一些新的配置文件了！

（笑着）：没错，这些配置文件将帮助你更好地管理 TypeScript 项目的设置。现在，你已经准备好开始编写 TypeScript 代码了！

小马

3.3 基本类型

3.3.1 布尔类型（boolean）

布尔类型是编程语言中非常重要的一种类型，它表示逻辑上的真或假。在 TypeScript 中，可以使用 boolean 关键字来声明布尔类型的变量。

布尔类型的变量只能赋值为 true 或 false。例如：let isActive: boolean = true;

使用场景举例如下。在一个应用中，当用户登录成功或失败时，系统会显示不同的消息，并根据登录状态进行不同的处理。其代码如下。

```
let isLoggedIn: boolean = false;
// 检查登录状态并执行相应操作
if (isLoggedIn) {
    console.log("欢迎访问您的账户。");
} else {
    console.log("请先登录。");
}
```

3.3.2 数字类型（number）

数字类型表示数值，包括整数和浮点数。在 TypeScript 中，可以使用 number 关键字来声明数字类型的变量。例如：let num: number = 123;

使用场景举例如下。在一个购物车应用中，计算用户的购物车总价，并进行优惠券的折扣处理。

```
let totalAmount: number = 0;
let discount: number = 0.1; // 10% 的折扣

// 模拟购物车商品价格
let itemPrices: number[] = [100, 200, 150, 50];
```

```
// 计算购物车总价
for (let price of itemPrices) {
    totalAmount += price;
}

console.log('原价合计 : ${totalAmount} 元');

// 应用折扣
let discountedAmount: number = totalAmount * (1 - discount);
console.log('折扣后价格 : ${discountedAmount} 元');

// 检查是否达到免运费条件（例如满 300 元免运费）
let freeShippingThreshold: number = 300;
let isFreeShipping: boolean = discountedAmount >= freeShippingThreshold;
console.log(isFreeShipping ?"您已达到免运费条件！ ": "尚未达到免运费条件。");
```

在这个例子中，totalAmount 和 discount 都是数字类型，用来表示购物车的金额和折扣。代码根据商品价格计算总价，再应用折扣，并检查是否符合免运费的条件。

3.3.3　字符串类型（string）

字符串类型表示文本数据。在 TypeScript 中，可以使用 string 关键字来声明字符串类型的变量。例如：let message: string = "Hello, TypeScript!";

字符串类型在实际开发中广泛用于表示文本数据，如用户输入、界面显示、日志记录等。以下是一些结合使用场景的设计举例，展示字符串类型在实际应用中的使用方式。

场景：根据用户的身份生成不同的欢迎信息，例如普通用户和管理员。

```
let userRole: string = "admin"; // 用户角色可以是 "user" 或 "admin"
let message: string;

// 根据用户角色生成欢迎信息
if (userRole === "admin") {
    message = "欢迎回来，管理员！您可以访问所有的管理功能。";
} else {
    message = "欢迎回来，用户！祝您使用愉快。";
}

console.log(message);
```

在这个例子中，message 是一个字符串类型，用于存储根据用户角色生成的欢迎信息。通过字符串比较来实现不同角色的消息定制。

3.3.4　数组类型（array）

数组类型表示一个元素类型相同的有序集合。在 TypeScript 中，可以使用两种方式声明数组类型：使用元素类型后面跟上 [] 或者使用泛型数组类型。例如：

```
let numbers: number[] = [1, 2, 3, 4, 5];
// 或者
let numbers: Array<number> = [1, 2, 3, 4, 5];
```

在实际开发中，数组类型在数据集合的管理和处理方面非常有用。以下是几个结合实际使用场景的数组类型示例，展示 TypeScript 中数组的应用方式。

场景：在一个用户管理系统中，需要存储多个用户的用户名并进行操作。

```
let usernames: string[] = ["Alice", "Bob", "Charlie"];

// 添加一个新用户
usernames.push("David");

// 删除最后一个用户
usernames.pop();

// 查找某个用户是否存在
let isUserExist: boolean = usernames.includes("Alice");

console.log(usernames); // 输出更新后的用户列表
console.log(isUserExist ? "用户存在" : "用户不存在");
```

在这个示例中，数组 usernames 用来存储多个用户的名字，并通过 push、pop 和 includes 方法对数组进行增删查操作。

场景：对一组数字进行统计计算，如求和、求平均值或筛选出满足条件的数字。

```
let scores: number[] = [85, 92, 76, 88, 95];

// 计算总和
let totalScore: number = scores.reduce((acc, score) => acc + score, 0);

// 计算平均分
let averageScore: number = totalScore / scores.length;

// 筛选出成绩大于 90 的分数
let highScores: number[] = scores.filter(score => score > 90);

console.log('总分 : ${totalScore}');
console.log('平均分 : ${averageScore}');
console.log('高分列表 : ${highScores}');
```

在这个例子中，scores 是一个数字数组，用来存储多个分数。使用 reduce 计算总和，filter 筛选出高分的成绩，并计算平均值。

场景：可以使用泛型数组表示任意类型的集合，在一些需要灵活处理不同类型数据的情况下很有用。

```
let mixedArray: Array<string | number> = [1, "Hello", 3, "World", 5];

// 遍历数组并处理不同类型的元素
mixedArray.forEach(item => {
    if (typeof item === "number") {
        console.log('数字 : ${item}');
    } else {
        console.log('字符串 : ${item}');
    }
});
```

在这个例子中，mixedArray 是一个泛型数组，允许存储字符串和数字类型的元素。使用 typeof 判断类型并分别处理。

场景：在一个电商系统中，管理多个订单的状态和信息。假设每个订单有订单号和状态。

```
type Order = {
    id: number;
    status: string;
};

let orders: Order[] = [
    { id: 101, status: "pending" },
    { id: 102, status: "shipped" },
    { id: 103, status: "delivered" }
];

// 更新订单状态
function updateOrderStatus(orderId: number, newStatus: string): void {
    let order = orders.find(order => order.id === orderId);
    if (order) {
        order.status = newStatus;
        console.log('订单 ${orderId} 的状态已更新为 ${newStatus}');
    } else {
        console.log('订单 ${orderId} 不存在');
    }
}

// 添加新订单
orders.push({ id: 104, status: "pending" });

// 测试更新订单状态
updateOrderStatus(102, "delivered");
console.log(orders);
```

在这个示例中，数组 orders 用于管理多个订单，Order 类型定义了订单的结构。通过 find 方法查找订单并更新状态，实现对订单的增改操作。

3.3.5 元组类型（tuple）和枚举类型（enum）

元组类型表示一个固定长度的数组，每个位置的元素类型都可以不同。在 TypeScript 中，可以使用元组来声明元组类型的变量。例如：let tuple: [number, string] = [10, "Hello"];

枚举类型表示一组命名的常量集合。在 TypeScript 中，可以使用 enum 关键字来声明枚举类型。例如：

```
enum Color {
    Red,
    Green,
    Blue
}

let color: Color = Color.Red;
```

元组类型和枚举类型在 TypeScript 中提供了强大的工具，用于表示结构化的数据和有意义的常量集合。以下是它们在实际开发中的应用示例和场景。

元组类型在需要表达固定结构的数据时非常有用，尤其是在需要返回多个不同类型的值或处理键值对的情况下。

场景：在二维图形处理或地图应用中，用元组表示点的坐标。

```
let point: [number, number] = [10, 20];
console.log('X 坐标 : ${point[0]}, Y 坐标 : ${point[1]}');
```

在这个例子中，point 是一个元组，表示一个坐标点的 x 和 y 值。

场景：一个函数返回多种类型的数据，例如，查找字符串时返回找到的索引和匹配的字符串。

```
function findSubstring(text: string, search: string): [number, string] {
    let index = text.indexOf(search);
    if (index !== -1) {
        return [index, search];
    } else {
        return [-1, "未找到"];
    }
}

let result: [number, string] = findSubstring("Hello, TypeScript!", "Type-
Script");
console.log('匹配的位置 : ${result[0]}, 匹配的字符串 : ${result[1]}');
```

这里，函数 findSubstring 返回一个元组，包含查找到的字符串的位置和匹配的字符串。

场景：在一个配置项中使用元组表示键值对，例如 HTTP 响应的状态码和描述信息。

```
let httpResponse: [number, string] = [200, "OK"];
console.log('状态码 : ${httpResponse[0]}, 描述 : ${httpResponse[1]}');
```

此示例中，httpResponse 元组表示 HTTP 响应的状态码和状态描述。

枚举类型用于定义一组命名的常量，适用于需要定义一组相关的常量值，如状态、颜色、方向等。

场景：在任务管理系统中，定义任务的状态（待办、进行中、已完成）。

```
enum TaskStatus {
    Todo,
    InProgress,
    Done
}

let currentStatus: TaskStatus = TaskStatus.InProgress;

switch (currentStatus) {
    case TaskStatus.Todo:
        console.log("任务待办");
        break;
    case TaskStatus.InProgress:
        console.log("任务进行中");
        break;
    case TaskStatus.Done:
        console.log("任务已完成");
        break;
}
```

在这个例子中，TaskStatus 枚举用于定义任务的三种状态，通过枚举值来判断任务的当前状态。

场景：在一个游戏中，表示角色的移动方向（上、下、左、右）。

```
enum Direction {
    Up,
    Down,
    Left,
    Right
}

let moveDirection: Direction = Direction.Left;
console.log('角色移动的方向是：${Direction[moveDirection]}');
```

在这个示例中，Direction 枚举定义了角色的移动方向，可以通过枚举值来控制游戏中的角色移动。

场景：定义 HTTP 状态码的枚举，以便在网络请求处理中使用。

```
enum HttpStatus {
    OK = 200,
    BadRequest = 400,
    NotFound = 404,
    InternalServerError = 500
}
```

```
let responseStatus: HttpStatus = HttpStatus.NotFound;
console.log('HTTP 状态码：${responseStatus}'); // 输出：HTTP 状态码：404
```

在这个例子中，HttpStatus 枚举为每个常量赋予了具体的数值，方便在网络请求处理中使用。

3.3.6 任意类型（any）

任意类型表示可以赋予任何类型的值。在 TypeScript 中，可以使用 any 关键字来声明任意类型的变量。例如：

```
let notSure: any = 123;
notSure = "Hello";
notSure = false;
```

在 TypeScript 中，any 类型允许在不确定具体类型的情况下，定义一个变量，可以赋予任意类型的值。虽然使用 any 可以提供灵活性，但过度使用可能会导致类型安全性降低，因此建议在确实需要时使用。

以下是一些使用 any 类型的实际应用示例，展示如何在不同场景中利用 any 的灵活性。

场景：当处理来自不同来源的数据（如 API 响应）时，这些数据可能包含不同的结构和类型，因此使用 any 类型来处理。

```
let apiResponse: any;

// 模拟从 API 获取数据
apiResponse = { id: 1, name: "Alice" }; // 对象
console.log('用户 ID: ${apiResponse.id}, 用户名：${apiResponse.name}');

apiResponse = [1, 2, 3]; // 数组
console.log('响应中的数据：${apiResponse.join(",")}');

apiResponse = "这是一个字符串"; // 字符串
console.log('响应内容：${apiResponse}');
```

在这个例子中，apiResponse 变量可以存储不同类型的数据，提供了对动态数据处理的灵活性。

3.3.7 空类型（void）及 null、undefined

空类型表示没有任何返回值的函数。在 TypeScript 中，可以使用 void 关键字来表示空类型。例如：

```
function logMessage(message: string): void {
    console.log(message);
}
```

null 和 undefined：这两个值表示没有值或空值。在 TypeScript 中，它们是所有类型的子类型。可以用于任何类型的变量或属性。null 通常用于明确指定一个变量值为空，而 undefined 表示一个未初始化的变量或缺失的属性。例如：

```
let num: number | null;
```

```
num = 10;
num = null;
```

在 TypeScript 中，空类型 (void) 和 null、undefined 类型是两个非常重要的概念，它们帮助开发者在代码中明确表示函数的返回值和变量的状态。以下是这两种类型的使用场景介绍。

场景：在应用程序中，记录日志信息。

```
function logMessage(message: string): void {
    console.log(message);
}
// 调用日志函数
logMessage("这是一个日志信息");
```

在这个例子中，logMessage 函数的返回类型是 void，表示它不会返回任何值，只会在控制台输出日志信息。

场景：在前端应用程序中处理按钮点击事件，这种情况下通常不需要返回值。

```
function handleClick(): void {
    console.log("按钮被点击了");
}

// 假设这是一个按钮的事件监听
document.getElementById("myButton")?.addEventListener("click", handle-
Click);
```

这里的 handleClick 函数在按钮点击时被调用，也不需要返回任何值。

场景：定义一个可选的用户 ID。

```
let userId: number | null = null; // 初始状态为 null，表示没有用户 ID
userId = 123; // 赋值后有用户 ID
```

在这个例子中，userId 可以是一个数字或 null，表示用户 ID 可能尚未设置。

场景：一个函数的返回值可能未定义。

```
function getUserName(userId: number): string | undefined {
    const users: { [key: number]: string } = {
        1: "Alice",
        2: "Bob",
    };
    return users[userId]; // 如果 userId 不存在，则返回 undefined
}
let username = getUserName(3); // username 将是 undefined
if (username === undefined) {
    console.log("用户不存在");
} else {
    console.log('用户姓名 : ${username}');
}
```

在这个示例中，getUserName 函数返回一个字符串或 undefined，如果传入的 userId 不在用户列表中，函数将返回 undefined。

场景：在一个表单提交处理程序中，使用这些类型来管理用户输入。

```
function submitForm(data: { username: string | null, age: number | null }): void {
    if (!data.username) {
        console.log("用户名不能为空");
        return; // 提交未成功，返回 void
    }

    if (data.age === null) {
        console.log("年龄必须提供");
        return; // 提交未成功，返回 void
    }

    console.log('提交成功：用户名 - ${data.username}, 年龄 - ${data.age}');
}

// 测试提交表单
submitForm({ username: "Alice", age: null }); // 输出：年龄必须提供
submitForm({ username: null, age: 30 }); // 输出：用户名不能为空
submitForm({ username: "Bob", age: 25 }); // 输出：提交成功：用户名 - Bob, 年龄 - 25
```

在这个例子中，submitForm 函数检查输入数据是否有效，如果有任何字段不符合要求，则返回 void，并记录错误信息。

3.3.8 变量声明

实验室的白板前，小牛正在研究变量声明的方式，小马走过来帮忙。

小牛（皱着眉头）：小马，我在学习 JavaScript 的变量声明，但我对 let、const 和 var 之间的区别感到困惑。

小马（笑着）：没问题！让我们来聊聊它们的不同之处。首先，let 和 const 是 ES6 引入的新变量声明方式，而 var 是 ES5 的声明方式。

小牛（点头）：我听说 let 和 const 有块级作用域，var 是函数级作用域，对吗?

小马（认真地点头）：完全正确！let 和 const 的作用域只在它们被声明的代码块内有效，而 var 则在整个函数范围内有效。这就意味着，var 可能会导致一些意想不到的行为。

小牛（好奇地）：那么 var 还有什么特别的地方吗？

小马（继续解释）：var 具有变量提升的特性，也就是说，在函数内即使没有声明，也可以访问到这个变量，值为 undefined。而 let 和 const 则不会提升。

小牛（惊讶）：这听起来有点危险！那 let 和 const 有什么区别呢？

小马（微笑着）：let 允许你重新赋值，而 const 用于定义常量，声明后不能再改变其值。比如：

```
let score = 10; // 可以修改
score = 20; // 合法

const maxScore = 100; // 不能修改
// maxScore = 200; // 这会报错
```

小牛（认真记下）：所以，使用 const 可以帮助我确保某些值不被意外改变。

小马（点头）：正是如此！这样可以减少代码中的错误。而在选择使用 let 还是 const 时，建议优先使用 const，除非你明确需要重新赋值的变量。

小牛（豁然开朗）：我懂了！我应该尽量使用 let 和 const，这样可以避免一些潜在的问题。

let 和 const 是 ES6 新引入的变量声明方式，具有块级作用域和不可重复声明特性，而 var 是 ES5 中的声明变量方式，具有函数级作用域和变量提升特性。例如：

```
let a = 10; // 可以改变值
const b = 20; // 不能重新赋值
```

类型注解允许显式地指定变量的类型，例如：let message: string = "Hello, TypeScript!";

类型推断可以让 TypeScript 根据赋值的情况自动推断变量的类型。例如：let num = 123; // 自动推断 num 的类型为 number

let、const 和 var 都是用来声明变量的关键字，它们各自有不同的特性和适用场景。以下是关于它们的详细介绍。

① 作用域的介绍如下。

var：具有函数级作用域。在函数内部声明的变量只能在该函数内部访问，而在全局范围内声明的变量则在全局中可访问。

let 和 const：具有块级作用域。这意味着在 {} 中声明的变量只在该块内有效。

② 变量提升的介绍如下。

var：会发生变量提升，即在代码执行之前，变量会被提升到函数或全局范围的顶部。

let 和 const：不会发生提升。使用之前必须声明。

③ 重复声明的介绍如下。

var：可以在同一作用域内重复声明。

let：不允许重复声明。

const：同样不允许重复声明，并且必须在声明时初始化，且不能重新赋值。

示例场景与代码如下。

示例 1：作用域和提升

```
function varExample() {
    if (true) {
        var x = 10; // var 变量会提升到函数顶部
    }
    console.log(x); // 输出 : 10
}

function letExample() {
    if (true) {
        let y = 20; // let 变量只在这个块级作用域内有效
    }
    // console.log(y); // 这里会报错，因为 y 不在这个作用域内
}

varExample();
letExample();
```

示例 2：重复声明

```
var a = 10;
var a = 20; // 合法

let b = 10;
// let b = 20; // 不合法，重复声明会报错

const c = 30;
// const c = 40; // 不合法，重复声明会报错
```

3.4 函数

实验室的白板前，小牛正在研究 TypeScript 中的函数概念，小马走过来想和他讨论。

小牛（兴奋地）：小马，我现在正在学习 TypeScript 中的函数！我想知道如何声明函数。

小马（点头）：很棒！在 TypeScript 中，你可以用 function 关键字来声明一个函数。比如说，你可以这样定义一个简单的函数。

```
function greet(name: string): string {
    return 'Hello, ${name}!';
}
```

小牛（认真记下）：这段代码中，name 的类型被声明为 string，而函数的返回值类型也是 string。这很好！那可选参数和默认参数是怎么回事？

小马（微笑着）：好问题！可选参数可以在参数名后面加一个问号“?”。比如，你可以这样定义一个带有可选参数的函数。

```
function greetUser(name: string, age?: number): string {
    if (age) {
        return 'Hello, ${name}, you are ${age} years old!';
    }
    return 'Hello, ${name}!';
}
```

小牛（恍然大悟）：明白了！这里的 age 是可选的，调用时可以不传这个参数。

小马（继续）：没错！而默认参数则是为参数指定一个默认值，如果调用时没有传入这个参数，函数会使用默认值。像下面这样。

```
function greetWithDefault(name: string, greeting: string =
"Hello"): string {
    return '${greeting}, ${name}!';
}
```

小牛（试着理解）：如果我不传 greeting 参数，它会自动使用“Hello”作为默认值，对吧？

（赞同）：完全正确！接下来，我们来聊聊剩余参数。你可以用 ... 语法来收集传入函数的所有剩余参数，像下面这样。

```
function sum(...numbers: number[]): number {
    return numbers.reduce((total, num) => total + num, 0);
}
```

小马

小牛

（感到好奇）：这让我可以传入任意数量的参数，并将它们相加！

（点头）：没错！最后我们来讲讲函数重载。TypeScript 支持函数重载，你可以为同一个函数定义多个签名，这样可以根据不同的参数类型来调用同一个函数。

```
function display(value: string): void;
function display(value: number): void;
function display(value: any): void {
    console.log(value);
}
```

小马

小牛

（惊叹）：哇！这样我可以用不同的参数调用同一个函数，TypeScript 会根据参数类型选择相应的重载！

（微笑着）：是的，函数重载让你的函数更加灵活和强大！你学得真不错，接下来我们可以深入探讨函数的其他特性。

小马

（1）函数声明

函数声明是定义函数最常见的方式，使用 function 关键字，后面跟上函数名称、参数列表和返回类型。

```
function add(x: number, y: number): number {
    return x + y;
}

// 调用 add 函数
const sum = add(5, 3); // sum 的值为 8
```

（2）函数表达式

函数表达式将函数赋值给一个变量，可以是命名或匿名函数。

```
const multiply = function(x: number, y: number): number {
    return x * y;
```

```
};

// 调用 multiply 函数
const product = multiply(4, 2); // product 的值为 8
```

（3）可选参数和默认参数

可选参数可以在函数调用时选择性地传递。可选参数在参数名后面添加“?”来表示。

```
function greet(name: string, greeting?: string): string {
    return '${greeting ? greeting : "Hello"}, ${name}!';
}

// 调用 greet 函数
console.log(greet("John")); // 输出："Hello, John!"
console.log(greet("John", "Hi")); // 输出："Hi, John!"
```

在上面的示例中，greeting 是一个可选参数，调用时可以选择传入或者不传入。

默认参数允许在没有传递参数时使用一个默认值。

```
function greetWithDefault(name: string, message: string = "Hello"): string {
    return '${message}, ${name}!';
}

// 调用 greetWithDefault 函数
console.log(greetWithDefault("John")); // 输出："Hello, John!"
console.log(greetWithDefault("John", "Hi")); // 输出："Hi, John!"
```

在这个示例中，当调用 greetWithDefault 函数时，如果没有提供 message 参数，则会使用默认值 "Hello"。

剩余参数允许将函数中的剩余参数收集为一个数组。

```
function sum(...numbers: number[]): number {
    return numbers.reduce((total, num) => total + num, 0);
}
sum(1, 2, 3, 4, 5); // 输出：15
```

剩余参数和函数重载是处理函数参数的两种强大特性。以下是对这两种功能的详细说明和示例。

① 剩余参数允许将函数中所有剩余的参数收集为一个数组，这使得函数可以接收可变数量的参数。

示例代码：

```
function sum(...numbers: number[]): number {
    return numbers.reduce((total, num) => total + num, 0);
}

// 调用 sum 函数
const total = sum(1, 2, 3, 4, 5); // 输出：15
console.log(total); // 15
```

在这个例子中，...numbers 表示该函数可以接收任意数量的数字参数，这些参数会被收集到一个数组中进行处理。

② 函数重载允许你根据不同的参数类型或数量定义多个函数声明。它可以提高代码的可读性和灵活性。

示例代码：

```
function process(input: string): string;
function process(input: number): number;

// 实现函数
function process(input: any): any {
    // 根据参数类型进行不同的处理
    if (typeof input === "string") {
        return 'String: ${input}';
    } else if (typeof input === "number") {
        return input * 2;
    }
}

// 调用 process 函数
const stringResult = process("Hello"); // 输出 : "String: Hello"
const numberResult = process(10); // 输出 : 20

console.log(stringResult); // String: Hello
console.log(numberResult); // 20
```

在这个示例中，process 函数有两个重载声明：一个接收字符串，另一个接收数字。根据传入参数的类型，函数实现会执行不同的逻辑。

剩余参数允许函数接收不定数量的参数，且这些参数可以以数组形式访问，便于处理多个值。函数重载提供了一种根据参数类型或数量定义多种函数实现的方法，使得函数在处理不同输入时更加灵活。这两种特性使 TypeScript 在函数编程方面更加强大且易于维护。

3.5 类

实验室的电脑前，小牛正在研究 TypeScript 中的类的概念，小马走过来帮助他。

小牛

（看着代码）：小马，我在学习 TypeScript 中的类，能不能给我讲讲类的基本定义？

（微笑着）：当然可以！在 TypeScript 中，类是用来创建对象的蓝图。你可以使用 class 关键字来定义一个类。比如，我们可以定义一个简单的 Person 类。

```
class Person {
    name: string;
```

小马

```
    age: number;

    constructor(name: string, age: number) {
        this.name = name;
        this.age = age;
    }

    greet(): string {
        return 'Hello, my name is ${this.name} and I am ${this.age} years old.';
    }
}
```

小马

小牛：（写下代码）：这段代码中，我们定义了 name 和 age 属性，还有一个构造函数和一个方法！

小马：（点头）：对的！构造函数用于初始化对象，而方法则定义了对象的行为。接下来，我们来讲讲继承。通过继承，你可以创建一个新的类，这个类可以继承另一个类的属性和方法。

```
class Employee extends Person {
    jobTitle: string;

    constructor(name: string, age: number, jobTitle: string) {
        super(name, age); // 调用父类构造函数
        this.jobTitle = jobTitle;
    }

    work(): string {
        return '${this.name} is working as a ${this.jobTitle}.';
    }
}
```

小牛：（兴奋地）：所以，Employee 类可以访问 Person 类的属性和方法！这太酷了！

小马：（微笑着）：没错！接下来我们来聊聊访问修饰符。TypeScript 提供了三种访问修饰符：public、private 和 protected。

小牛

（好奇）：它们的区别是什么呢？

（认真解释）：public 修饰符表示属性和方法可以在任何地方被访问；private 修饰符表示属性和方法只能在类内部访问；而 protected 修饰符表示属性和方法可以在类及其子类中访问。

```
class Animal {
    public species: string;
    private age: number;
    protected habitat: string;

    constructor(species: string, age: number, habitat: string) {
        this.species = species;
        this.age = age;
        this.habitat = habitat;
    }
}
```

小马

小牛

（理解地点头）：所以，age 只能在 Animal 类内部访问，而 habitat 可以在子类中访问。

（继续）：对的！接下来我们来讲讲只读属性。只读属性只能在类内部赋值，外部无法修改。你可以使用 readonly 修饰符来定义只读属性。

```
class Vehicle {
    readonly model: string;

    constructor(model: string) {
        this.model = model;
    }
}
```

小马

小牛

（试着理解）：所以，一旦设置了 model 的值，就不能再改变了，对吧？

（点头）：没错！最后，我们来谈谈抽象类。抽象类是不能被实例化的类，它们通常用于作为其他类的基类。你可以在抽象类中定义抽象方法，这些方法必须在子类中实现。

```
abstract class Shape {
    abstract area(): number;
}

class Circle extends Shape {
    constructor(private radius: number) {
        super();
    }

    area(): number {
        return Math.PI * this.radius * this.radius;
    }
}
```

小马

小牛

（感叹）：这样我就可以定义一个 Shape 类，所有具体的形状类都必须实现 area 方法！

（微笑着）：是的，抽象类为你提供了一个模板，使得所有子类都有一致的接口。你对类的基本定义、继承、访问修饰符、只读属性和抽象类有更深入的理解了！

小马

类是面向对象编程的核心概念之一，它允许我们创建具有属性和方法的对象。下面是类的基本定义和示例。

类是 TypeScript 和面向对象编程的核心构件之一，用于封装数据（属性）和行为（方法）。类通过实例化创建对象，并可以通过继承实现代码重用和扩展。类的关键组成部分如下。

属性：类中定义的变量，用于描述对象的状态。

构造函数：初始化对象的特殊方法，使用 constructor 关键字定义。

方法：类中定义的函数，描述对象的行为。

继承：允许一个类扩展另一个类，以重用和扩展功能。

下面是一些具体的使用场景示例，展示类的应用。

在一个用户管理系统中，我们可以使用类来定义用户及其行为，例如用户登录、注册等。

```
class User {
    username: string;
    email: string;

    constructor(username: string, email: string) {
```

```
        this.username = username;
        this.email = email;
    }

    login() {
        return `${this.username} has logged in.`;
    }

    logout() {
        return `${this.username} has logged out.`;
    }
}

// 使用场景
const user1 = new User("john_doe", "john@example.com");
console.log(user1.login()); // 输出: "john_doe has logged in."
```

继承允许一个类继承另一个类的属性和方法。

继承是面向对象编程中的一个重要特性，它允许一个类基于另一个类来创建，继承其属性和方法，同时还能定义自己独有的属性和方法。这样可以实现代码的重用和扩展。

继承的基本用法如下。通过 extends 关键字，一个类可以继承另一个类的属性和方法。子类可以访问父类的方法和属性，还可以定义自己特有的功能。

示例代码：

```
// 定义父类 Person
class Person {
    name: string;

    constructor(name: string) {
        this.name = name;
    }

    greet() {
        return `Hello, ${this.name}!`;
    }
}

// 定义子类 Student，继承自 Person
class Student extends Person {
    grade: number;

    constructor(name: string, grade: number) {
        super(name); // 调用父类的构造函数
        this.grade = grade;
    }
```

```
    // 子类特有的方法
    study() {
        return '${this.name} is studying in grade ${this.grade}.';
    }
}

// 使用示例
const student = new Student("xiaoming", 5);
console.log(student.study()); // 输出 : "xiaoming is studying in grade 5."
console.log(student.greet()); // 输出 : "Hello, xiaoming!"
```

关键点说明如下。

extends 关键字：用于表示子类继承父类。子类可以访问父类的所有公共和受保护的属性和方法。

super 关键字：在子类的构造函数中，super 用于调用父类的构造函数。这是必须的，尤其在需要初始化父类属性的情况下。

方法重写：子类可以重写父类的方法，以提供不同的实现。

使用场景举例如下。

在教育系统中，Person 可以是一个通用的类，而 Student 和 Teacher 可以继承 Person，并添加各自特有的属性和方法。

```
class Teacher extends Person {
    subject: string;

    constructor(name: string, subject: string) {
        super(name);
        this.subject = subject;
    }

    teach() {
        return '${this.name} is teaching ${this.subject}.';
    }
}

// 示例
const teacher = new Teacher("Mr. Zhang", "Mathematics");
console.log(teacher.teach()); // 输出 : "Mr. Zhang is teaching
Mathematics."
console.log(teacher.greet()); // 输出 : "Hello, Mr. Zhang!"
```

3.6 接口

在 TypeScript 中的接口是一种用于定义对象的结构和类型的方式。它们提供了一种方法来描述对象的属性及其类型，以及对象可以包含的方法。

实验室的沙发上，小牛和小马正坐在一起讨论 TypeScript 中的接口。

小牛（翻看笔记）：小马，我在学习 TypeScript 中的接口，能不能给我讲讲接口的基本定义?

小马（点头）：当然可以！在 TypeScript 中，接口是一种用于定义对象的结构和类型的方式。它们允许你描述对象的属性及其类型，以及对象可以包含的方法。比如，你可以定义一个简单的 Person 接口。

```
interface Person {
    name: string;
    age: number;
}
```

小牛（认真记下）：这段代码定义了一个 Person 接口，描述了对象应该有 name 和 age 这两个属性。

小马（微笑着）：没错！接下来我们来谈谈可选属性。你可以在属性名后面加一个问号 ?，表示这个属性是可选的。

```
interface Employee {
    name: string;
    age: number;
    jobTitle?: string; // 可选属性
}
```

小牛（思考）：所以，jobTitle 可以在创建 Employee 对象时不提供?

小马（赞同）：对的！如果你没有提供这个属性，TypeScript 也不会报错。接下来，我们来讲讲只读属性。只读属性只能在对象创建时被赋值，之后无法更改。你可以使用 readonly 修饰符来定义只读属性。

```
interface Vehicle {
    readonly model: string;
}

const car: Vehicle = { model: 'Tesla Model 3' };
// car.model = 'BMW'; // 这会报错，因为model 是只读的
```

小牛

（惊讶）：所以，一旦设置了 model 的值，就不能再改变了！

（微笑着）：没错！接下来，我们可以讨论函数类型接口。你可以使用接口来定义函数的类型。比如，定义一个接受两个数字并返回它们和的函数类型接口。

```
interface Add {
    (a: number, b: number): number;
}

const add: Add = (x, y) => x + y;
```

小马

小牛

（感叹）：这样我就可以确保 add 函数接收两个参数并返回一个数字！

（点头）：正是如此！最后，我们来讲讲类类型接口。你可以定义一个接口来描述类的结构，类可以实现这个接口。

```
interface Animal {
    name: string;
    makeSound(): void;
}

class Dog implements Animal {
    constructor(public name: string) {}

    makeSound(): void {
        console.log('Woof! Woof!');
    }
}
```

小马

小牛

（豁然开朗）：这样，我可以确保 Dog 类实现了 Animal 接口中定义的属性和方法！

（微笑着）：对的！使用接口可以帮助你更好地组织代码，确保类遵循特定的结构。你对接口的基本定义、可选属性、只读属性、函数类型接口和类类型接口有更深入的理解了！

小马

接口（interface）是 TypeScript 中用于定义对象结构的方式，它能够帮助我们更好地组织代码，确保类或对象遵循特定的结构。通过接口，我们可以对对象的属性和方法进行类型检查，确保代码的健壮性和可维护性。

接口可以用来定义对象的结构，例如属性的类型和方法的签名。在 TypeScript 中，使用 interface 关键字定义接口，并可以将接口应用于对象或类。示例代码如下。

```
// 定义接口 Person
interface Person {
    name: string;
    age: number;
    greet(): void;
}

// 使用接口创建对象
const person: Person = {
    name: "Alice",
    age: 30,
    greet() {
        console.log('Name is ${this.name} and age is ${this.age}.');
    }
};

person.greet(); // 输出："Name is Alice and age is 30."
```

可选属性

接口中的属性可以是可选的，通过在属性名后面加上？号来表示。

```
interface Car {
    brand: string;
    model?: string; // 可选属性
}

const car1: Car = { brand: "Toyota" };
const car2: Car = { brand: "Honda", model: "Civic" };
```

只读属性

使用 readonly 关键字可以将接口中的属性设置为只读，防止对其进行修改。

```
interface Book {
    readonly title: string;
    author: string;
}

const myBook: Book = { title: "1984", author: "George Orwell" };
// myBook.title = "Animal Farm"; // 错误：title 是只读属性
```

接口不仅可以用于对象的结构，也可以用于定义函数类型。

```
interface AddFunction {
    (x: number, y: number): number;
}
```

```
const add: AddFunction = (a, b) => a + b;
console.log(add(5, 3)); // 输出：8
```

接口也可以用来约束类的结构，确保类实现接口中定义的属性和方法。

```
interface Animal {
    name: string;
    makeSound(): void;
}

class Dog implements Animal {
    name: string;

    constructor(name: string) {
        this.name = name;
    }

    makeSound() {
        console.log(`${this.name} says Woof!`);
    }
}

const myDog = new Dog("Buddy");
myDog.makeSound(); // 输出："Buddy says Woof!"
```

使用场景举例如下。

在表单验证中，可以使用接口来定义表单数据的结构，并对输入数据进行类型检查。

```
interface FormData {
    username: string;
    password: string;
    email?: string; // 可选属性
}

function validateForm(data: FormData) {
    if (!data.username || !data.password) {
        console.log("Username and password are required.");
    } else {
        console.log("Form is valid.");
    }
}

const form1: FormData = { username: "user1", password: "pass123" };
validateForm(form1); // 输出："Form is valid."
```

在 TypeScript 中，接口可以包含属性和方法的声明，用于定义对象的结构和约束规则。以下是接口的关键特性及其使用示例。

接口可以声明对象的属性和方法。属性可以是基本类型（如字符串、数字、布尔值），也可以是对象类型或数组类型。方法则是函数类型，定义了方法的参数类型和返回类型。

示例：

```
//定义一个接口
interface User {
    username: string; // 属性：字符串类型
    age: number;      // 属性：数字类型
    isActive: boolean; // 属性：布尔值类型
    // 方法：定义方法的签名，返回类型为字符串
    getDetails(): string;
}

// 使用接口定义对象
const user: User = {
    username: "Alice",
    age: 25,
    isActive: true,
    getDetails() {
        return 'Username: ${this.username}, Age: ${this.age}';
    }
};

console.log(user.getDetails()); // 输出："Username: Alice, Age: 25"
```

通过在属性名后面加上？符号，可以将属性设置为可选的。这意味着对象可以包含该属性，也可以不包含。

示例：

```
// 定义一个接口，带有可选属性
interface Product {
    name: string;
    price: number;
    description?: string; // 可选属性
}

// 使用接口定义对象
const product1: Product = {
    name: "Laptop",
    price: 1000
};

const product2: Product = {
    name: "Smartphone",
    price: 800,
    description: "Latest model with advanced features"
```

```
};

console.log(product1); // 输出：{ name: 'Laptop', price: 1000 }
console.log(product2); // 输出：{ name: 'Smartphone', price: 800,
description: 'Latest model with advanced features' }
```

在以上示例中，description 是一个可选属性，因此 product1 没有该属性，而 product2 包含了 description 属性。可选属性在某些情况下非常有用，例如处理部分数据或者不确定属性是否存在时。

接口中的方法可以用于定义对象必须实现的函数签名。例如，如果我们需要定义一个具有计算功能的对象，可以将方法声明为接口的一部分。

示例：

```
// 定义一个接口，包含方法
interface Calculator {
    add(x: number, y: number): number;
    subtract(x: number, y: number): number;
}

// 实现接口
const calculator: Calculator = {
    add(a, b) {
        return a + b;
    },
    subtract(a, b) {
        return a - b;
    }
};

console.log(calculator.add(10, 5)); // 输出：15
console.log(calculator.subtract(10, 5)); // 输出：5
```

在此示例中，Calculator 接口定义了两个方法 add 和 subtract，分别表示加法和减法运算。实现该接口时，必须提供这些方法的具体实现。

接口中的属性可以是任何类型，包括数组、对象、函数类型等。

示例：

```
// 定义一个接口，包含数组和对象类型
interface Library {
    name: string;
    books: string[]; // 数组类型
    address: {
        city: string;
        zipCode: number;
    }; // 对象类型
}
```

```
// 使用接口定义对象
const library: Library = {
    name: "Central Library",
    books: ["The Great Gatsby", "1984", "Moby Dick"],
    address: {
        city: "New York",
        zipCode: 10001
    }
};

console.log(library.name); // 输出：“Central Library”
console.log(library.books); // 输出：[ 'The Great Gatsby', '1984',
'Moby Dick' ]
console.log(library.address.city); // 输出："New York"
```

在这个示例中，Library 接口的 books 属性是一个字符串数组，而 address 属性是一个嵌套的对象类型。

3.7 泛型

泛型是一种在编程语言中提供参数化类型的方式，它使得代码可以更灵活地处理不同类型的数据。在 TypeScript 中，你可以使用泛型来编写可重用的组件，以及编写更安全和更通用的代码。

实验室的白板前，小牛和小马正进行一场关于 TypeScript 泛型的讨论。

小牛

（看起来有些困惑）：小马，我对 TypeScript 中的泛型有点陌生，你能给我讲讲吗?

小马

（微笑着）：当然可以！泛型是一种在编程语言中提供参数化类型的方式，它使得代码可以更灵活地处理不同类型的数据。简单来说，泛型允许你在定义函数、类或接口时不指定具体类型，而是使用占位符类型。

小牛

（认真听着）：那在 TypeScript 中，泛型是如何使用的呢?

小马

（拿起白板笔）：让我们从泛型函数开始说起。你可以定义一个接收任意类型参数的函数。例如，下面是一个泛型函数，它返回传入参数的数组。

```
function identity<T>(arg: T): T {
    return arg;
}
```

小牛：（试图理解）：在这里，<T> 代表了一个类型参数？这意味着我可以输入任何类型的数据？

小马：（点头）：对的！当你调用这个函数时，可以根据输入的参数类型自动推断出 T 的具体类型。

```
let output1 = identity<string>('Hello TypeScript');
let output2 = identity<number>(123);
```

小牛：（兴奋地）：所以我可以用字符串或者数字来调用这个函数！

小马：（继续）：是的！接下来我们来讲讲泛型类。泛型类的定义方式与泛型函数类似，只是我们在类定义时也使用类型参数。

```
class Box<T> {
    private content: T;

    constructor(value: T) {
        this.content = value;
    }

    getContent(): T {
        return this.content;
    }
}
```

小牛：（好奇）：这段代码中，Box 类可以容纳任何类型的内容吗？

小马：（微笑着）：没错！你可以使用 Box 类来创建不同类型的盒子。

```
let stringBox = new Box<string>('A string content');
let numberBox = new Box<number>(42);
```

小牛：（理解地点头）：太好了！现在我明白了泛型类的用途。接下来，我们可以讨论泛型接口吗？

小马：（兴奋）：当然可以！泛型接口的用法也很类似。你可以定义一个接口，它包含泛型参数。

```
interface Pair<K, V> {
    key: K;
    value: V;
}
```

小牛：（试着记下）：这样我可以创建一个包含键和值的任意类型的对吗？

小马：（点头）：正是如此！你可以使用这个接口来创建具体的键值对。

```
let stringNumberPair: Pair<string, number> = {
    key: 'age',
    value: 25,
};
```

小牛：（感叹）：这使得代码变得更灵活和可重用！

小马：（微笑着）：没错！最后，我们来总结一下泛型的好处。使用泛型可以让你编写更安全、更通用的代码，因为它们能够在编译时检查类型，从而减少运行时错误。

小牛：（感慨）：我现在对 TypeScript 中的泛型有了更深入的理解，泛型函数、泛型类和泛型接口都变得清晰了！

（1）泛型函数

```
function identity<T>(arg: T): T { return arg; } let result =
identity<string>("Hello"); console.log(result); // 输出：Hello
```

在上面这个例子中，<T> 表示这是一个泛型函数，T 是一个类型参数，它可以用于函数的参数和返回类型。这样，我们就可以在调用 identity 函数时指定具体的类型，比如 string，使得函数可以处理不同类型的数据。

泛型函数是一种可以接收任意类型参数的函数，并确保函数的返回值与输入的参数类型一致。在定义时，使用 <T> 来表示类型参数，而在函数体内使用 T 来代指实际的类型。这种方式可以使函数适应多种类型的输入，提供类型安全和灵活性。举例如下。

```
// 定义一个泛型函数
function printArray<T>(arr: T[]): void {
```

```
    arr.forEach(item => console.log(item));
}

// 调用泛型函数，指定类型为 number
printArray<number>([1, 2, 3, 4, 5]); // 输出：1 2 3 4 5

// 调用泛型函数，指定类型为 string
printArray<string>(["apple", "banana", "orange"]); // 输出：apple
banana orange
```

在这个示例中，printArray 函数接收一个泛型数组 T[]，T 可以是任意类型。当调用 printArray<number> 时，函数的类型参数 T 被推断为 number，所以它接收一个数字数组作为参数。当调用 printArray<string> 时，函数的类型参数 T 被推断为 string，因此它接收一个字符串数组作为参数。

泛型函数非常适合以下场景。

数据处理函数：适用于处理不同类型的数据集合，例如排序、筛选等。

类型安全的工具函数：可以实现与数据类型无关的通用函数（如数组遍历、对象复制等）。

（2）泛型类

泛型类与泛型函数类似，允许类在定义时使用泛型类型参数，并在实例化时指定具体的类型。这种方式使得类能够适应不同的数据类型。举例如下。

```
// 定义一个泛型类
class Box<T> {
    private content: T;

    constructor(content: T) {
        this.content = content;
    }

    // 获取内容
    getContent(): T {
        return this.content;
    }
}

// 创建 Box 类的实例，指定类型为 string
let box1 = new Box<string>("Apple");
console.log(box1.getContent()); // 输出：Apple

// 创建 Box 类的实例，指定类型为 number
let box2 = new Box<number>(42);
console.log(box2.getContent()); // 输出：42
```

在这个示例中，Box 类使用了泛型 T，使得 content 属性可以是任意类型。在创建实例时，分别指定了类型为 string 和 number，这样就可以使用相同的类定义来处理不同类型的数据。

泛型类适用于以下场景。

数据结构的实现：如栈、队列、链表等通用数据结构，它们需要存储不同类型的数据。

容器类：如包装数据对象、缓存类等，在不影响类型安全的情况下可以处理不同类型的数据。

（3）泛型接口

泛型接口允许在接口定义中使用类型参数，这样可以使接口能够适应不同的数据类型。在实际使用时，可以根据需要指定具体的类型，从而使接口更加通用和灵活。举例如下。

```
// 定义一个泛型接口
interface Pair<T, U> {
    first: T;
    second: U;
}

// 使用泛型接口，指定类型为 string 和 number
let pair: Pair<string, number> = {
    first: "one",
    second: 2
};

console.log(pair); // 输出：{ first: 'one', second: 2 }
```

在这个示例中，Pair<T, U> 是一个泛型接口，它有两个属性 first 和 second，分别使用了泛型 T 和 U，可以在实例化时指定它们的具体类型。当创建 pair 对象时，指定了 T 为 string 和 U 为 number，因此 first 属性是字符串类型，而 second 属性是数字类型。

通过泛型接口，可以在不同的场合使用不同的类型组合，而不需要重复定义多个接口。泛型接口非常适合以下情况。

定义数据结构：适用于需要表示键值对、元组等不同类型组合的数据结构。

函数签名约束：可以用来定义接收多个参数的函数，并根据参数类型约束其行为。

API 数据类型：对于返回不同数据结构的 API 响应，可以使用泛型接口来定义响应格式。

泛型接口还可以用于描述函数类型接口。例如：

```
// 定义一个泛型函数接口
interface GenericFunction<T> {
    (arg: T): T;
}

// 使用泛型函数接口，指定类型为 number
let identity: GenericFunction<number> = function(arg: number): number {
    return arg;
};
```

```
console.log(identity(42)); // 输出：42
```

在这个示例中，GenericFunction<T> 是一个泛型函数接口，它描述了一个函数，该函数接收一个类型为 T 的参数，并返回类型为 T 的值。当指定类型为 number 时，identity 函数的参数和返回值都必须是 number。

3.8　类型推断和兼容性

类型推断是 TypeScript 编译器根据代码上下文自动推断出变量的类型的过程。TypeScript 使用类型推断来帮助你编写类型安全的代码，减少了显式类型注解的需求，提高了代码的简洁性和可读性。

实验室的桌子上，小牛和小马正聚精会神地讨论 TypeScript 中的类型系统。

小牛

（皱着眉头）：小马，我听说过类型推断，但具体是怎么回事呢？

小马

（兴奋地）：类型推断是 TypeScript 编译器根据代码上下文自动推断出变量类型的过程。它可以减少显式类型注解的需求，从而提高代码的简洁性和可读性。

小牛

（点点头）：能给我一个例子吗？

小马

（写下代码）：当然可以！看这个例子。

```
let message = 'Hello, TypeScript!';
```

小牛

（认真看着）：这里 message 的类型是什么？

小马

（微笑）：编译器会根据赋值内容自动推断出 message 的类型是 string。你不需要明确地写出类型！

小牛

（松了一口气）：这真方便！那类型推断还有其他的用法吗？

（继续讲解）：是的，推断也可以在函数参数中发生。

```
function add(a: number, b: number) {
    return a + b;
}

let result = add(5, 10); // result 的类型会被推断为 number
```

小马

小牛

（恍然大悟）：我明白了，result 的类型也会自动推断！

（点头）：接下来，我们聊聊类型兼容性。类型兼容性是指一个类型可以赋值给另一个类型的规则。TypeScript 使用结构性类型系统来判断类型是否兼容。

小马

小牛

（好奇）：那这听起来很灵活，可以给我举个例子吗？

（兴奋地写下）：当然！比如，我们有一个接口 Person。

```
interface Person {
    name: string;
    age: number;
}

let person: Person = { name: '小牛', age: 2 };
```

小马

小牛

（点头）：然后呢？

（继续）：如果我们有一个 Student 接口，它包含 Person 接口的所有属性，并增加了一个 grade 属性。

```
interface Student extends Person {
    grade: number;
}

let student: Student = { name: '小马', age: 3, grade: 1 };
```

小马

小牛：（理解地点头）：所以，Student 类型是兼容于 Person 类型的！

小马：（微笑）：正是如此！最后，我们来讨论类型断言。类型断言允许我们手动指定一个变量的类型。

```
let someValue: any = '这是一个字符串';
let strLength: number = (<string>someValue).length; // 使用尖括号语法
// 或者
let strLength2: number = (someValue as string).length; // 使用 as 语法
```

小牛：（惊讶）：所以类型断言可以让我在需要的时候指定类型？

小马：（点头）：没错！这在处理动态内容或第三方库时特别有用。不过要小心使用类型断言，因为错误的断言可能导致运行时错误。

小牛：（总结）：我现在明白了，类型推断、类型兼容性和类型断言都能帮助我写出更安全的代码！

在 TypeScript 中，类型兼容性决定了一个类型是否可以赋值给另一个类型。主要有以下两种情况。

赋值兼容性：当一个类型的结构能够满足另一个类型的要求时，类型之间可以相互赋值。

参数兼容性：在函数调用时，如果一个类型的参数能够匹配函数定义中的参数类型，那么它们是兼容的。举例如下。

```
interface Animal {
    name: string;
}

interface Dog extends Animal {
    bark(): void;
}

let animal: Animal = { name: "Animal" };
let dog: Dog = {
```

```
    name: "Dog",
    bark() {
        console.log("Woof!");
    }
};

// Dog 类型可以赋值给 Animal 类型，因为 Dog 扩展了 Animal
animal = dog;
```

在这个示例中，Animal 接口定义了一个带有 name 属性的类型。Dog 接口继承了 Animal，并增加了 bark() 方法。因此，Dog 类型具备 Animal 类型的所有属性和方法。animal 是 Animal 类型的对象，而 dog 是 Dog 类型的对象。由于 Dog 类型继承自 Animal 类型，Dog 对象可以赋值给 Animal 类型的变量。这是因为 Dog 类型拥有 Animal 所需的所有属性，满足结构化类型系统的要求。

类型兼容性在 TypeScript 中具有重要的实际应用，可以用于以下场景。

① 函数参数传递　在调用函数时，类型兼容性确保传递的参数类型满足函数定义的类型要求。

```
function greet(animal: Animal) {
    console.log('Hello, ${animal.name}');
}

greet(dog); // 可以传递 Dog 类型，因为 Dog 兼容 Animal
```

② 接口的扩展　在大型项目中，接口的继承和扩展可以用于定义更加细化的数据类型。例如，一个 Employee 类型可以继承 Person 接口，添加额外的属性和方法。

```
interface Person {
    name: string;
    age: number;
}

interface Employee extends Person {
    employeeId: number;
}

let employee: Employee = { name: "Alice", age: 30, employeeId: 101 };
let person: Person = employee; // 可以将 Employee 赋值给 Person
```

③ 泛型约束　泛型类型可以通过约束确保类型兼容性，允许泛型参数继承某种类型。

```
function printName<T extends Animal>(obj: T): void {
    console.log(obj.name);
}

printName(dog); // 可以传递 Dog 类型，因为 Dog 继承了 Animal
```

④ 代码重用　类型兼容性使得开发者能够编写更加通用的代码，通过兼容的类型实现多态，减少代码重复。例如，使用统一的函数处理不同的实体类型。

类型断言允许开发者手动指定一个值的类型，以便绕过 TypeScript 的类型检查。这在你对某个值的类型比编译器更有信心时非常有用。类型断言有两种语法形式。

尖括号语法：< 类型 > 值。

as 语法：值 as 类型。

示例如下。

```
// 尖括号语法
let strLength: number = (<string>"hello").length;

// as 语法
let strLength2: number = ("hello" as string).length;

console.log(strLength);  // 输出 : 5
console.log(strLength2); // 输出 : 5
```

在这个示例中，字符串“hello”被断言为 string 类型，因此我们可以使用 length 属性来获取字符串的长度。两种语法形式都能实现相同的功能，as 语法更为常见，因为它在 React 项目中不会引发语法冲突。

类型断言在以下几种情况下特别有用。

① 从宽泛的类型转为具体类型　在处理 any 或联合类型时，类型断言可以帮助你指定更具体的类型，从而访问特定的属性或方法。

```
let someValue: any = "This is a string";
let strLength: number = (someValue as string).length;
```

② 对象类型的细化　当你有一个对象类型，并且确信这个对象具有比定义的接口更多的属性时，可以使用类型断言来避免编译器的错误提示。

```
interface Person {
    name: string;
}

let person = { name: "Alice", age: 30 } as Person;
```

// 这里将对象断言为 Person 类型，即使对象实际有更多的属性。

③ DOM 操作　在处理 DOM 时，类型断言非常常见，因为 TypeScript 不能总是确定元素的确切类型。

```
let inputElement = document.querySelector("input") as
HTMLInputElement;
inputElement.value = "Hello World";
```

④ 消除类型检查错误　在类型推断不够精确时，可以使用类型断言来消除错误提示。例如，当你明确知道某个变量不会为空值时，可以使用类型断言来避免编译器的警告。

```
function getElement(id: string): HTMLElement {
    return document.getElementById(id)! as HTMLElement;
    // 使用 '!' 断言非空并转换类型
}
```

尽管类型断言可以绕过编译器的类型检查，但要谨慎使用。类型断言并不会进行类型转换，它只是告诉编译器忽略类型检查并认为值是指定的类型。如果使用不当，可能导致运行时错误。

3.9 模块

实验室的白板前，小牛和小马正在讨论 TypeScript 中的模块概念。

小牛

（有点困惑）：小马，我在学习 TypeScript 的时候遇到了模块的概念。模块到底是什么?

小马

（微笑着）：模块是 TypeScript 中用来组织代码的单元。每个模块可以包含变量、函数、类、接口等，帮助你更好地管理和重用代码。

小牛

（点点头）：听起来很不错！那模块是怎么被使用的呢?

小马

（兴奋地解释）：模块可以通过导出（export）来使得其他模块能够使用，也可以通过导入（import）来使用其他模块的功能。举个例子，假设我们有一个名为 math.ts 的模块。

```
// math.ts
export function add(a: number, b: number): number {
    return a + b;
}

export function subtract(a: number, b: number): number {
    return a - b;
}
```

小牛

（理解地点头）：这段代码中，add 和 subtract 函数都是被导出的！

小马

（继续）：对！接下来，我们在另一个文件中使用这个模块。你可以使用 import 来引入这些函数。

```
// main.ts
import { add, subtract } from './math';

let sum = add(5, 3); // sum 为 8
let difference = subtract(5, 3); // difference 为 2
```

小牛

（兴奋地）：这样就可以在 main.ts 中使用 math.ts 的功能了！

小马

（微笑）：没错！还有一种导出方式是默认导出（default export），这使得一个模块可以有一个默认导出。比如在 math.ts 中，我们可以像下面这样做。

```
// math.ts
export default function multiply(a: number, b: number): number {
    return a * b;
}
```

小牛

（困惑地）：那我在使用这个默认导出时应该怎么写？

小马

（继续）：在引入时你可以随意命名它，因为它是默认的。

```
// main.ts
import multiply from './math';

let product = multiply(5, 3); // product 为 15
```

小牛

（恍然大悟）：明白了！使用默认导出时，我不需要使用花括号，可以直接命名。

小马

（微笑）：对了，还有一个概念是命名空间。在 TypeScript 中，命名空间是一种将代码组织在一起的方式，可以防止命名冲突。虽然模块和命名空间有相似之处，但模块使用 import 和 export 来管理依赖关系，而命名空间则是通过嵌套来组织代码的。

小牛

（点头）：那能给我个命名空间的例子吗？

小马

（写下代码）：当然可以！

```
namespace Geometry {
    export function areaOfCircle(radius: number): number {
```

```
        return Math.PI * radius * radius;
    }

    export function areaOfSquare(side: number): number {
        return side * side;
    }
}
```

小马

小牛：（认真看着）：我可以在这个命名空间里定义多个函数！

小马：（点头）：没错！使用命名空间时，你可以直接调用它的函数。

```
let circleArea = Geometry.areaOfCircle(5); // circleArea 为 78.54
let squareArea = Geometry.areaOfSquare(4); // squareArea 为 16
```

小牛：（总结）：所以，模块可以帮助我组织代码，而导出和导入则允许我共享功能。默认导出和命名导出各有特点，命名空间则用于防止命名冲突！

模块是 TypeScript 中用来组织代码的单元，每个模块都可以包含变量、函数、类、接口等。模块可以被导出（export）以供其他模块使用，也可以被导入（import）来使用其他模块的功能。举例如下。

```
animal.ts 文件中:
export interface Animal { name: string; speak(): void; }

main.ts 文件中:
import { Animal } from "./animal";
let animal: Animal = { name: "Dog", speak() { console.log("Woof!"); } };
animal.speak(); // 输出: Woof!
```

（1）导出和导入模块

在 TypeScript 中，使用 export 关键字将变量、函数、类等导出，使用 import 关键字将其他模块导入。举例如下。

```
person.ts
export const name = "Alice";
export function sayHello() { console.log("Hello!"); }

main.ts
import { name, sayHello } from "./person"; console.log(name); // 输
出: Alice sayHello(); // 输出: Hello!
```

（2）默认导出和命名导出

除了可以单独导出多个成员外，还可以使用默认导出和命名导出。默认导出用 export default，命名导出用 export { ... }。举例如下。

```
person.ts
const name = "Alice";
function sayHello() { console.log("Hello!"); }
export default name; // 默认导出
export { sayHello }; // 命名导出
```

举例：

```
// main.ts
// 导入 (name)
import name, { sayHello } from "./person";
// 输出默认导出内容
console.log(name);
// 输出：Alice
// 调用具名导出的函数 sayHello();
// 输出：Hello！
```

命名空间是 TypeScript 中用来组织代码的一种方式，它将一系列相关的变量、函数、类等封装在一个命名空间内部，从而避免了全局命名冲突。

模块和命名空间提供了不同的组织代码的方式，选择合适的方式取决于项目的需求和代码的复杂性。模块适合在大型项目中组织代码，而命名空间则更适合在较小的项目或库中组织代码

3.10　TypeScript 和 JavaScript 生态系统

小牛和小马在咖啡馆，边喝咖啡边讨论 TypeScript 与 JavaScript 生态系统。

小牛

（手指着电脑屏幕）：小马，我看到很多 JavaScript 库可以用在 TypeScript 中，但我不太清楚怎么用。你能帮我解说一下吗？

（点头）：当然可以！ TypeScript 与 JavaScript 的生态系统是非常友好的。你可以很方便地使用各种第三方库，只需要确保库有对应的类型定义文件。

小马

小牛

（好奇）：什么是类型定义文件？

（兴奋地）：类型定义文件是一个以 .d.ts 结尾的文件，它们用于描述 JavaScript 库的类型信息，从而帮助 TypeScript 更好地理解这些库的结构和类型。这样，你在使用这些库的时候就能享受到 TypeScript 的类型安全！

小马

小牛

（思考）：那我应该如何找到这些类型定义文件呢？

小马

（解释）：你可以通过 npm 来安装这些类型定义文件，通常在 Definitely-Typed 仓库中会有对应的类型定义。安装时只需使用 @types 前缀。例如，如果你想使用 lodash 库，你可以像下面这样安装它的类型定义。

```
npm install --save-dev @types/lodash
```

小牛

（点头）：明白了，所以我可以通过这个命令来获取 lodash 的类型支持！

小马

（继续）：对！一旦安装了类型定义文件，你就可以在你的 TypeScript 代码中使用这个库，同时享受类型检查和智能提示。

小牛

（兴奋地）：能给我个例子吗？假设我想用 lodash 中的 chunk 函数。

小马

（微笑）：当然可以！在你的 TypeScript 文件中，你可以像下面这样写。

```
import _ from 'lodash';

const numbers = [1, 2, 3, 4, 5, 6];
const chunked = _.chunk(numbers, 2); // chunked 为 [[1, 2], [3, 4],
[5, 6]]
```

小牛

（高兴地）：这样我就能用 lodash 提供的功能，而且代码还能保持类型安全！

小马

（点头）：没错！如果你在调用 chunk 函数时传入了错误的参数类型，TypeScript 会立即给你提示。

小牛

（思考）：那么，使用 JavaScript 库时，我还需要注意些什么？

（认真）：使用 JavaScript 库时，要确保你知道库的 API 和返回值的类型。如果没有类型定义文件，你可以自己编写类型定义，或者将其声明为 any 类型，但这样会失去类型安全。

小马

小牛

（理解地点头）：这样我就可以在没有类型定义的情况下使用库，但要小心类型问题。

（微笑）：Exactly! 总之，TypeScript 与 JavaScript 的生态系统完美结合，使得使用第三方库变得既简单又安全。

小马

TypeScript 和 JavaScript 生态系统是密切相关的，TypeScript 可以无缝地与 JavaScript 库和框架一起使用。让我们探讨如何在 TypeScript 中使用第三方库、类型定义文件以及 JavaScript 库。

（1）使用第三方库

TypeScript 可以很好地与 JavaScript 的第三方库集成。借助类型定义文件，你可以在 TypeScript 中使用这些库时，获得类型检查和代码提示的好处。下面是使用第三方库的步骤和方法。

① 安装第三方库　可以使用 npm 或 yarn 来安装所需的库。例如，安装 lodash：

```
npm install lodash
```

② 在 TypeScript 文件中引入库　引入已安装的库，并直接使用其提供的功能。例如，使用 lodash 计算数组的和：

```
import _ from "lodash";
const numbers = [1, 2, 3, 4, 5];
const sum = _.sum(numbers);
console.log(sum); // 输出：15
```

（2）TypeScript 的类型定义文件

JavaScript 是动态类型语言，TypeScript 需要类型信息才能进行类型检查和代码提示。为了支持 JavaScript 第三方库，社区开发了大量的类型定义文件（以 .d.ts 结尾），描述库的类型信息。

通常情况下，社区为大多数常见的 JavaScript 库提供了相应的类型定义文件，保存在 DefinitelyTyped 项目中。可以通过安装 @types/ 命名空间下的包来获取这些类型定义文件。

例如，安装 lodash 的类型定义文件：

```
npm install @types/lodash
```

安装之后，TypeScript 将会自动检测并使用这些类型信息，从而提供更好的类型检查和代码提示。

有时，第三方库可能没有提供官方或社区维护的类型定义文件。这种情况下，有以下几种处理方式。

① 使用 any 类型　如果你想忽略类型检查，可以将库的类型声明为 any：

```
declare var jQuery: any;
```

```
jQuery("#myElement").hide(); // 无类型检查，不推荐
```

这样做虽然可以使用库的功能，但会失去类型安全性和代码提示。

② 编写自定义的类型定义文件　你可以为没有类型定义的库手动编写 .d.ts 文件，描述所使用的库的类型结构。例如：

```
// 创建一个 lodash.d.ts 文件
declare module "lodash" {
    export function sum(arr: number[]): number;
}
```

③ 使用类型断言　可以通过类型断言将值转换为特定的类型，临时解决类型检查问题。例如：

```
import _ from "lodash";

const numbers = [1, 2, 3, 4, 5];
const sum: number = _.sum(numbers) as number; // 类型断言
console.log(sum); // 输出：15
```

使用场景举例如下。

① 前端项目中使用 lodash 处理数据　在开发前端应用时，常常需要对数组和对象进行复杂的操作。lodash 是一个功能强大的工具库，提供了丰富的操作函数。

```
import _ from "lodash";
const users = [
    { name: "Alice", age: 30 },
    { name: "Bob", age: 25 },
    { name: "Charlie", age: 35 }
];
const sortedUsers = _.sortBy(users, ["age"]);
console.log(sortedUsers);
```

② 在后端使用 Express 进行类型定义　TypeScript 可以用于编写后端的 Express 应用，通过 @types/express 获得类型定义文件，确保类型检查和代码提示功能正常。

```
import express, { Request, Response } from "express";
const app = express();
app.get("/", (req: Request, res: Response) => {
    res.send("Hello, TypeScript!");
});
app.listen(3000, () => {
    console.log("Server is running on port 3000");
});
```

鸿蒙
HarmonyOS

第4章 UI入门

4.1 第一个APP

小牛和小马坐在实验室的电脑前，小马正在指导小牛创建他的第一个 HarmonyOS 应用程序。

小牛

（兴奋地）：小马，我已经安装好了 DevEco Studio。接下来该做什么?

（微笑）：很好！现在我们要开始创建第一个应用程序了。首先，启动 DevEco Studio，然后选择‘新建项目’。

小马

小牛

（快速点击）：好，我已经打开了‘新建项目’界面。现在该怎么做?

（指着屏幕）：选择‘HarmonyOS 应用程序’，然后填写项目名称和保存路径。你可以使用默认的‘空模板’作为开始。

小马

小牛

（输入项目名称并创建）：好了！项目创建完成了。但这个项目结构看起来有点复杂，有很多文件夹和文件。

小马（点头）：没错！在开始学习 UI 之前，我们先简单了解一下项目的结构。在 HarmonyOS 开发中，最终的应用程序会编译成一个 HAP 文件，类似于 Android 中的 APK 文件，而主要的组成组件是 Ability，类似于 Android 中的 Activity。

小牛（眼睛亮了起来）：原来是这样！那这些文件夹和文件都有什么用呢？

小马（微笑）：让我给你讲讲它们的作用吧。在项目结构中，你会看到以下几个主要的文件夹和文件。

① ets 目录：存放应用代码编译后的字节码文件。

② libs 目录：存放库文件，即应用依赖的第三方代码，比如 .so 二进制文件。

③ resources 目录：存放应用的资源文件，如字符串、图片、布局文件等。

④ resources.index：这是资源的索引表，由 IDE 在编译工程时生成。

⑤ module.json：这是 HAP 的配置文件，内容由工程配置中的 module.json5 和 app.json5 组成，是 HAP 中必不可少的文件。

⑥ pack.info：描述每个 HAP 属性的文件，包括应用的 bundleName、versionCode 信息以及 HAP 的 name、type 和 abilities 等信息，由 IDE 工具生成。

小牛（认真听着）：这些文件夹和文件都挺有用的，看来不仅要编写代码，还得了解这些配置。

小马（点头）：没错！理解项目的结构有助于你更好地管理代码和资源。接下来，我们可以深入学习如何编写 UI 和创建页面。

小牛（摩拳擦掌）：好，我已经迫不及待想开始动手写代码了！

在鸿蒙 os UI 开发中，使用的是声明式 UI 进行开发。先解释下什么是声明式 UI。

声明式 UI 是一种通过声明（描述）用户界面的结构和外观，而不是通过编写命令式的代码来构建界面的方法。在声明式 UI 中，开发者通过描述界面的状态和结构，框架则负责将这些描述转换成实际的用户界面。

在应用开发中，React Native、Flutter、Compose 等都属于此类，其使得开发者可以更直观地描述用户界面的结构和外观，减少了手动编写 UI 代码的工作量，提高了开发效率。

小牛和小马在实验室里，正在讨论 HarmonyOS 的 UI 开发。

小牛

（皱眉）：小马，我听说在 HarmonyOS 中要用声明式 UI 进行开发。这和传统的 UI 开发有什么不同？

小马

（点点头）：嗯，很好的问题！声明式 UI 是一种通过描述界面的结构和外观，而不是通过编写命令式的代码来构建界面的方法。你只需要告诉系统界面应该长什么样子，框架会负责将这些描述转换成实际的用户界面。

小牛

（眼睛一亮）：这么说来，我不需要手动编写大量的 UI 代码，只需要描述界面的状态就可以了吗？

小马

（微笑）：对！在声明式 UI 中，你更多的是在描述‘界面要展示什么’，而不是‘怎么去实现它’。举个例子，在传统的命令式 UI 开发中，你需要明确指定每个控件的创建、布局和更新过程。而在声明式 UI 中，你只需要定义界面的结构和状态，比如某个按钮的颜色或文本内容，系统会自动处理更新逻辑。

小牛

（感兴趣地）：这样听起来确实方便很多！我还听说 React Native、Flutter 和 Jetpack Compose 也都是声明式 UI 的例子，是不是这样？

小马

（点头）：没错！这些框架也都采用了声明式 UI 的开发方式，使得开发者可以更直观地描述用户界面的结构和外观，减少了手动编写 UI 代码的工作量，并且提高了开发效率。

小牛

（好奇地）：那么，HarmonyOS 中的声明式 UI 开发和这些框架有什么相似之处呢？

小马

（解释道）：HarmonyOS 中的声明式 UI 开发和 React Native、Flutter 等框架很相似，你同样可以用类似的方式来定义组件和状态。比如，你可以在代码中定义一个按钮，当某个状态发生变化时，界面就会自动更新显示新的内容。

小牛

（点点头）：听起来很有意思，我已经迫不及待地想试试用声明式 UI 来开发第一个界面了！

（微笑）：那我们就开始吧！先来创建一个简单的页面，从按钮和文本组件入手。

小马

我们新建的项目中，已经声明好了一个 demo
helloworld 项目：

```
@Entry
@Component
struct Index {
  @State message: string = 'Hello World';

  build() {
    Row() {
      Column() {
        Text(this.message)
          .fontSize(50)
          .fontWeight(FontWeight.Bold)
      }
      .width('100%')
    }
    .height('100%')
  }
}
```

这段代码是使用 HarmonyOS 的 ArkUI 构建的一个简单界面组件。在这段代码中，@Entry 和 @Component 装饰器用于定义一个界面组件 Index。以下是对代码的详细解释。

@Entry：这是用于标识应用程序的入口组件。也就是说，当应用启动时，Index 组件将作为初始界面加载。

@Component：这是用来定义一个 UI 组件的装饰器，表示 Index 是一个可重用的界面组件。

struct Index：struct Index 定义了一个名为 Index 的组件结构，这里类似于类的定义。

这个组件包含一个状态变量和一个 build 方法。

@State message: string = 'Hello World';：@State 装饰器用于声明组件的状态变量。在 ArkUI 中，状态变量的变化会引起界面的重新渲染。

message：message 是一个字符串类型的状态变量，初始值为 'Hello World'。这意味着界面加载时会显示这条消息。

build() 方法：build() 是组件的渲染函数，用于定义界面的布局和内容。在 build() 方法中，界面组件采用声明式的方式来构建。

Row()：这是一个水平布局容器，用于将子组件排列成一行。

.height('100%')：设置 Row 容器的高度为 100%，表示占据父容器的全部高度。

Column()：这是一个垂直布局容器，用于将子组件排列成一列。

.width('100%')：设置 Column 容器的宽度为 100%，表示占据父容器的全部宽度。

Text(this.message)：文本组件用于显示字符串内容，这里显示的是 message 状态变量的

值 'Hello World'。

.fontSize(50)：设置文本的字体大小为 50。

.fontWeight(FontWeight.Bold)：设置字体的粗细为粗体。

当这段代码运行时，将会显示一个全屏的界面，其中包含一个文本“Hello World”，该文本居中显示，字体大小为 50，且加粗显示。由于 message 是一个状态变量，如果它的值发生改变，界面会自动更新以显示新的文本内容。如图 4-1 所示。

图 4-1　代码执行效果

4.2　常用组件

4.2.1　按钮

小牛和小马正在实验室里，小马正在教小牛如何在 HarmonyOS 中使用按钮组件。

小牛

（好奇地）：小马，我已经听说按钮是最常见的 UI 组件之一。我们怎么在 HarmonyOS 中添加一个按钮呢?

小马

（点头）：没错，按钮是最基本的组件之一。在 HarmonyOS 的声明式 UI 开发中，我们可以使用 Button 组件来实现。它可以响应用户的点击操作。

小牛

（打开编辑器）：那我们从哪里开始呢?

小马

（指着屏幕）：首先，先创建一个 Button 组件。这个组件的 API 是 Button(label?: string, options?: { type?: ButtonType, stateEffect?: boolean })，其中 label 用于设置按钮的文字，options 是一个可选的对象，用于设置按钮的类型和是否开启点击效果。

小牛

（开始输入代码）：那我试试写一个普通按钮的代码吧！

```
Button('按钮', { type: ButtonType.Normal, stateEffect: true })
  .backgroundColor(0x123456)
  .width(100)
  .height(50)
  .borderRadius(10)
```

小牛：（按下回车键）：我写好了！这个按钮看起来有文字，还有背景颜色和圆角。

小马：（微笑）：很好！在这个示例中，label 设置为‘按钮’，表示按钮上的显示文字。type 设置为 ButtonType.Normal，表示这是一个普通按钮，而 stateEffect 设置为 true，表示点击按钮时会有点击效果。

小牛：（点点头）：还有其他类型的按钮吗？

小马：（解释道）：当然有！除了 Normal 类型外，还有其他类型的按钮可以设置，比如 Capsule 类型的胶囊按钮和 Circle 类型的圆形按钮。可以根据需求选择合适的按钮样式。

小牛：（跃跃欲试地）：我明白了！接下来，我想试试给按钮添加点击事件。

小马：（鼓励地）：很好！那你可以使用 onClick 方法来实现点击事件的响应。试着给按钮加上点击事件，让它点击时弹出提示。

（1）按钮 api

```
Button(label?: string, options?: { type?: ButtonType, stateEffect?: boolean })
```

参数包括 label 和 options，其中 label 用来设置按钮的文字，options 是一个对象，用于设置按钮的类型和是否开启点击效果。

我们在编辑器中尝试输入以下代码：

```
Button('按钮', { type: ButtonType.Normal, stateEffect: true })
  .backgroundColor(0x123456)
  .width(100)
  .height(50)
  .borderRadius(10)
```

代码的解释：

其中，Button(' 按钮 ', { type: ButtonType.Normal, stateEffect: true }):，Button 是一个按钮组件的构造函数，用来创建一个新的按钮实例。' 按钮 ' 是按钮的显示文本。{ type: ButtonType.Normal, stateEffect: true } 是按钮的配置选项，type: ButtonType.Normal 表示按钮的类型是普通类型（Normal）。ButtonType 是一个枚举类型，用于指定按钮的样式或类型。stateEffect: true 表示按钮在状态变化时（如按下或悬停时）会有状态效果。.backgroundColor(0x123456)，设置按钮的背景颜色为 0x123456（十六进制颜色值）。.width(100)，设置按钮的宽度为 100 像素。.height(50)，设置按钮的高度为 50 像素。.borderRadius(10)，设置按钮的边框圆角半径为 10 像素，使按钮的四个角变得圆滑。

通过这种链式调用的方式，代码变得更为简洁和直观，方便设置按钮的外观和行为。这个代码片段主要用于开发移动端或跨平台应用的 UI 界面，如图 4-2 所示。

图 4-2 按钮

（2）胶囊按钮

胶囊按钮不支持设置圆角，代码如下，效果如图 4-3 所示。

```
Button('胶囊按钮', { type: ButtonType.Capsule, stateEffect: true })
  .backgroundColor(0x123456)
  .width(100)
  .height(50)
  .borderRadius(10)
```

图 4-3 胶囊按钮

（3）圆形按钮

圆形按钮不支持设置圆角，代码如下，效果如图 4-4 所示。

```
Button('圆形按钮', { type: ButtonType.Circle, stateEffect: true })
  .backgroundColor(0x123456)
  .width(100)
  .height(50)
  .borderRadius(10)
```

宽高自动选择较小的那一组。

需要注意是否有足够空间展示文案，否则就会用“...”代替剩余文字，如图 4-5 所示。

图 4-4 圆形按钮

图 4-5 空间不足效果

（4）普通按钮

普通按钮支持重新设置圆角，代码如下，如图 4-6 所示。

```
Button('普通按钮', { type: ButtonType.Normal, stateEffect: true })
  .backgroundColor(0x123456)
  .width(100)
  .height(100)
  .borderRadius(10)
```

图 4-6 普通按钮

除了简单类型按钮外，还支持更复杂类型样式，可以当做容器一样，包含另一个组件。我们在普通按钮的基础上稍作修改：

```
Button({ type: ButtonType.Normal, stateEffect: true }){
  Row() {
```

```
    Text('IMG').fontSize(12).fontColor(0xffffff).margin({ left: 5 })
    Text('文字').fontSize(12).fontColor(0xffffff).margin({ left: 5, right: 12 })
  }.alignItems(VerticalAlign.Center)
}
  .backgroundColor(0x123456)
  .width(100)
  .height(100)
  .borderRadius(10)
```

这段代码定义了一个自定义样式的按钮组件，内部包含了一些文本元素，并且通过链式调用来设置组件的样式和布局。以下是代码的解释：

Button({ type: ButtonType.Normal, stateEffect: true })，创建一个按钮组件实例。{ type: ButtonType.Normal, stateEffect: true } 是按钮的配置选项。type: ButtonType.Normal 表示按钮的类型为普通按钮。

stateEffect: true 表示按钮在状态变化时会有状态效果（例如按下或悬停时的视觉反馈）。Row() {...}，在按钮内部创建一个行布局（Row），用于水平排列子元素。

Text('IMG').fontSize(12).fontColor(0xffffff).margin({ left: 5 })，在行布局中添加第一个文本元素，显示内容为 'IMG'。fontSize(12) 设置字体大小为 12。fontColor(0xffffff) 设置字体颜色为白色（0xffffff）。margin({ left: 5 }) 设置文本的左边距为 5 像素。Text(' 文字 ').fontSize(12).fontColor(0xffffff).margin({ left: 5, right: 12 })，在行布局中添加第二个文本元素，显示内容为 ' 文字 '。fontSize(12) 设置字体大小为 12。fontColor(0xffffff) 设置字体颜色为白色。margin({ left: 5, right: 12 }) 设置左边距为 5 像素，右边距为 12 像素。.alignItems(VerticalAlign.Center)，设置行布局的子元素垂直对齐方式为居中对齐。

.backgroundColor(0x123456)，设置按钮的背景颜色为 0x123456（十六进制颜色值）。.width(100)，设置按钮的宽度为 100 像素。.height(100)，设置按钮的高度为 100 像素。.borderRadius(10)，设置按钮的边框圆角半径为 10 像素，使按钮的四个角变得圆滑。

这段代码创建了一个带有自定义文本的按钮，内部的布局使用了水平排列的方式，并通过链式调用对按钮的样式和子元素的属性进行了详细的设置。这种方式通常用于开发移动端或跨平台应用的用户界面，能够提供灵活的布局和样式调整，如图 4-7 所示。

点击事件：一个按钮一定是可以响应点击事件的。我们将上述代码替换成如下代码，效果如图 4-8 所示。

```
Button('click', { type: ButtonType.Normal, stateEffect: true })
  .onClick(()=>{
    console.info('onClick')
  })
```

图 4-7　复杂类型样式

图 4-8　点击事件

这段代码创建了一个普通按钮，并为其设置了点击事件处理程序。以下是对代码的详细解释：

Button('click', { type: ButtonType.Normal, stateEffect: true })，创建一个按钮组件，按钮的显示文本为 'click'。{ type: ButtonType.Normal, stateEffect: true } 是按钮的配置选项。type: ButtonType.Normal 表示按钮的类型为普通按钮。stateEffect: true 表示按钮在状态变化（例如按下、悬停）时会有状态效果（视觉反馈）。.onClick(() => { console.info('onClick') })，为按钮添加点击事件处理程序 onClick。当按钮被点击时，会执行箭头函数 () => { console.info('onClick') }，即在控制台输出 'onClick' 字符串。console.info('onClick') 是一种日志输出方式，用于在控制台打印信息，以便调试或跟踪事件触发情况。

这段代码的效果是创建一个可以响应点击事件的按钮，点击按钮时会在控制台输出 "onClick"，适用于调试或记录用户的交互操作。这种事件处理模式在前端开发中非常常见，能够轻松实现交互功能。

点击后在控制台输出日志，如下所示。

```
app Log: Button onClick
```

除了上文提到的 borderRadius、backgroundColor 属性可以设置圆角、背景颜色，还有其他常用属性：fontSize（文字大小）、fontColor（文字颜色）、fontWeight（文字宽度）。示例代码如下，对应的效果图如图 4-9 所示。

图 4-9　示例代码效果图

```
Button('click', { type: ButtonType.Normal, stateEffect: true })
  .fontSize(100)
  .fontColor(Color.Yellow
  .fontWeight(20)
```

4.2.2　单选框

小牛和小马正在实验室里，这次小马正在介绍如何在 HarmonyOS 中使用单选框。

小牛

（好奇地）：小马，上次我们讲了按钮组件。今天我想学学如何使用单选框组件，比如在选项之间进行选择。

（点头）：好的，单选框在 HarmonyOS 中可以用 Radio 组件来实现。单选框的 API 接口是 Radio(options: {value: string, group: string})，其中 value 用于设置单选框的值，而 group 用于指定单选框所在的分组。

小马

小牛

（打开编辑器）：那我写个简单的例子吧，创建几个单选框来选择颜色。

```
Radio({ value: 'Red', group: 'colorGroup' }).label('红色')
Radio({ value: 'Green', group: 'colorGroup' }).label('绿色')
Radio({ value: 'Blue', group: 'colorGroup' }).label('蓝色')
```

（按下回车键）：这样写可以吗？三个单选框都属于同一个分组‘colorGroup’。

小牛

（微笑）：没错！ group 属性把这些单选框归为同一组，使得在同一时间只有一个单选框被选中。value 属性定义了选中的值是什么，label 方法则为每个单选框设置了标签文本。

小马

（点点头）：我明白了！这就像是让用户从多个颜色选项中选择一个，而不能同时选择多个。

小牛

（补充道）：对，而且你还可以给这些单选框添加一个事件处理程序，比如监听选中变化时的回调函数，这样就能在用户选择时执行相应的操作。

小马

（跃跃欲试地）：那我可以尝试在用户选择时打印出选中的颜色！

小牛

（鼓励地）：没错，试着用 onChange 方法来实现吧！

小马

单选框使用 Radio 表示，接口如下：

```
Radio(options: {value: string, group: string})
```

value 表示单选框的值，并不会在 UI 层面展示出。group 表示所属的组名称。

```
Radio({ value: 'Radio1', group: 'radioGroup' })
  .checked(false)
Radio({ value: 'Radio2', group: 'radioGroup' })
  .checked(true)
```

这段代码创建了两个单选按钮（Radio），并将它们分配到同一个组（radioGroup），其中一个被默认选中。下面是对代码的详细解释：

Radio({ value: 'Radio1', group: 'radioGroup' })，创建一个单选按钮，value 设置为 'Radio1'。group 设置为 'radioGroup'，将这个单选按钮分配到一个名为 radioGroup 的组。单选按钮的组属性使得同一个组中的单选按钮只能选择一个，即组内的按钮是互斥的。.checked(false)，设置这个单选按钮的默认选中状态为 false，表示这个按钮未被选中。Radio({ value: 'Radio2', group: 'radioGroup' })，创建另一个单选按钮，value 设置为 'Radio2'，同样将它分配到 radioGroup 组。

.checked(true)，设置这个单选按钮的默认选中状态为 true，表示这个按钮被默认选中。

注意，两个单选按钮被放在同一个 radioGroup 组中。由于单选按钮在同一组内互斥，所以当选中 Radio2 时，Radio1 会自动取消选中。这种分组和选中状态的配置常用于表单或设置界面，让用户只能在多个选项中选择一个。

单选框常见使用场景如下。在问卷调查、表单输入或设置选项中，可以使用单选按钮来让用户选择性别（男性或女性）、付款方式（信用卡、借记卡或 PayPal）、语言偏好等。单选按钮如图 4-10 所示。

图 4-10　单选按钮

```
Radio({ value: 'Radio1', group: 'radioGroup' })
  .onChange((isChecked: boolean) => {
    if (isChecked) {
      console.log("CHECKED1:" + isChecked)
    }
  })
Radio({ value: 'Radio2', group: 'radioGroup' })
  .onChange(boolean => {
    console.log("CHECKED2:" + boolean)
  }
  )
```

这段代码创建了两个单选按钮（Radio），并为它们设置了状态变化的回调函数，以响应用户的选择操作。下面是对代码的详细解释：

Radio({ value: 'Radio1', group: 'radioGroup' })，创建一个单选按钮，value 设置为 'Radio1'。group 设置为 'radioGroup'，将这个单选按钮分配到名为 radioGroup 的组。

.onChange((isChecked: boolean) => { ... })，设置了一个状态变化的回调函数 onChange，当用户点击或选择这个单选按钮时会触发。回调函数接收一个布尔值参数 isChecked，表示当前单选按钮的选中状态。如果 isChecked 为 true，表示按钮被选中，此时会执行 console.log("CHECKED1:" + isChecked)，在控制台输出 "CHECKED1:true"。

Radio({ value: 'Radio2', group: 'radioGroup' })，创建另一个单选按钮，value 设置为 'Radio2'。同样分配到 radioGroup 组，使得两个单选按钮互斥。

.onChange(boolean => { ... })，设置了一个状态变化的回调函数 onChange，当用户点击或选择 Radio2 时会触发。回调函数接收一个布尔值参数 boolean，表示当前单选按钮的选中状态。无论是选中还是取消选中，都会执行 console.log("CHECKED2:" + boolean)，在控制台输出 CHECKED2:true 或 CHECKED2:false。

注意，这两个单选按钮被分配到同一个组 radioGroup，当选中其中一个时，另一个会自动取消选中。通过 onChange 回调函数，可以在按钮状态改变时执行特定的逻辑，比如记录用户选择、更新界面状态等。这种用法适合在需要响应用户交互的表单中使用，例如：在问卷调查中记录用户对某个问题的选择。在设置页面中切换不同的配置选项（如夜间模式或白天模式）。在结账时选择支付方式（如信用卡或电子钱包）。

切换按钮，即复选框，其用法如下。

接口 Toggle(options: { type: ToggleType, isOn?: boolean })

ToggleType 为具体类型，包括 Button、Checkbox 和 Switch，类似上文提到的 Button 控件，Toggle 也可以包含子控件。

首先先看不包含的情况：

当 ToggleType 为 Checkbox 或者 Switch 时，代码如下，效果如图 4-11 所示。

```
Toggle({ type: ToggleType.Checkbox, isOn: false })
```

```
Toggle({ type: ToggleType.Checkbox, isOn: true })
```

当想要包含子控件时，type 类型只能是 Button，代码如下，效果如图 4-12 所示。

```
Toggle({ type: ToggleType.Button, isOn: false }) {
  Text(' button')
    .fontSize(15)
}.width(100)

Toggle({ type: ToggleType.Button, isOn: true }) {
  Text(' button')
    .fontSize(15)
}.width(100)
```

图 4-11　不包含子控件情况下的复选框

图 4-12　包含子控件情况下的复选框

4.2.3　进度条

小牛和小马在实验室里，今天小马正在介绍进度条的使用。

小牛

（兴奋地）：小马，我们已经学了按钮和单选框。现在我想学点可以显示进度的组件，比如下载时显示进度的条形进度条。

（点头）：当然可以！在 HarmonyOS 中，我们可以使用 Progress 组件来实现进度条。这个组件的 API 接口是 Progress(options: {value: number, total?: number, type?: ProgressType})，其中 value 表示当前进度，total 是可选的总长度，type 用于指定进度条的类型。

小马

小牛

（打开编辑器）：那我来试试写个代码，创建一个下载进度的示例。

```
Progress({ value: 30, total: 100, type: ProgressType.Linear })
  .width(200)
  .height(10)
  .backgroundColor(0xEEEEEE)
  .foregroundColor(0x123456)
```

小牛

（按下回车键）：我写了一个线性进度条的代码。这个进度条的总长度是 100，当前进度是 30。

小马

（微笑）：没错！这段代码创建了一个线性类型的进度条，type 属性设置为 ProgressType.Linear 表示线性进度条。你还设置了 width 和 height 来定义进度条的大小，backgroundColor 和 foregroundColor 分别用于设置背景颜色和前景颜色。

小牛

（点点头）：原来如此！所以，如果我想做一个圆形进度条，只需要把 type 改成 ProgressType.Circular 就行了？

小马

（补充道）：没错！而且你可以通过动态修改value的值来更新进度条的进度，比如可以结合一个定时器来模拟进度的增长。

小牛

（跃跃欲试地）：我明白了！那我试着实现一个下载进度逐渐增加的效果吧！

一个 UI 框架也少不了进度条进行展示。

接口：

```
Progress(options: {value: number, total?: number, type?: ProgressType})
```

value 表示当前进度

total 表示总的长度

type 指定类型

示例：

```
Progress({ value: 60, total: 100, type: ProgressType.Linear })
```

这个代码段定义了一个 Progress 进度条组件，效果如图 4-13 所示。可以根据不同的需求展示不同样式的进度条。组件有三个主要属性：value 表示当前进度，total 表示总长度，type 表示进度条的样式类型。

图 4-13　进度条示例

代码解释如下。

value: 60：当前进度值设置为 60。

total: 100：总进度长度设置为 100，进度条会根据当前 value 和 total 的比例显示进度。

type: ProgressType.Linear：进度条的样式类型设置为 Linear，即线性样式，默认是水平显示。

此外，还可以通过 .width(10).height(100) 设置进度条的宽度和高度。

由于这是 Linear 类型，将 width 设置为较小值、height 设置为较大值，会使进度条垂直显示。

进度条类型说明如下。

ProgressType.Linear：线性样式，默认水平，可以通过调整宽高改为垂直显示。

ProgressType.Ring：环形进度条，无刻度样式，适合用作圆环形的进度表示。

ProgressType.ScaleRing：环形进度条，带有刻度的圆环，适合需要更清晰进度标识的情况。

ProgressType.Eclipse：圆形样式，类似完整的圆形进度条。

ProgressType.Capsule：胶囊样式，类似扁平的圆角矩形。

使用场景举例如下。

下载或上传进度：ProgressType.Linear 或 ProgressType.Capsule，用于展示下载文件的完成进度。

健身应用的每日运动量进度：ProgressType.Ring 或 ProgressType.ScaleRing，以环形样式更直观地展示完成的比例。

健康数据或水杯进度：ProgressType.Eclipse 用于展示每日水分摄入量等环状数据。

4.2.4 文本展示

小牛和小马在实验室里，这次小马正在介绍如何使用基本的文本控件。

小牛

（好奇地）：小马，我们已经学了按钮、单选框和进度条。我觉得有时候还需要显示一些文字内容，比如标题、标签之类的。

小马

（点头）：没错，在 HarmonyOS 中，我们可以使用 Text 组件来显示文本。最简单的用法就是直接创建一个文本控件，比如：Text('这是一段文字')。

小牛

（打开编辑器，尝试写代码）：这样写可以吗?

```
Text('这是一段文字')
   .fontSize(16)
   .fontColor(0x000000)
```

小马

（微笑）：非常正确！这段代码创建了一个显示‘这是一段文字’的文本控件，并且通过 fontSize 和 fontColor 方法设置了文字的大小和颜色。

小牛

（点点头）：那如果我想显示一些资源文件中的文本，比如应用程序的标题，应该怎么做?

小马（解释道）：你可以使用资源展示的方式，通过 $r 方法引用资源中的字符串。像这样：Text($r('app.string.EntryAbility_label'))。

小牛（输入代码）：原来是这样！资源文件里的字符串就像是一些预定义好的文字，随时可以引用。

小马（补充道）：没错，这样不仅可以简化文本的管理，还能方便地进行多语言支持。

小牛（跃跃欲试地）：那 Text 控件可以添加子控件吗？比如有不同样式的文字组合在一起？

小马（点头）：当然可以！在 Text 控件中可以添加子控件 Span，用来为不同的文字设置不同的样式。举个例子，你可以像下面这样写。

```
Text()
  .appendChild(
    Span('这是一段普通文字').fontSize(14).fontColor(0x000000)
  )
  .appendChild(
    Span('这是加粗的文字').fontSize(16).fontColor(0xFF0000).
fontWeight('bold')
  )
```

小牛（兴奋地）：太棒了！这样我就可以在一个 Text 控件里展示不同样式的文本内容了。

Text 是一个基本的文本控件，常用于在页面上显示静态文字内容。通过传入的文本内容，组件可以直接渲染到界面上。

基本文本控件示例如下。

```
Text('这是一段文字')
```

这是一段文字

直接在页面上展示了一段文字 " 这是一段文字 "。

使用场景举例如下。

显示标题或描述：用于展示标题、段落描述等静态文字内容。

UI 中的标签：在按钮、输入框等控件旁边提供提示性说明。

资源引用代码如下，效果如图 4-14 所示。

```
Text($r('app.string.EntryAbility_label'))
```

Text 控件也支持添加子控件 Span，代码如下，效果如图 4-15 所示。

```
Text('Text') {
  Span('Span')
}
```

decoration 设置文本装饰线代码如下，效果如图 4-16 所示。

```
Text('Text').decoration({ type: TextDecorationType.LineThrough,
color: Color.Green })
```

类似的属性还有：Overline 和 Underline，分别代表上划线和下划线。当文字展示不下的时候，还可以使用 overflow 属性进行省略，示例代码如下，效果如图 4-17 所示。

```
Text('Text Text Text Text
Text').width(100).maxLines(1).textOverflow({ overflow:
TextOverflow.Ellipsis })
```

图 4-14　资源引用

图 4-15　子控件 Span

图 4-16　设置文本装饰线

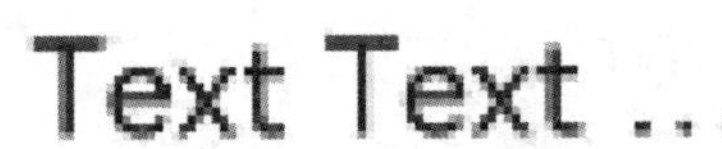

图 4-17　设置省略

4.2.5　文本输入框

小牛和小马在实验室里，这一次小马正在向小牛介绍文本输入框。

小牛

（好奇地）：小马，我们前面学了如何展示文本，那我能不能让用户输入一些文本，比如在表单中填写信息？

小马

（点点头）：当然可以！在 HarmonyOS 中，我们可以使用 TextInput 来实现单行文本输入框，或者使用 TextArea 来实现多行文本输入框。

小牛

（打开编辑器，准备写代码）：那我先试试写一个单行输入框。

```
TextInput({
  placeholder: $r('app.string.placeholder_input'),
  text: $r('app.string.default_text')
})
  .width(200)
  .fontSize(14)
```

小马（微笑）：不错！你这段代码创建了一个单行输入框，placeholder 属性设置了占位文字，提示用户输入内容，而 text 属性设置了默认的文本。

小牛（看着屏幕）：如果我想控制输入框的行为，比如清空输入内容或者获取当前输入内容，该怎么做呢？

小马（解释道）：你可以通过 TextInputController 来控制输入框的行为。你需要先创建一个 TextInputController 实例，然后将其传递给 TextInput 的 controller 属性。

```
let inputController = new TextInputController();

TextInput({
  placeholder: $r('app.string.placeholder_input'),
  controller: inputController
})
  .width(200)
  .fontSize(14)
```

小牛（尝试使用控制器）：然后我就可以通过 inputController 来控制输入框的内容了，比如清空输入框的内容。

```
inputController.clear(); // 清空输入内容
let currentText = inputController.getText(); // 获取当前的输入内容
```

小马（点点头）：正是如此！你还可以添加事件监听器来检测输入内容的变化，比如监听 onChange 事件。

小牛（跃跃欲试地）：那我再试试创建一个多行文本输入框。

```
TextArea({
  placeholder: $r('app.string.placeholder_area'),
  text: $r('app.string.default_text_area')
})
  .width(300)
  .height(100)
  .fontSize(14)
```

（补充道）：多行文本输入框的用法和单行的类似，只是 TextArea 可以设置高度，这样用户可以输入多行文字。

小马

小牛

（满意地点点头）：原来如此！ TextInput 和 TextArea 的使用方法很类似，只是一个是单行输入，一个是多行输入。通过控制器还可以实现对文本的动态控制。

文字输入框分为单行和多行两种，TextInput 为单行输入框、TextArea 为多行输入框，示例代码如下，效果如图 4-18 所示。

```
TextArea(value?:{placeholder?: ResourceStr, text?: ResourceStr, controller?: TextAreaController})
TextInput(value?:{placeholder?: ResourceStr, text?: ResourceStr, controller?: TextInputController})
```

图 4-18　文字输入框

支持预设 text 文字，示例代码如下，效果如图 4-19 所示。

```
TextArea({text:"提前输入好的文字"}).width(300)
```

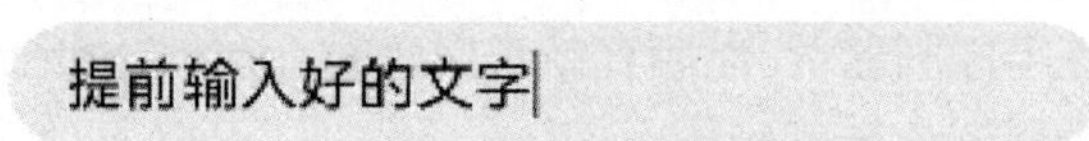

图 4-19　预设文字

同时还支持修改输入类型，示例代码如下，效果如图 4-20 所示。

```
TextInput()
  .type(InputType.Password)
```

图 4-20　修改输入类型

placeholder 用于提示，示例代码如下，效果如图 4-21 所示。

```
Input({placeholder:'提示文本'})
```

图 4-21　提示

4.2.6　弹窗

小牛和小马正在讨论如何在应用程序中使用自定义弹窗。

小牛（感兴趣地）：小马，我觉得有时候需要弹出一个自定义的对话框，比如展示一些提示信息或者选择项。我们可以自己定义一个弹窗吗？

小马（点点头）：当然可以！在 HarmonyOS 中，我们可以使用 CustomDialog-Controller 来创建自定义弹窗。你可以指定弹窗的样式、位置、自动取消设置等。

小牛（打开编辑器）：那我先来试试，创建一个最简单的自定义弹窗。应该怎么写？

```
let dialogController = new CustomDialogController({
  builder: () => {
    return Text('这是一个自定义弹窗');
  },
  autoCancel: true,
  alignment: DialogAlignment.Center
});
```

小马（微笑）：非常好！你已经成功创建了一个自定义弹窗。builder 属性是用来定义弹窗的内容，这里用了一个简单的文本显示，autoCancel 设置为 true，表示可以点击遮罩层关闭弹窗，而 alignment 则设置了弹窗显示的位置，这里是居中显示。

小牛（尝试修改代码）：如果我想让弹窗出现在屏幕的右下角，并加上一个偏移量呢？

```
dialogController = new CustomDialogController({
  builder: () => {
    return Text('这是一个偏移的自定义弹窗');
  },
  autoCancel: true,
  alignment: DialogAlignment.BottomRight,
  offset: { dx: -20, dy: -20 }
});
```

小马（解释道）：很好，这样设置后，弹窗会出现在右下角，并且向左上角偏移 20 个像素。offset 属性定义了弹窗的偏移量，dx 和 dy 分别表示水平和垂直方向上的偏移。

小牛

（继续问）：我还看到有一个 customStyle 属性，可以自定义样式，这是什么意思？

小马

（补充道）：customStyle 设置为 true 时，你就可以完全自定义弹窗的样式，而不使用系统默认的样式。你可以根据需求定制背景颜色、圆角、边框等等。

小牛

（尝试加上样式）：那我试试这样写。

```
dialogController = new CustomDialogController({
  builder: () => {
    return Text('这是一个自定义样式的弹窗')
      .backgroundColor(0x333333)
      .borderRadius(10)
      .padding(20);
  },
  autoCancel: true,
  alignment: DialogAlignment.Center,
  customStyle: true
});
```

小马

（点头）：没错！现在这个弹窗有了自定义的背景颜色、圆角和内边距，显得更加个性化。

小牛

（兴奋地）：真不错！通过自定义弹窗，我可以让应用看起来更加生动有趣。

弹窗示例代码如下。

首先在最外层创建一个弹窗，也可以在其他文件创建，再 import 进来。

```
@CustomDialog
struct CustomDialogExample {
  controller: CustomDialogController

  build() {
    Column() {
      Text('我是弹窗')
        .fontSize(20)
        .margin({ top: 10, bottom: 10 })
    }
```

```
    }
  }
```

之后在 Entry 结构体里声明变量。

```
dialogController: CustomDialogController = new
CustomDialogController({
  builder: CustomDialogExample({}),
})
```

最后再用一个点击按钮，调起弹窗。

```
Button('click dialog').onClick(() => {
  this.dialogController.open()
})
```

完整代码如下。

```
@Entry
@Component
struct Index {
  dialogController: CustomDialogController = new
CustomDialogController({
    builder: CustomDialogExample({}),
  })
  build() {
    Row() {
      Column() {

        Button('click dialog').onClick(() => {
          this.dialogController.open()
        })

      }
      .width('100%')
    }
    .height('100%')

  }
}

@CustomDialog
struct CustomDialogExample {
  controller: CustomDialogController

  build() {
    Column() {
      Text('我是弹窗')
        .fontSize(20)
        .margin({ top: 10, bottom: 10 })
```

```
            }
        }
    }
```

代码解释如下。

dialogController：使用了一个 CustomDialogController，构造时绑定了一个自定义弹窗组件 CustomDialogExample，用于控制弹窗的打开和关闭。

build() 方法：在 Row 布局中包含一个 Column 布局。

Button('click dialog')：按钮，点击后会调用 dialogController.open() 方法，触发弹窗的打开。

CustomDialogExample 组件：自定义弹窗的内容，使用了 @CustomDialog 装饰器，使其可以作为一个对话框使用。

使用场景如下。自定义弹窗可用于在应用内提示用户信息、确认操作或提供简单的交互选择。

4.2.7 图片

小牛和小马正在讨论如何在应用程序中展示图片。

小牛

（挠了挠头）：小马，我发现我们还没有介绍怎么在界面上显示图片呢。图片可是应用程序里最常见的元素之一啊！

小马

（微笑）：没错，小牛。鸿蒙 OS 的图片控件可以通过 Image 来实现，接口支持加载在线图片和本地图片。先来看看如何加载一张在线图片吧。

小牛

（在编辑器中尝试）：比如，我想展示百度的 logo 图片，可以这么写吗？

```
Image('https://www、……')❶
  .width(300);
```

小马

（点点头）：完全正确！这样写会加载网络上的图片，并将图片的宽度设置为 300 像素。你可以继续设置其他样式，比如高度、圆角等。

小牛

（继续问）：如果我想用本地的图片资源呢？应该怎么做？

❶ 此处读者可自行填入图片网址。

（解释道）：要使用本地图片资源，你需要先将图片文件放在项目的 resources 目录下，然后使用资源标识符加载它。比如，如果图片存放在 resources/raw/sample.jpg 中，可以像下面这样写。

```
Image($r('app.media.sample'))
  .width(200)
  .height(150);
```

小马

小牛

（恍然大悟）：原来是这样！ $r（‘app.media.sample’）是用来引用资源的标识符。那如果我想让图片保持原比例显示，而不是强制指定宽高，有什么办法吗?

（微笑着回答）：当然可以。在不指定宽高的情况下，图片会按照原比例显示。你也可以使用 aspectRatio() 方法来指定宽高比，确保图片不会变形。

小马

图片调用接口如下。

```
Image(src: string | Resource | media.PixelMap)
```

具有传入在线图片和本地图片两种模式。

引入网络图片需申请权限 ohos.permission.INTERNET，在 module.json5 文件中新增内容：

```
{
  "module" : {
    // ...
    "requestPermissions":[
      {
        "name" : "ohos.permission.INTERNET",
        "reason": "$string:reason",
        "usedScene": {
          "abilities": [
            "FormAbility"
          ],
          "when":"inuse"
        }
      }
    ]
  }
}
```

在线图片模式示例如下。

```
Image('https://www.baidu.com/img/PCtm_[illegible].png')
  .width(300);
```

使用图片的在线 URL 作为 src 参数，通过设置 .width(300) 控制图片的显示宽度。

传入本地图片可在 ets 文件夹下任意存放，最好放到统一文件夹下管理，如图 4-22 所示，代码如下。

```
Image('Image/pic.jpg')
  .width(300);
```

如果找不到图片就会展示空白。

我们也可以使用 Resoure 方式统一管理，在 main 下找到 resoucres 文件夹，resources 文件夹下的图片都可以通过 $r 资源接口读取到并转换到 Resource 格式，如图 4-23 所示，调用方法如下。

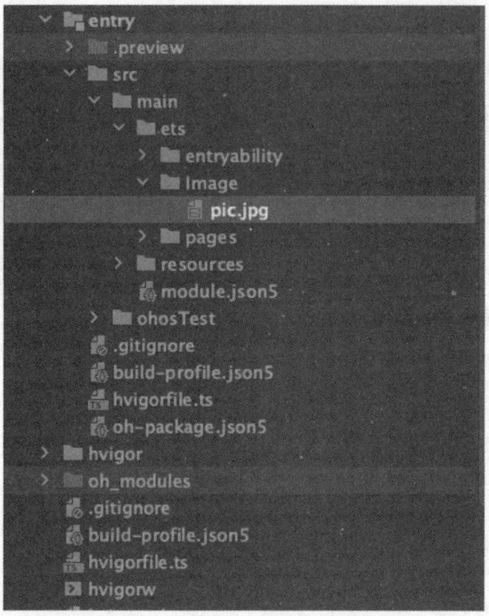

图 4-22　本地图片存放

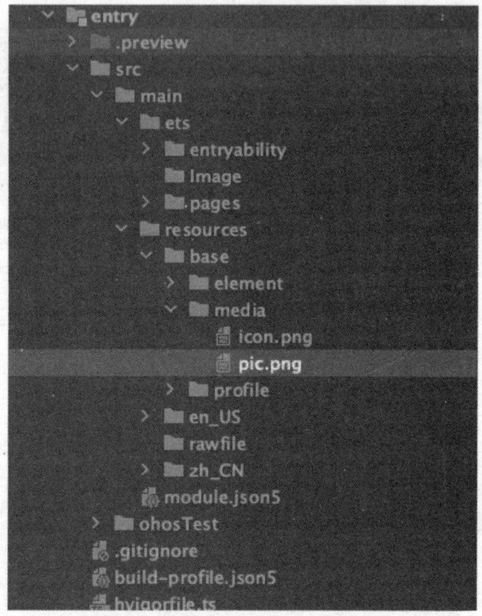

图 4-23　Resource 方式

```
Image($r('app.media.pic'))
```

将图片放在 rawfile 文件夹下也有类似效果，如图 4-24 所示。

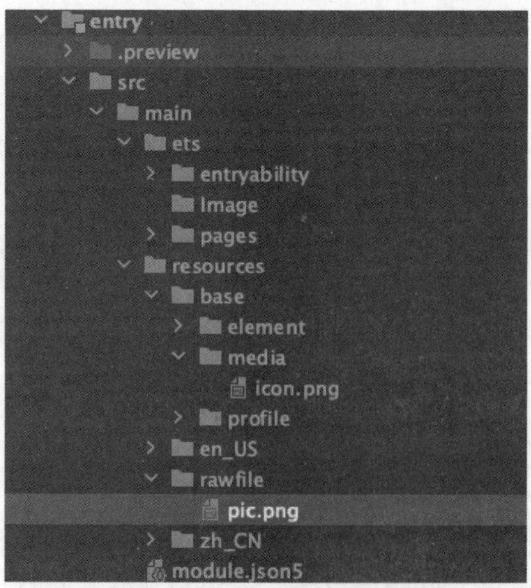

图 4-24　将图片放在 rawfile 文件夹下

调用方式稍有不同，代码如下。

```
Image($rawfile('pic.png'))
```

4.2.8　集合

小牛和小马正在讨论如何在代码中使用集合来管理数据。

小牛

（好奇地问）：小马，鸿蒙 OS 中的集合类具体有哪些？我听说有线性和非线性两种，是这样吗？

（点头）：没错，集合类主要分为线性和非线性两大类。线性容器有七种，包括 ArrayList、Vector、List、LinkedList、Deque、Queue 和 Stack。每种都有自己的特点和适用场景。

小马

小牛

（想了想）：那我们先从 ArrayList 开始吧。我知道 ArrayList 是一种动态数组，很适合频繁读取的场景。

（微笑着说）：是的，ArrayList 提供了很多常用的方法来操作数据。比如添加、插入和删除元素。你可以这样使用 add 方法在数组尾部增加一个元素。

```
let list = new ArrayList();
list.add('小牛');
list.add('小马');
```

小马

小牛

（继续尝试）：那么，如果我要在指定的位置插入一个元素呢？比如在索引 1 的位置插入‘小羊’？

（解释道）：你可以使用 insert 方法来实现。这个方法允许你在指定位置插入元素。

```
list.insert(1, '小羊');
```

小马

小牛

（兴奋地）：这样就能把‘小羊’插入到‘小牛’和‘小马’之间了！那删除元素是不是用 remove 方法？

（点点头）：完全正确！remove 方法可以删除第一个匹配到的元素，比如你想删除‘小牛’，可以这么做：

```
list.remove('小牛');
```

小马

小牛

（拍了拍脑袋）：真是太方便了！有了这些集合类和方法，管理数据就轻松多了。

集合也就是容器类，提供了一系列方法以便用户能够高效地管理数据。官方目前提供了线性和非线性两大类容器，细分共 14 种。

线性容器包括：ArrayList、LinkedList、List、Vector、Stack、Queue、Deque 七种，具体介绍如下。

ArrayList：动态数组，适合频繁读取的场景进行的增删改查。

常用方法如下。

增加元素：add 在数组尾部增加一个元素。

插入元素：insert 在指定位置插入一个元素。

删除元素：remove 删除第一个匹配到的元素。

示例代码：

```
let arrayList = new ArrayList();
arrayList.add('abc');
arrayList.add(123); // 增加元素
console.info('result: ${arrayList[0]}'); // 访问元素
arrayList[0] = 'ABC'; // 修改元素
console.info('result: ${arrayList[0]}');
```

查看输出日志：

```
62646-16613902 I A0c0d0/JSApp: app Log: result: abc
62646-16613902 I A0c0d0/JSApp: app Log: result: ABC
```

ArrayList 用于存储元素，支持增、删、改、查操作。虽然 TypeScript 本身没有直接的 ArrayList 实现，但可以通过原生数组实现类似功能。示例代码也展示了 ArrayList 的一些常用操作方法。代码解析如下。

初始化 ArrayList：let arrayList = new ArrayList(); 创建了一个空的 ArrayList，可以存储不同类型的元素。

添加元素：arrayList.add('abc'); 和 arrayList.add(123); 分别在数组尾部添加字符串和数字元素。

访问元素：console.info(\result: ${arrayList[0]}’);’ 通过索引直接访问第一个元素。

修改元素：arrayList[0] = 'ABC'; 通过索引修改第一个元素的值为 'ABC'。

再次使用 console.info 打印更新后的值，验证修改结果。

常用方法总结如下。

add：在末尾添加元素，适合动态扩展。

insert：在特定索引处插入元素，适合在指定位置添加新内容。

remove：删除第一个匹配到的元素，可以根据索引或条件删除。

使用场景如下。

存储有序数据集：适合存储需要按序访问的列表，如用户输入的表单字段、应用的设置项列表等。

频繁访问的集合：当某些数据集合需要多次读取而插入删除操作较少时，如日历中的日期列表或菜单列表。

少量增删多次读取：如搜索结果的分页展示，数据载入后主要是读取操作。

LinkedList 是双向链表（doubly-linked list），适合频繁的插入和删除操作，且能够在链表的头部或尾部进行操作。它的特点是每个节点都包含指向前一个和后一个节点的引用，使得链表可以双向遍历。这种数据结构在存储时不连续，便于在链表中间插入和删除元素，不需要移动其他元素。

常用方法如下。

add：在数组尾部增加一个元素

insert：在指定位置插入一个元素

get：指定位置对应的元素

getLast：获取最后一个元素

getIndexOf：获取第一个匹配到元素的位置

set：修改指定位置的元素值

remove：删除第一个匹配到的元素

示例代码如下。

```
import LinkedList from '@ohos.util.LinkedList';

let linkedList = new LinkedList();
linkedList.add('1')
console.info('result: ${linkedList.getFirst()}')
linkedList.insert(1,'1')
linkedList.get(1)
linkedList.getLast()
linkedList.getLastIndexOf('1')
linkedList.set(1,'2')
linkedList.removeFirst()
```

代码解释如下。

导入 LinkedList 类：import LinkedList from '@ohos.util.LinkedList'; 这行代码导入了 LinkedList 类，用于创建和操作链表。

创建 LinkedList 实例：let linkedList = new LinkedList(); 这里创建了一个 LinkedList 对象，名为 linkedList。

添加元素：linkedList.add('1'); 将字符串‘1’添加到链表中。

获取第一个元素：console.info(‘result: ${linkedList.getFirst()}’); 这行代码输出链表中的第一个元素。

插入元素：linkedList.insert(1, '1'); 在链表的索引 1 处插入字符串 '1'。这会将原本在索引 1 及之后的元素向后移动。

获取指定索引的元素：linkedList.get(1); 获取链表中索引为 1 的元素。

获取最后一个元素：linkedList.getLast(); 获取链表中的最后一个元素。

获取最后一个元素的索引：linkedList.getLastIndexOf('1'); 这行代码获取元素 '1' 在链表中最后一次出现的索引。

设置指定索引的元素：linkedList.set(1, '2'); 将链表中索引为 1 的元素设置为 '2'。

移除第一个元素：linkedList.removeFirst(); 这行代码移除链表中的第一个元素。

使用场景如下。

动态数据结构：LinkedList 适合在需要频繁插入和删除操作的场景，例如实现栈、队列等数据结构，或者管理动态数据。

历史记录管理：在浏览器或应用中，可以使用链表来管理用户的历史记录，便于快速访问和修改。

实时数据处理：在需要实时处理数据的应用（如实时聊天、游戏状态管理等）中，链表可以高效地处理数据的增删。

内存管理：由于链表节点不需要连续存储，因此在内存使用上可能比数组更灵活，适合在内存资源有限的场景中使用。

复杂数据操作：在实现复杂的数据操作（如合并、排序等）时，链表提供了比数组更高效的操作方式。

List 一个单向链表对象，可以快速地在头尾进行增删，适合频繁的插入删除的场景。常用方法如下。

add：在数组尾部增加一个元素

insert：在指定位置插入一个元素

get：指定位置对应的元素

getLast：获取最后一个元素

getIndexOf：获取第一个匹配到元素的位置

set：修改指定位置的元素值

remove：删除第一个匹配到的元素

示例代码如下。

```
import List from '@ohos.util.List';
let list = new List();
let result1 = list.add("a");
list.add('1')
list.getLastIndexOf('1')
list.getLast()
list.remove('a')
console.info('result1:${result1}')
```

代码解释如下。

let list = new List(); 创建一个新的 List 实例。

list.add("a"); 将元素 "a" 添加到链表尾部。add 方法返回操作成功的状态，这里存储在 result1 中。

list.add('1'); 将元素 '1' 添加到链表尾部。

list.getLastIndexOf('1'); 查找元素 '1' 的最后一个匹配索引位置。

list.getLast(); 获取链表中最后一个元素，这里应该返回 '1'。

list.remove('a'); 删除链表中第一个匹配的元素 'a'。

console.info(\result1:${result1}’); 输出 result1 的值，显示第一次 add("a")’ 操作的返回状态。

使用场景如下。

数据存储和管理：List 类适合在需要存储和管理一组数据的场景，例如用户输入的数据集合、配置选项等。

动态列表：在应用程序中，可能需要动态添加或删除元素（如购物车、待办事项列表等），使用 List 可以方便地进行这些操作。

数据处理：在进行数据处理或计算时，List 可以用作临时数据存储，方便后续的增删查改操作。

顺序存取：当需要按照顺序访问元素时，List 是一个理想选择，支持按索引访问和遍历。

集合操作：在实现集合操作（如合并、过滤等）时，可以利用 List 的各种方法轻松实现。

Vector：基于数组实现，常用方法如下。

add：在数组尾部增加一个元素

insert：在指定位置插入一个元素

get：指定位置对应的元素

getLast：获取最后一个元素

getIndexOf：获取第一个匹配到元素的位置

set：修改指定位置的元素值

remove：删除第一个匹配到的元素

示例代码如下。

```
import Vector from '@ohos.util.Vector';

let vector = new Vector();
vector.add([1, 2, 3]);
vector.add(true);
console.info('result: ${vector[0]}');
console.info('result: ${vector.getFirstElement()}');
```

代码解释如下。

导入 Vector 类：import Vector from '@ohos.util.Vector'; 这行代码导入了 Vector 类，用于创建和操作动态数组。

创建 Vector 实例：let vector = new Vector(); 这里创建了一个 Vector 对象，名为 vector。

添加元素：vector.add([1, 2, 3]);

vector.add(true);

使用 add 方法向 vector 中添加了两个元素：一个数组 [1, 2, 3]、一个布尔值 true。

输出第一个元素：console.info(‘result: ${vector[0]}’); 这行代码输出了 vector 中索引为 0 的元素，但请注意，这里使用的索引方式可能不会返回预期的值，因为 Vector 是一个动态数组，通常需要使用其提供的方法来访问元素。

使用 getFirstElement 方法：console.info(‘result: ${vector.getFirstElement()}’); 这里调用了 getFirstElement 方法，输出 vector 中的第一个元素。这是推荐的访问方式。

使用场景如下。

动态数据存储：Vector 适合在需要动态管理数据的场景中使用，例如用户输入、实时数据处理等。它允许在运行时添加或删除元素，方便处理不确定数量的数据。

游戏开发：在游戏开发中，可能需要存储动态生成的对象（如玩家、敌人、道具等），使用 Vector 可以灵活地管理这些对象。

数据处理和计算：在进行算法和数据处理时，Vector 可以用作临时数据存储，例如存储计算结果或待处理的数据集合。

UI 组件管理：在构建用户界面时，可以使用 Vector 存储动态生成的组件，方便后续的增删改查操作。

Stack：基于栈构造，元素先进后出，常用方法如下。

push：栈顶增加元素

peek：获取栈顶元素

pop：获取栈顶元素并出栈

示例代码如下。

```
import Stack from '@ohos.util.Stack';
let stack = new Stack();
stack.push('a');
stack.push(1); // 增加元素
console.info('result: ${stack[0]}');
stack.pop();
```

使用场景如下。

临时数据存储：栈适合用于临时存储数据，例如在函数调用时存储参数、返回值等。

表达式求值：在计算器或编译器中，栈常用于求值表达式、存储操作符和操作数。

深度优先搜索（DFS）：在图或树的遍历中，栈可以用于实现深度优先搜索算法。

撤销操作：在文本编辑器或应用程序中，栈可用于管理撤销和重做操作的历史记录。

平衡括号检查：栈可以用于检查表达式中括号的匹配和嵌套是否正确。

Queue：队列数据结构，具有先进先出的规则，为单端队列，常用方法如下。

add：队尾增加一个元素

getFirst：获取队首，不出队

pop：获取队首，并出队

示例代码如下。

```
import Queue from '@ohos.util.Queue';

let queue = new Queue();
queue.add('a');
console.info('result: ${queue[0]}');
queue.getFirst();
queue.pop()
console.info('result: ${queue[0]}');
```

使用场景如下。

任务调度：队列适合用于任务调度和管理，例如在操作系统中管理进程或线程的执行顺序。

消息队列：在消息传递系统中，队列可以用来存储待处理的消息，确保按顺序处理。

广度优先搜索（BFS）：在图或树的遍历中，队列可用于实现广度优先搜索算法。

数据流处理：在实时数据处理应用中，队列可以用于处理流式数据，确保按顺序处理事件或数据。

缓冲区：队列可用于实现生产者 - 消费者模式，作为生产者生成数据的缓冲区。

Deque：队列数据结构，具有先进先出的规则，为双端队列，常用方法如下。

insertFront：队列头部增加一个元素

insertEnd：队列尾部增加一个元素

getFisrt：获取队首，不出队

getLast：获取队尾，不出队

popFirst：获取队首，出队

popLast：获取队尾，出队

示例代码如下。

```
import Deque from '@ohos.util.Deque';
let deque = new Deque();
deque.insertFront('a');
deque.insertEnd(1);
console.info('result: ${deque[0]}');
deque[0] = 'b';
console.info('result: ${deque[0]}');
```

使用场景如下。

双端队列应用：Deque适用于需要在两端快速插入和删除元素的场景，例如在实现栈和队列时，提供更多灵活性。

任务调度：在某些任务调度系统中，可以使用双端队列来管理任务的优先级，允许在前端添加高优先级任务。

缓存机制：在实现LRU（最近最少使用）缓存时，可以使用双端队列来高效地管理数据的插入和删除。

浏览器历史记录管理：在实现浏览器的前进和后退功能时，可以使用双端队列来存储历史记录，允许在两端进行操作。

实时数据处理：在实时数据处理应用中，双端队列可以高效地管理和处理数据流。

非线性容器：适用快速查找数据的数据结构，包括HashMap、TreeMap、LightWeightMap、PlainArray、HashSet、TreeSet、LightWeightSet七种，具体解释如下。

HashMap：使用key-value键值对进行存储的结构，key不可以重复，重复添加会覆盖，value可以重复，表示key的唯一内容。底层使用哈希表进行存储，访问速度更快。常用方法如下。

set：增加元素。

get：访问元素。

keys：返回所有key。

values：返回所有values。

replace：修改内容。

remove：删除元素。

示例代码如下。

```
import HashMap from '@ohos.util.HashMap';

let hashMap = new HashMap();
hashMap.set('a', 123);
console.info('result: ${hashMap.hasKey(1)}');
console.info('result: ${hashMap}');
```

```
hashMap.set(1, 123);
let iter = hashMap.keys();
let temp = iter.next().value;
while(temp != undefined) {
  console.log("result keys:" + temp);
  temp = iter.next().value;
}

console.info('result: ${hashMap.get('a')}');
```

代码解释如下。

导入 HashMap 类：import HashMap from '@ohos.util.HashMap'; 这行代码导入了 HashMap 类，用于创建和操作哈希映射。

创建 HashMap 实例：let hashMap = new HashMap(); 这里创建了一个 HashMap 对象，名为 hashMap。

设置键值对：hashMap.set('a', 123); 将键‘a’与值 123 关联。

检查键是否存在：console.info(‘result: ${hashMap.hasKey(1)}’); 这行代码检查哈希映射中是否存在键 1，并输出结果（由于此时尚未添加键 1，结果应为 false）。

输出哈希映射的内容：console.info(‘result: ${hashMap}’); 输出当前哈希映射的内容，通常会显示已设置的键值对。

添加另一个键值对：hashMap.set(1, 123); 将键 1 与值 123 关联。

获取键的迭代器：let iter = hashMap.keys(); 获取哈希映射中所有键的迭代器。

遍历键：let temp = iter.next().value;

```
while(temp != undefined) {
    console.log("result keys:" + temp);
    temp = iter.next().value;
}
```

这段代码使用 while 循环遍历所有键，输出每个键的值。

获取并输出特定键的值：console.info(‘result: ${hashMap.get('a')}’); 这行代码获取键 'a' 的值并输出，应返回 123。

使用场景如下。

数据存储：HashMap 适用于需要快速查找、插入和删除数据的场景，例如存储配置信息、用户数据等。

实现关联数组：在许多编程任务中，可以使用哈希映射来实现键值对存储，方便数据的关联和快速访问。

计数器：可以使用 HashMap 来统计元素出现的频率，例如在文本处理、数据分析等场景中。

缓存机制：在实现缓存时，哈希映射可以高效地管理存储和查找缓存数据。

去重操作：在处理集合时，可以使用 HashMap 来快速去重，确保每个元素只出现一次。

TreeMap：使用 key-value 键值对进行存储的结构，底层使用二叉树存储，数据存储底层有序，可以快速插入、删除。常用方法如下。

set：增加键值对。

get：获取 key 的 value 值。

getFirstKey：获取第一个值。

getLastKey：获取最后一个值。

keys：获取所有 key。

values：获取所有 value。

entries：获取所有键值对。

replace：修改键值对。

remove：删除键值对。

clear：清空所有键值对。

示例代码如下。

```
import TreeMap from '@ohos.util.TreeMap';

let treeMap = new TreeMap();
treeMap.set('a', 123);
console.info('result: ${treeMap.get('a')}');
console.info('result: ${treeMap.getFirstKey()}');
console.info('result: ${treeMap.getLastKey()}');
```

代码解释如下。

导入 TreeMap 类：import TreeMap from '@ohos.util.TreeMap';这行代码导入了TreeMap类，用于创建和操作基于树的数据结构的映射。

创建 TreeMap 实例：let treeMap = new TreeMap(); 这里创建了一个 TreeMap 对象，名为treeMap。

设置键值对：treeMap.set('a', 123); 将键 'a' 与值 123 关联。

获取并输出特定键的值：console.info(‘result: ${treeMap.get('a')}’); 这行代码获取键 'a' 的值并输出，应返回 123。

获取并输出第一个键：console.info(‘result: ${treeMap.getFirstKey()}’); 这行代码获取TreeMap 中第一个键（按键的自然顺序）并输出。在这个例子中，结果应为 'a'。

获取并输出最后一个键：console.info(‘result: ${treeMap.getLastKey()}’); 这行代码获取TreeMap 中最后一个键（按键的自然顺序）并输出。在这个例子中，结果也应为‘a’，因为目前只有一个键。

使用场景如下。

有序键值对存储：TreeMap 适用于需要存储有序键值对的场景，例如在实现字典、映射或有序集合时。

范围查询：由于 TreeMap 内部通常使用红黑树等结构，支持高效的范围查询和操作，因此在需要按范围处理数据时非常有效。

实现优先队列：TreeMap 可以用来实现优先队列，以自然顺序管理优先级。

统计与计数：在进行数据统计时，可以使用 TreeMap 来快速查找、插入和更新计数。

时间序列数据处理：在处理时间序列数据时，可以使用 TreeMap 根据时间戳有序存储和检索数据。

LightWeightMap：使用 key-value 键值对进行存储的结构，底层通过 hash 实现，查找依赖二分法进行，更加轻量。常用方法如下。

set：增加键值对。
get：获取 key 的 value 值。
getIndexOfKey：获取 key 的索引值。
getIndexOfValue：获取第一个 value 的索引。
values：获取所有 value。
entries：获取所有键值对。
getKeyAt：获取指定 index 的 value 值。
setValueAt：修改键值对。
remove：删除键值对。
removeAt：删除指定位置的键值对。
clear：清空 map。
示例代码如下。

```
import LightWeightMap from '@ohos.util.LightWeightMap';

let lightWeightMap = new LightWeightMap();
lightWeightMap.set('1', 123);
console.info('result: ${lightWeightMap.get('1')}');
console.info('result: ${lightWeightMap.getIndexOfKey('1')}');
```

使用场景如下。

轻量级键值对存储：LightWeightMap 适用于存储少量键值对的场景，通常在内存和性能要求较高的情况下使用。

简单配置管理：在需要管理应用配置或状态时，轻量级映射提供了一种简洁的方式来存储和访问配置信息。

数据传递：在进行数据传递时，可以使用 LightWeightMap 快速传递轻量数据，例如函数参数或事件数据。

缓存机制：在实现简单的缓存时，LightWeightMap 可以用于存储短期数据，以提高性能。

小型数据结构：在构建小型应用或模块时，轻量级映射可作为一种简单的数据结构，减少复杂性。

PlainArray：存储 key-value 的集合，同样也是轻量级别结构，但是只能存储 key 为 number 类型的元素。常用方法如下。

add：增加元素。
get：获取 key 对应的 value。
getIndexOfKey：获取指定 key 的索引。
getIndexOfValue：获取指定 value 的索引。
getKeyAt：获取指定 index 的 key。
getValueAt：获取指定 index 的 value。
setValueAt：修改指定 index 的值。
remove：删除匹配到的元素。
removeAt：删除指定 index 的元素。
removeRangeFrom：删除指定范围的元素。

clear：清空集合。

示例代码如下。

```
import PlainArray from '@ohos.util.PlainArray'

let plainArray = new PlainArray();
plainArray.add(1, 'sdd');
plainArray.add(2, 'sff');
console.info('result: ${plainArray.get(1)}');
console.info('result: ${plainArray.getKeyAt(1)}');
```

使用场景如下。

简单数据存储：PlainArray 适用于需要简单存储和访问数据的场景，例如在小型应用中存储配置信息或状态。

有序数据管理：在处理有序数据时，PlainArray 可以用于存储并按索引访问元素，例如任务列表或用户输入。

快速数据访问：由于基于索引访问，PlainArray 提供了快速的数据获取方式，适合需要高效读取的应用场景。

轻量级数据结构：在构建轻量级应用或模块时，PlainArray 可作为一种简单的数据结构，减少复杂性。

HashSet：存储一系列值的集合，只有值，没有键。通过 value 的 hash 值确定其存储位置，数据无序存放。HashSet 允许放入 null 值。常用方法如下。

add：增加元素。

values：访问元素。

entries：访问元素。

remove：删除元素。

示例代码如下。

```
import HashSet from '@ohos.util.HashSet';

let hashSet = new HashSet();
hashSet.add("1");
hashSet.add("2");
let iter = hashSet.values();
let temp = iter.next().value;
while(temp != undefined) {
  console.log("value: " + temp);
  temp = iter.next().value;
}
```

代码解释如下。

导入 HashSet 类：import HashSet from '@ohos.util.HashSet'; 这行代码导入了 HashSet 类，用于创建和操作集合。

创建 HashSet 实例：let hashSet = new HashSet(); 这里创建了一个 HashSet 对象，名为 hashSet。

添加元素：

```
hashSet.add("1");
hashSet.add("2");
```

将字符串“1”和“2”添加到集合中。由于 HashSet 不允许重复值，这里不会出现重复元素。

获取集合的值迭代器：let iter = hashSet.values(); 获取集合中所有值的迭代器，以便进行遍历。

遍历并输出集合中的值：

```
let temp = iter.next().value;
while(temp != undefined) {
    console.log("value: " + temp);
    temp = iter.next().value;
}
```

使用 while 循环遍历集合，输出每个元素的值。迭代器的 next() 方法返回当前值和指向下一个值的指针，直到没有更多值可供迭代。

使用场景如下。

唯一元素存储：HashSet 适用于存储需要唯一性的元素，如用户 ID、产品编号等，确保没有重复项。

集合运算：在需要进行集合操作（如并集、交集、差集）时，可以使用 HashSet 高效处理。

去重操作：在处理数据时，HashSet 可以用来快速去重，尤其是在大数据集中的重复项处理。

快速查找：HashSet 提供了 O(1) 的时间复杂度用于查找元素，适合需要频繁查找的场景。

数据过滤：在数据处理流程中，HashSet 可以用作中间步骤，过滤掉不必要的重复数据。

TreeSet：存储集合，和 HashSet 类似，因为底层是红黑树结构，是有序存放，可以通过二分法进行查找。常用方法如下。

add：增加值。

values：返回所有 value 值。

getFirstValue：返回首位 value 值。

getLastValue：返回末尾 value 值。

remove：删除匹配到的 value。

clear：清空集合。

示例代码如下。

```
import TreeMap from '@ohos.util.TreeMap';

let treeMap = new TreeMap();
treeMap.set('a', 123);
console.info('result: ${treeMap.get('a')}');
console.info('result: ${treeMap.getFirstKey()}');
console.info('result: ${treeMap.getLastKey()}');
```

使用场景如下。

有序键值对存储：TreeMap 适用于需要存储有序键值对的场景，如字典、映射或有序集合。

范围查询：由于 TreeMap 内部使用自平衡树结构，可以高效进行范围查询，适合需要按范围处理数据的应用。

优先队列实现：TreeMap 可以用于实现优先队列，管理具有优先级的任务或数据。

数据统计：在进行数据统计时，可以使用 TreeMap 来快速查找和更新计数，特别是在需要按键排序时。

时间序列数据处理：处理时间序列数据时，可以使用 TreeMap 按时间戳有序存储和检索数据。

LightWeightSet：存储一系列值，更加轻量级，通过数组存储，内部使用二分法进行查找，占用内存更小。常用方法如下。

add：增加元素。

getIndexOf：获取 key 对应 index。

values：获取所有 value 值。

getValueAt：指定 index 对应 value。

remove：删除匹配到的值。

removeAt：删除指定 index 的值。

clear：清空集合。

示例代码如下。

```
import LightWeightMap from '@ohos.util.LightWeightMap';

let lightWeightMap = new LightWeightMap();
lightWeightMap.set('1', 123);
console.info('result: ${lightWeightMap.get('1')}');
console.info('result: ${lightWeightMap.getIndexOfKey('1')}');
```

使用场景如下。

轻量级键值对存储：LightWeightMap 适用于存储少量键值对的场景，通常在内存和性能要求较高的情况下使用。

简单配置管理：在需要管理应用配置或状态时，轻量级映射提供了一种简洁的方式来存储和访问配置信息。

数据传递：在进行数据传递时，可以使用 LightWeightMap 快速传递轻量数据，例如函数参数或事件数据。

缓存机制：在实现简单的缓存时，LightWeightMap 可以用于存储短期数据，以提高性能。

小型数据结构：在构建小型应用或模块时，轻量级映射可作为一种简单的数据结构，减少复杂性。

4.2.9 布局

在声明式 UI 中，页面的布局和组件的管理是应用开发的核心部分。布局可以理解为装载基本 UI 控件的集合，通过特定方式管理页面，达到需要的排版效果。

常用的布局有线性布局、层叠布局、弹性布局、相对布局、栅格布局、列表、网格、轮播等。

小牛和小马在讨论如何在鸿蒙 OS 的声明式 UI 中管理页面布局。

小牛

（思考着）：小马，刚才我们讲了组件，现在我想知道在声明式 UI 中，页面布局是怎么管理的？

小马

（微笑）：在声明式 UI 中，页面布局和组件管理确实是应用开发的核心部分。布局可以被理解为装载基本 UI 控件的集合，通过特定的方式管理页面，以达到理想的排版效果。

小牛

（点头）：那常用的布局类型有哪些呢？

小马

（开始列举）：我们常用的布局有线性布局、层叠布局、弹性布局、相对布局、栅格布局、列表、网格和轮播。

小牛

（感兴趣）：这些布局听起来很不错，能给我解释一下每种布局的特点吗？

小马

（开始解释）：

线性布局：这是最简单的布局方式，控件按线性顺序排列，可以是横向或纵向。比如，按钮可以在一条直线上排列，适合需要简单排版的场景。

```
LinearLayout()
  .orientation(Orientation.Vertical)
  .add(Button('按钮 1'))
  .add(Button('按钮 2'));
```

层叠布局：允许控件重叠放置，适合需要层次感的界面，比如图片上面放置文本。

```
StackLayout()
  .add(Image('image_url'))
  .add(Text('这是文本'));
```

弹性布局：灵活地根据可用空间调整子控件的大小和位置，适合响应式设计。

```
FlexLayout()
  .add(Button('按钮 1').flex(1))
  .add(Button('按钮 2').flex(2));
```

相对布局：控件根据其他控件的位置进行定位，适合复杂的界面布局。

```
RelativeLayout()
  .add(Button('按钮 1').alignToTop())
  .add(Button('按钮 2').below('按钮 1'));
```

栅格布局：将页面划分为网格，适合需要精确控制位置和大小的场景。

```
GridLayout()
  .add(Button('按钮 1'), 0, 0)  // 第 0 行第 0 列
  .add(Button('按钮 2'), 0, 1);  // 第 0 行第 1 列
```

列表：用于展示一系列相同类型的数据项，比如消息列表或商品列表。

```
ListLayout()
  .add(ListItem('项 1'))
  .add(ListItem('项 2'));
```

网格：将控件按网格方式展示，适合图片、图标等的展示。

```
GridLayout()
  .add(Image('image1'), 0, 0)
  .add(Image('image2'), 0, 1);
```

轮播：适合展示多张图片，用户可以滑动查看。

```
Carousel()
  .add(Image('image1'))
  .add(Image('image2'));
```

小马

小牛

（眼睛发亮）：这些布局方式真是各具特色，可以根据需求选择合适的布局。这样一来，UI 开发就变得灵活多了！

小牛和小马在讨论如何选择合适的布局。

小牛

（认真地）：小马，刚才你提到的布局都有各自的特点，能不能详细讲讲在什么情况下使用哪个布局呢？

（点头）：当然可以！选择合适的布局是设计良好用户界面的关键。我们来逐个分析一下吧。

小马

（1）线性布局（Linear Layout）

当需要简单地将控件按照特定方向（水平或垂直）排列时，线性布局是最佳选择。其适合按钮、文本等控件需要排成一行或一列的场景。

示例代码如下。

```
LinearLayout()
  .orientation(Orientation.Vertical)
  .add(Button('按钮 1'))
  .add(Button('按钮 2'));
```

代码解释如下。

LinearLayout()：这是创建一个线性布局的构造函数。线性布局是将子控件按照特定方向（水平或垂直）排列的容器。

.orientation(Orientation.Vertical)：通过设置 orientation 属性为 Orientation.Vertical，指定布局的方向为垂直排列。这意味着子控件将一个接一个地垂直堆叠。

.add(Button(' 按钮 1'))：向布局中添加一个按钮，按钮的标签为“按钮 1”。这个按钮会被放置在第一个位置。

.add(Button(' 按钮 2'))：向布局中添加另一个按钮，标签为“按钮 2”。这个按钮将会在“按钮 1”下面显示。

使用场景如下。

简单控件排列：当需要将一组控件（如按钮、文本框、标签等）简单地按照水平或垂直方向排列时，线性布局是一个理想选择。

表单布局：适合用于表单的设计，能够将标签和输入框垂直或水平排列，使得表单结构清晰。

导航菜单：可以用于创建水平或垂直的导航菜单，将多个按钮或链接按顺序排列。

简单的响应式设计：在某些情况下，线性布局可以用于简单的响应式界面，根据屏幕大小自动调整排列方式。

分步向导界面：适合用于步骤指引或向导界面，逐步引导用户完成任务，每个步骤放在单独的按钮或视图中。

（2）层叠布局（Stack Layout）

当需要控件重叠并创建层次感时，层叠布局最为合适。其适合图像上叠加文本或者需要展示多个图形的场合。

示例代码如下。

```
StackLayout()
  .add(Image('image_url'))
  .add(Text('这是文本'));
```

代码解释如下。

StackLayout()：这是创建一个层叠布局的构造函数。层叠布局允许多个控件重叠放置，形成层次效果。

.add(Image('image_url'))：向布局中添加一个图像控件，图像来源为指定的 URL。在层叠布局中，图像会成为底层的元素。

.add(Text(" 这是文本 "))：向布局中添加一个文本控件，内容为“这是文本”。这个文本会叠加在图像上，形成视觉上的重叠效果。

使用场景如下。

图像叠加文本：在图像上叠加描述性文本，例如社交媒体应用中的照片展示，图像上方显示文字信息。

展示多个图形：当需要在同一位置展示多个图形元素时，层叠布局提供了便捷的方式，比如图标重叠或图形图案的设计。

动态效果：适合用于实现动态效果，例如在某个控件上覆盖另一个控件（如模态框、通知提示等）。

复杂组件组合：在构建复杂的用户界面组件时，层叠布局可以帮助创建多层次的视觉效果，使界面更加丰富。

背景与前景的结合：在设计背景图和前景内容时，可以通过层叠布局将两者结合，提升视觉吸引力。

（3）弹性布局（Flex Layout）

当需要根据可用空间灵活调整子控件的大小时，弹性布局非常合适。其适合响应式设计，比如在不同屏幕上表现一致的界面。

示例代码如下。

```
FlexLayout()
  .add(Button('按钮 1').flex(1))
  .add(Button('按钮 2').flex(2));
```

代码解释如下。

FlexLayout()：这是创建一个弹性布局的构造函数。弹性布局允许子控件根据可用空间灵活调整大小，提供响应式设计的能力。

.add(Button('按钮 1').flex(1))：向布局中添加一个按钮，标签为“按钮 1”。通过 .flex(1) 设置其弹性权重为 1，这意味着在可用空间中，它将占用相应比例的空间。

.add(Button('按钮 2').flex(2))：向布局中添加另一个按钮，标签为“按钮 2”。通过 .flex(2) 设置其弹性权重为 2，这表示在可用空间中，它将占用更多的空间（是“按钮 1”的两倍）。

使用场景如下。

响应式设计：弹性布局特别适合用于响应式设计，能够确保在不同屏幕尺寸上保持一致的布局和元素大小。

自适应控件：当需要根据屏幕大小或容器大小自动调整控件大小时，弹性布局可以有效管理空间，确保控件不会溢出或变得过小。

动态内容展示：在内容动态变化的场景中，弹性布局能自动适应控件大小，提供更好的用户体验。

多种屏幕设备：适合需要在手机、平板和桌面等多种设备上展现一致体验的应用程序。

复杂界面设计：在需要组合多种类型的控件（如按钮、文本框、图像等）并保持灵活布局时，弹性布局提供了良好的解决方案。

（4）相对布局（Relative Layout）

当控件之间的关系复杂，需要根据其他控件的位置来决定自己位置时，使用相对布局。其适合复杂界面的设计，如表单或动态布局。

示例代码如下。

```
RelativeLayout()
  .add(Button('按钮 1').alignToTop())
  .add(Button('按钮 2').below('按钮 1'));
```

代码解释如下。

RelativeLayout()：这是创建一个相对布局的构造函数。相对布局允许控件之间根据彼此的位置关系进行排列，非常适合复杂界面设计。

.add(Button('按钮 1').alignToTop())：向布局中添加一个按钮，标签为“按钮 1”。通过 .alignToTop() 方法将该按钮对齐到容器的顶部。

.add(Button('按钮 2').below('按钮 1'))：向布局中添加另一个按钮，标签为“按钮 2”。通过 .below('按钮 1') 方法将其放置在“按钮 1”下方，确保它的位置依赖于“按钮 1”的位置。

使用场景如下。

复杂界面设计：当界面设计需要多个控件相互依赖时，如表单、菜单或图文混排，使用相对布局可以更好地控制各控件的位置关系。

动态内容调整：在动态内容更新的场景中，控件的位置可能需要随其他控件变化而变化，相对布局能够很好地支持这种需求。

自适应布局：在屏幕尺寸变化时，某些控件可能需要根据其他控件的位置调整自己的位置，适合使用相对布局。

导航和菜单设计：在设计导航条或菜单时，控件之间的相对位置很重要，相对布局能简化这种排列。

图形和文本结合：在图形与文本需要结合展示时，相对布局可以方便地控制它们的相对位置。

（5）栅格布局（Grid Layout）

当需要将控件按照固定的行列排列时，使用栅格布局。其适合图片库、表格等需要精确对齐的场景。

示例代码如下。

```
GridLayout()
  .add(Button('按钮 1'), 0, 0)  // 第 0 行第 0 列
  .add(Button('按钮 2'), 0, 1);  // 第 0 行第 1 列
```

代码解释如下。

GridLayout()：这是创建一个栅格布局的构造函数。栅格布局允许控件在一个行列网格中精确对齐，适合需要固定位置的界面设计。

.add(Button('按钮 1'), 0, 0)：向布局中添加一个按钮，标签为“按钮 1”。通过指定行和列参数（0, 0），将其放置在第 0 行第 0 列的位置。

.add(Button('按钮 2'), 0, 1)：向布局中添加另一个按钮，标签为“按钮 2”。它被放置在第 0 行第 1 列的位置，紧邻“按钮 1”。

使用场景如下。

表格数据展示：当需要以表格形式展示数据时，栅格布局提供了完美的解决方案，例如商品列表、成绩单等。

图片库：在需要展示图片的场景，如画廊或图片选择器时，栅格布局能够确保图片的排列整齐且对齐一致。

仪表盘：在需要将多个数据显示在同一界面时，栅格布局能够将信息分成多个区域，以便于用户查看。

固定布局的用户界面：适合用于构建复杂的用户界面，需要各个控件在特定位置展示的场合。

表单设计：在需要将标签和输入框按照行列对齐的表单中，栅格布局能够提供清晰的结构。

（6）列表布局（List Layout）

当需要展示一系列相同类型的数据项时，列表布局是最佳选择。其适合消息列表、商品列表等。

示例代码如下。

```
ListLayout()
  .add(ListItem('项 1'))
```

```
    .add(ListItem('项2'));
```

代码解释

ListLayout()：这是创建一个列表布局的构造函数。列表布局专门用于展示一系列相同类型的数据项，确保它们整齐排列。

.add(ListItem('项1'))：向布局中添加一个列表项，内容为“项1”。这个列表项将被添加到列表的末尾。

.add(ListItem('项2'))：向布局中添加另一个列表项，内容为“项2”。同样，这个项也会被添加到列表的末尾。

使用场景如下。

消息列表：适合用于展示聊天记录、通知或其他信息的列表，用户可以快速浏览每条消息。

商品列表：在电商应用中，展示商品信息时，列表布局能够清晰地排列各个商品项。

目录和菜单：在应用程序中使用列表布局来展示菜单项或导航链接，使用户能够轻松找到所需内容。

任务列表：用于展示待办事项、任务或清单等，帮助用户管理日常活动。

评论或反馈：在社交媒体或产品评价中展示用户评论，使信息呈现有序。

（7）网格布局（Grid Layout）

当需要按网格展示控件时，网格布局非常适合。其适合图片、图标等的展示，通常用于画廊或图标选择。

示例代码如下。

```
GridLayout()
    .add(Image('image1'), 0, 0)
    .add(Image('image2'), 0, 1);
```

代码解释如下。

GridLayout()：这是创建一个网格布局的构造函数。网格布局允许控件在一个行列网格中精确对齐，适合展示多项内容。

.add(Image('image1'), 0, 0)：向布局中添加一个图像，标签为“image1”。通过指定行和列参数（0, 0），将其放置在第0行第0列的位置。

.add(Image('image2'), 0, 1)：向布局中添加另一个图像，标签为“image2”。它被放置在第0行第1列的位置，紧邻“image1”。

使用场景如下。

画廊展示：网格布局非常适合用于展示图片画廊，能够将多张图片整齐排列，提升视觉效果。

图标选择：在应用中展示可选图标或图形时，网格布局能够有效管理每个图标的位置，便于用户快速选择。

表格形式的数据展示：在需要以网格形式展示数据（如表格）时，网格布局能够确保数据项的对齐。

商品展示：在电商平台上展示商品图片时，网格布局可以使商品以整齐的方式排列，方便用户浏览。

动态内容展示：适合需要动态添加和删除控件的场合，例如根据用户操作实时更新的内容。

（8）轮播布局（Carousel）

当需要展示多张图片，用户可以通过滑动来查看时，使用轮播布局。其适合广告、产品展示等。

示例代码如下。

```
Carousel()
  .add(Image('image1'))
  .add(Image('image2'));
```

代码解释如下。

Carousel()：这是创建一个轮播布局的构造函数。轮播布局允许用户通过滑动来查看多张图片或内容，适合需要动态展示的场景。

.add(Image('image1'))：向轮播布局中添加一张图片，标签为“image1”。这张图片将成为轮播的一部分。

.add(Image('image2'))：向轮播布局中添加另一张图片，标签为“image2”。同样，这张图片也会成为轮播的一部分。

使用场景如下。

广告展示：适合在应用中展示促销信息、广告横幅等，用户可以通过滑动查看不同的广告内容。

产品展示：在电商应用中，用于展示商品的不同角度、颜色或款式，帮助用户更好地了解产品。

图片画廊：适合在图片画廊中展示多张图片，用户可以轻松滑动查看。

推荐内容：用于展示用户可能感兴趣的内容，如文章、视频或其他推荐项，增加用户的参与度。

应用功能介绍：在应用启动时，用于介绍应用的主要功能或特点，帮助用户快速了解。

（9）网格

网格布局类似列表，使用 Grid 包裹 GridItem 的方式进行组合。如果 list 列表是一维模式，使用 Grid 就是二维模式展示。

示例代码如下。

```
Grid() {
  GridItem() {
    Text('1')
  }
  GridItem() {
    Text('2')
  }
  GridItem() {
    Text('3')
  }
  GridItem() {
    Text('4')
  }
  GridItem() {
    Text('5')
```

```
      }
      GridItem() {
        Text('6')
      }
      GridItem() {
        Text('7')
      }
      GridItem() {
        Text('8')
      }
      GridItem() {
        Text('9')
      }
    }
    .columnsGap(100)
    .rowsGap(150)
    .maxCount(3)
    .layoutDirection(GridDirection.Row)
```

代码解释如下。

Grid()：创建一个网格容器，用于存放多个 GridItem。

GridItem()：每个 GridItem 代表网格中的一项。在示例中，每个网格项都包含一个文本元素。

.columnsGap(100)：设置列之间的间距为 100 单位。

.rowsGap(150)：设置行之间的间距为 150 单位。

.maxCount(3)：设置每行最多显示 3 个 GridItem，超出部分将换行。

.layoutDirection(GridDirection.Row)：设置网格的排列方向为横向（行优先）。

示例代码效果图如图 4-25 所示。

改变 layoutDirection 方向，实现排列顺序，代码如下，效果如图 4-26 所示。

```
.layoutDirection(GridDirection.Column)
```

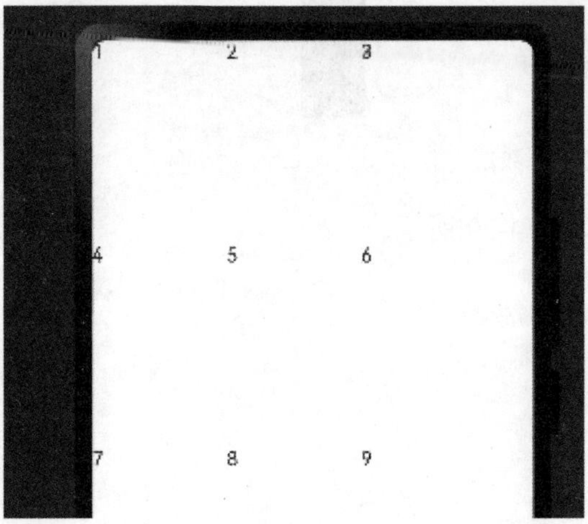

图 4-25　网格

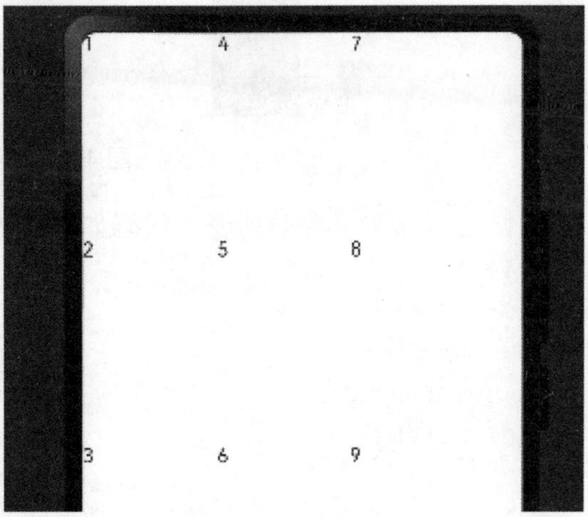

图 4-26　改变方向

利用网格，也可以实现一些复杂效果，代码如下，效果如图 4-27 所示。

```
Grid() {
  GridItem() {
    Text('1')
  }
  GridItem() {
    Text('2')
  }
  GridItem() {
    Text('3')
  }
  GridItem() {
    Text('4')
  }
}
.height(300)
.rowsTemplate('1fr 1fr')
.columnsTemplate('1fr 1fr')
```

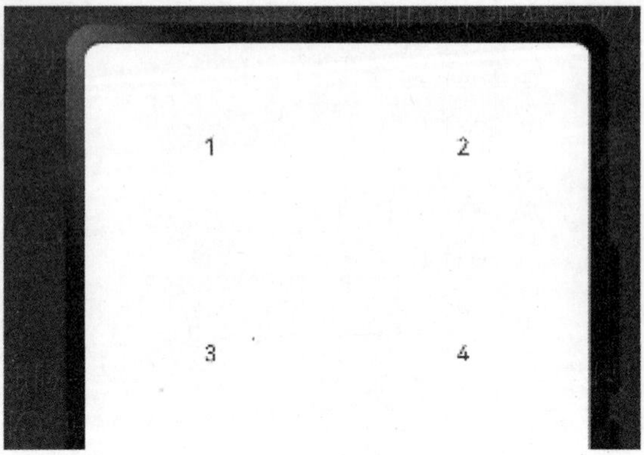

图 4-27　网格复杂效果

通过借助 rowsTemplate 和 columnsTemplate 属性进行自定义元素数量操作，其分别表示纵向和横向元素的占比，代码如下，效果如图 4-28 所示。

```
.rowsTemplate('1fr 3fr')
.columnsTemplate('1fr 3fr')
```

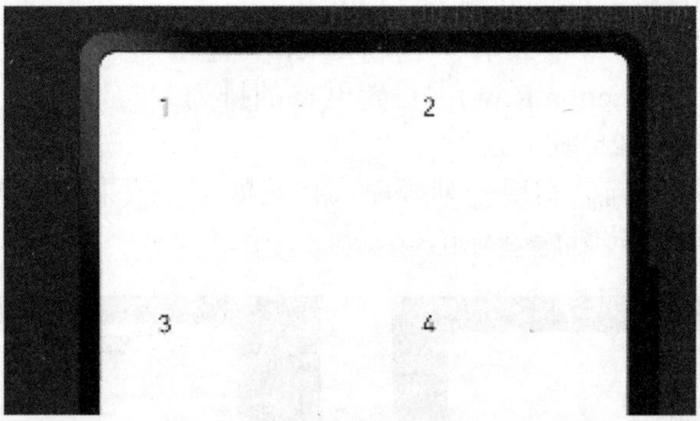

图 4-28　自定义元素数量

网格还可以实现滑动列表，代码如下，效果如图 4-29 所示。

```
Grid() {
  GridItem() {
    Text('1')
  }.width('55%')
  GridItem() {
    Text('2')
  }.width('55%')
  GridItem() {
```

```
    Text('3')
  }.width('55%')
  GridItem() {
    Text('4')
  }.width('55%')
}
.rowsTemplate('1fr 1fr')
.rowsGap(30)
```

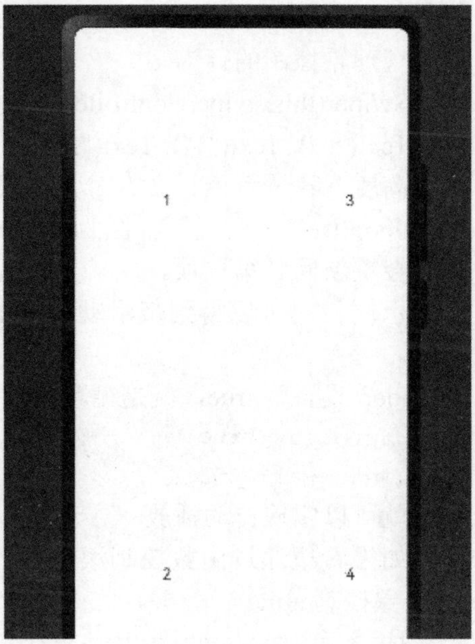

图4-29　滑动列表

使用场景如下。

图像库：用于展示多张图片，适合画廊或图标选择的场景。

商品展示：在电商平台中，可以使用网格布局展示多个商品。

信息面板：适合展示复杂的数据面板，如仪表盘、统计数据等。

（10）轮播

在首页的轮播图也算是一种常见的框架。

示例代码如下。

```
private swiperController: SwiperController = new SwiperController()

Swiper(this.swiperController) {
  Text("0")
    .width('90%')
    .height('50%')
    .backgroundColor(Color.Gray)
    .textAlign(TextAlign.Center)
    .fontSize(30)

  Text("1")
    .width('90%')
    .height('50%')
    .backgroundColor(Color.Green)
    .textAlign(TextAlign.Center)
    .fontSize(30)
  Text("2")
    .width('90%')
    .height('50%')
    .backgroundColor(Color.Blue)
    .textAlign(TextAlign.Center)
    .fontSize(30)
}
.loop(true)
```

代码解释如下。

private swiperController: SwiperController = new SwiperController();：创建一个轮播控制器，用于管理轮播图的行为。

Swiper(this.swiperController)：创建一个轮播容器，并传入控制器。

Text("0"), Text("1"), Text("2")：定义多个文本项作为轮播的内容。每个文本项设置了宽度、高度、背景颜色、文本对齐方式和字体大小。

.loop(true)：设置轮播图为循环模式，即当到达最后一项时会重新回到第一项。

示例代码可以得到带滑动角标的滑动框架，如图 4-30 所示。

图 4-30　滑动框架

loop 设置为 true，就是循环播放，加上如下属性，

```
.autoPlay(true)
.interval(1000)
```

就可以实现自动播放。

如果希望通过函数控制滚动，可以借助 swiperController 对象控制 api。

```
this.swiperController.showNext();
```

执行后可以直接切换到下一页。

```
this.swiperController.showPrevious();
```

同理，调用 showPrevious 执行后就会返回上一页。

通过 vertical 属性还可以使用改变方向，实现纵向滑动。

```
.indicator(true)
.vertical(true)
```

使用场景如下。

广告展示：在首页展示不同的广告图，吸引用户注意。

产品展示：用于展示多款产品，用户可以滑动查看。

信息卡片：在信息展示界面，展示多张信息卡片，便于用户浏览。

4.2.10　页面切换

小牛

嘿，小马！我今天在学习如何在鸿蒙 OS 中进行页面跳转，感觉很有意思。

小马

是啊，页面跳转是应用开发中最常见的操作之一。你学到了什么？

小牛

我发现 Router 模块提供了两种跳转方式：router.pushUrl() 和 router.replaceUrl()。

小马：没错，pushUrl 会将目标页面压入页面栈，这样用户可以轻松返回到之前的页面。而 replaceUrl 则会替换当前页面，直接销毁它。

小牛：对！这就像我们在浏览器中打开新的标签页和替换当前标签页的区别。

小马：对了，你知道页面栈的最大容量吗?

小牛：我记得是 32 个页面，如果超过这个限制，就会导致内存消耗过大，还可能出现导航问题。

小马：没错！这时候我们可以使用 router.clear() 来清空历史页面栈，释放内存空间。

在应用程序中，页面跳转是最常见的操作之一。例如，从首页跳转到详情页，或者从登录页跳转到主界面。鸿蒙 OS 的 Router 模块通过 push 方法实现页面跳转，只需传递目标页面的 URL 地址即可。

在鸿蒙 OS 中，Router 模块提供了两种页面跳转模式，分别是 router.pushUrl() 和 router.replaceUrl()。这两种模式的主要区别在于目标页面是否会替换当前页面，以及页面栈的管理方式。

使用 router.pushUrl() 方法进行页面跳转时，目标页面不会替换当前页面，而是被压入页面栈中。这样可以保留当前页面的状态，方便用户在需要时返回到之前的页面。

使用 router.replaceUrl() 方法进行页面跳转时，目标页面会替换当前页面，当前页面将被销毁并从页面栈中移除。这种方式能够释放当前页面的资源，并防止用户返回到该页面。

页面栈的最大容量为 32 个页面。当页面栈中的页面数量达到或超过这个限制时，可能会导致内存消耗过大或页面导航异常。为了解决这个问题，开发者可以使用 router.clear() 方法清空历史页面栈，从而释放内存空间。

使用方法如下。

先导入路由模块：

```
import router from '@ohos.router';
```

准备点击事件和跳转事件：

```
Button('push').fontSize(20).onClick(()=>{
    router.pushUrl({
      url: 'pages/Detail' // 目标 url
    }, router.RouterMode.Standard, (err) => {
      if (err) {
```

```
          console.error('pushUrl failed, code is ${err.code}, message
is ${err.message}');
          return;
        }
        console.info('pushUrl succeeded.');
      });
    })
```

代码解释如下。

这段代码使用了 router.pushUrl 方法来进行页面跳转，具体如下。

url: 'pages/Detail'：指定了目标页面的 URL，表示要跳转到的页面是 Detail。

router.RouterMode.Standard：使用标准的页面跳转模式。这种模式每次都会创建一个新页面并压入页面栈中。

(err) => { ... }：这是一个回调函数，用于处理跳转结果。如果跳转失败，err 参数会包含错误信息，代码会输出错误代码和消息。如果跳转成功，会打印 pushUrl succeeded.。

使用场景如下。

页面导航：在用户操作后（例如点击按钮），跳转到详细信息页面，显示更多内容。

多页面应用：在需要多层级页面导航的应用中，可以使用 pushUrl 方法来管理页面栈。

错误处理：在跳转过程中进行错误处理，确保用户能够了解跳转是否成功，并且能进行适当的后续操作。

设置好目标 url 后，还要创建一个新的目标页面。我们在工程的 pages 目录下新建一个名为 Detail 的 page 类型文件，如图 4-31 所示。

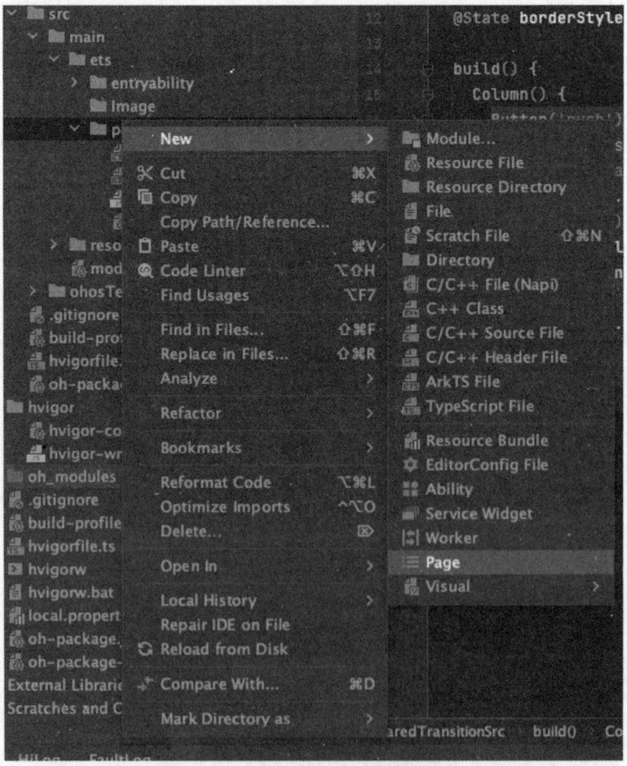

图 4-31　新建 page 类型文件

可以看到编辑器帮我们添加了对应的配置，如图 4-32 所示。

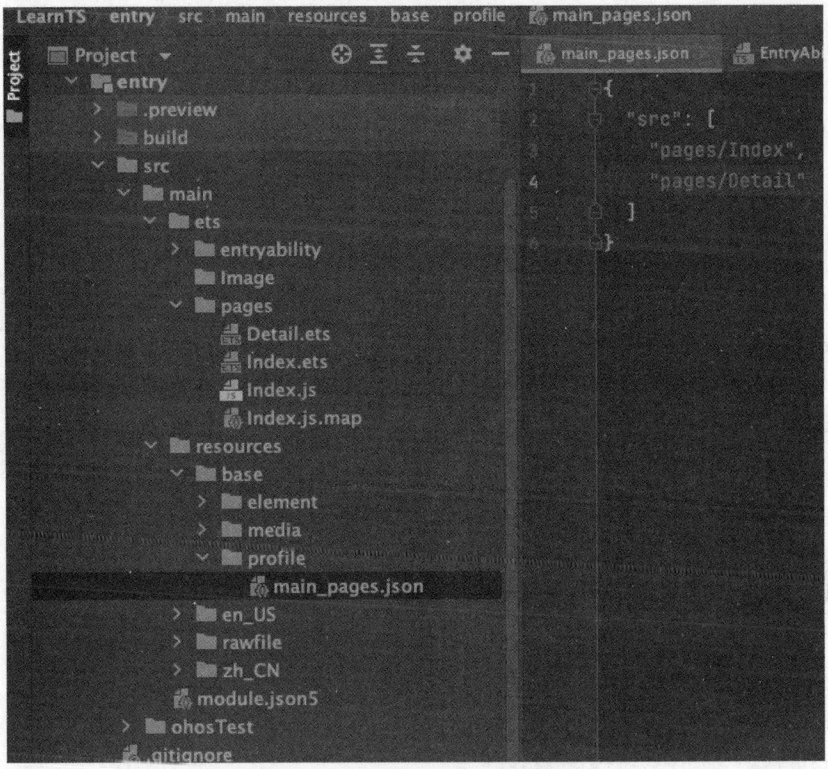

图 4-32 编辑器添加对应配置

点击按钮之后，如图 4-33 所示，可以直接跳转到新的页面，可以直接实现更复杂的效果，如图 4-34 所示。

图 4-33 点击按钮

图 4-34 复杂效果

4.2.11 组件状态

小牛

小马，你说到状态管理让我有点迷糊。每个组件都有自己的状态，但如果需要组件之间共享状态，是不是会很复杂?

点了点头：确实，尤其当你的应用有很多交互的时候。如果每个组件都单独维护自己的状态，不进行共享，管理起来会非常麻烦，而且会影响用户体验。

小马

有些担忧地问：那要怎么做呢？所有状态集中管理，不会变得太庞大吗？

小牛

笑了：你说的对，这也是我们要避免的问题。HarmonyOS 提倡使用集中化的状态管理机制，比如 Redux 这样的架构。它能让你把应用的状态存储在一个中央存储库中，然后通过特定的机制将状态分发给需要的组件。这样即使应用复杂，状态管理也会有条不紊。

小马

听起来还不错，那状态的同步和更新会不会很麻烦？

小牛

摇摇头：其实不难，我们可以通过监听状态的变化来实现自动更新。只要状态改变了，相关的组件就会重新渲染，用户界面也会自动更新。这种方式能保持数据和界面的同步，减少手动管理的麻烦。

小马

眼睛一亮：那如果有多个组件需要同时更新同一个状态怎么办？不会引起冲突吗？

小牛

这就要看你的状态管理策略了。通过合理设计状态树和使用状态分片技术，可以有效避免冲突。组件只需订阅它关心的状态部分，更新时不会影响其他无关组件。

小马

若有所思地点了点头：原来如此，我觉得状态管理的确是需要好好设计的一部分，不仅要考虑到单个组件，还得兼顾整个应用的架构。

小牛

在前文中，我们讨论了如何构建静态界面，而如今，我们的目标是实现更加动态且富有交互性的界面。为了实现这一目标，必须引入“状态”这一概念。

在传统的声明式UI编程中，UI的渲染往往依赖于应用的状态，UI本身就是状态的体现。也就是说，UI 会根据应用的运行时状态进行更新，状态发生变化时，UI 会随之发生变化。这种机制在 ArkUI 中被称为状态管理。

例如，在某个应用中，当用户与应用进行交互时，文本的内容可能会发生变化，UI 也会随之更新。图 4-35 展示了一个简单的例子：当用户改变了文本的内容后，界面从“Hello World”变成了“Hello ArkUI”。这种 UI 和数据之间的联动，就靠状态管理来实现。

图 4-35　改变文本内容

在状态管理中，最基础的概念是状态变量。这些变量通常是由装饰器标记的，比如 @State。一旦这些状态变量发生变化，就会自动触发 UI 的更新。没有使用状态变量的 UI 只能在初始化时渲染，而后续数据的变化将不会影响 UI。

状态变量：这些变量由状态装饰器（如 @State）装饰，状态变量的变化将直接引起 UI 的刷新。例如：@State num: number = 1，这里的 num 就是状态变量。

常规变量：这些变量没有使用状态装饰器，它们一般用于存储计算结果或中间值。常规变量的变化不会影响 UI 的刷新。例如：increaseBy 就是一个常规变量。

数据源：通常指父组件传递给子组件的数据，作为状态变量的初始化值或同步源。数据源通常使用命名参数机制传递，保证数据的一致性和同步。

同步源：当状态数据从父组件传递给子组件时，子组件可以根据这些数据来初始化状态。

在 HarmonyOS 的 ArkUI 开发中，有几种常见的状态管理装饰器，例如 @State、@Prop、@Link、@Provide 和 @Consume。它们帮助我们更好地管理组件之间的状态传递，下面以 @State、@Prop、@Link 为例解释。

（1）@state

@State 在 HarmonyOS 中用于装饰组件内部的状态变量，当这些状态数据发生变化时，系统会触发 UI 刷新，即重新调用该组件的 build 方法，以更新界面。这种机制确保 UI 能够响应状态的变化，并动态反映出最新的状态。

这种设计与 Flutter 中的 StatefulWidget 类似，在 Flutter 中，状态（State）的变化也会引发组件的重新构建，从而更新界面。通过使用 @State，开发者可以轻松管理组件的内部状态，实现响应式编程。

@State 变量可以通过父组件传递初始化值，但必须提供本地初始化值。

父组件中的常规变量、@State、@Link 等可以作为传递初始化值给子组件的来源。支持的变量类型包括 boolean、string、number、enum、Object、class、Map、Set、Date 等。在 API11 及以上版本，Map、Set 等类型被支持。还支持 null、undefined 类型及联合类型。

当状态变量的值发生变化时，如果该变量被 UI 组件绑定，框架会自动触发 UI 刷新。观察的变化包括简单类型、类对象、数组、Map、Set 等。

对于对象类型，框架会观察对象本身的赋值和属性的变化，但嵌套属性的变化不会被自动观察。对于 Map 和 Set 类型，框架会观察整体赋值及其修改（如添加、删除、更新值）。

当状态变量改变时，依赖该状态变量的组件会被查询并重新渲染，实现按需更新。和该状态变量无关的组件不会发生重新渲染，确保渲染性能。

使用场景如下。

@State 可以用于装饰简单类型变量、类对象、数组、Map、Set 等。状态变化会触发与之绑定的组件刷新，实现动态更新。也支持联合类型和 undefined、null，适用于处理多种类型状态。

示例代码如下。

```
@Entry
@Component
struct MyComponent {
  @State count: number = 0;

  build() {
    Button(`click times: ${this.count}`)
      .onClick(() => {
        this.count += 1;
      })
  }
}
```

@State 装饰类对象类型：

```
class Model {
  public value: string;

  constructor(value: string) {
    this.value = value;
  }
}

@Entry
@Component
struct MyComponent {
  @State title: Model = new Model('Hello World');
  @State count: number = 0;

  build() {
    Column() {
      Text(`${this.title.value}`)
        .margin(10)
      Button('Click to change title')
        .onClick(() => {
          this.title.value = 'Hello ArkUI';
        })
        .width(300)
        .margin(10)

      Button(`Click to increase count = ${this.count}`)
        .onClick(() => {
          this.count += 1;
        })
        .width(300)
```

```
            .margin(10)
        }
    }
}
```

（2）@Prop

@Prop 用于装饰子组件的状态变量，使其能够接收父组件传递的属性值。当 @Prop 装饰的状态变量发生变化时，可以将变化通知父组件。需要注意的是，@Prop 的属性传递是单向的，即父组件可以向子组件传递数据，但子组件不能直接修改父组件的状态变量。

当 @Prop 装饰的变量发生变化时，可以通过触发回调函数或者事件，将变化信息通知父组件，从而实现间接的状态同步。然而，这种机制仍然是单向数据流的设计理念，确保组件间的数据传递更加可控和稳定。

如果需要双向数据绑定的效果，通常建议通过事件回调的方式，将数据的变化通知父组件，再由父组件修改状态并将更新后的数据重新传递给子组件。

如果装饰的类型是简单类型（如 Object、class、string、number、boolean、enum），其赋值变化是可以被观察的。举例如下。

简单类型：

```
@Prop count: number;
this.count = 1; // 赋值变化可以被观察
```

复杂类型（如 Object 或 class）：

```
class ClassA {
  public value: string;
  constructor(value: string) {
    this.value = value;
  }
}

class Model {
  public value: string;
  public a: ClassA;
  constructor(value: string, a: ClassA) {
    this.value = value;
    this.a = a;
  }
}
@Prop title: Model;
this.title.value = 'Hi'; // 观察第一层变化
this.title.a.value = 'ArkUi'; // 观察不到第二层变化
```

对于嵌套对象，如果类被 @Observed 装饰，则可以观察到嵌套对象的属性变化。

如果 @Prop 装饰的变量是数组类型，可以观察到数组本身的赋值变化，以及数组项的添加、删除和更新。

```
@Prop title: string[];
this.title = ['1']; // 数组赋值变化
```

```
this.title[0] = '2'; // 数组项赋值变化
this.title.pop(); // 删除数组项
this.title.push('3'); // 新增数组项
```

@Prop 默认值覆盖父组件传递的值：如果在子组件中为 @Prop 装饰的变量设置了默认值，这个值会覆盖父组件传递的值，可能导致父组件传递的数据无效。需要小心避免在子组件中初始化时丢失父组件的传递数据。

（3）@Link

@Link 是一个双向同步装饰器，用于父子组件之间的数据绑定。它能够实现父组件中的变量与子组件中通过 @Link 装饰的变量保持同步，无论是父组件更新还是子组件更新，都会相互感知并同步。使用规则如下。

双向同步：父组件的状态变量与子组件中 @Link 变量共享相同的值，当父或子一方变化时，另一方同步更新。

支持类型：Object、class、string、number、boolean、enum 类型及其数组，Date 类型，API 11 及以上还支持 Map 和 Set 类型，以及 ArkUI 框架定义的联合类型（例如 string | number）。不支持 any 类型。

变量初始化：禁止本地初始化 @Link 装饰的变量。

错误写法：@Link count: number = 10;

正确写法：@Link count: number;

父组件中的变量通过 @State、@Link、@Prop 等传递到子组件的 @Link 变量中。子组件 @Link 变量可以通过 @State、@StorageLink、@Link 等与父组件的数据源双向同步。

@Link 装饰的变量类型必须与数据源类型一致，不然框架会抛出运行时错误。

观察与同步方法如下。

简单类型（boolean、string、number）：变化可以直接同步回父组件或子组件。

类对象类型（Object、class）：观察对象的赋值和属性的变化。

数组类型：数组的添加、删除和更新可以被观察到，并同步回父组件或子组件。

Date 类型：观察到 Date 整体赋值，并且可以通过 Date 的接口更新日期相关的属性。

Map 和 Set 类型（API version 11 及以上）：观察 Map 和 Set 的赋值、添加、删除、更新等操作，并同步更新父子组件。

使用限制：不能在 @Entry 装饰的组件中使用 @Link。禁止常量初始化 @Link 变量，否则会抛出编译时警告或运行时错误。不支持 Function 类型的变量装饰。

使用场景如下。

简单类型和类对象类型的双向同步：在父子组件间通过 @Link 实现 number、string、boolean、class 等类型的数据同步。例如，父组件控制按钮宽度，子组件通过 @Link 绑定父组件的宽度属性。

数组类型的双向同步：当父组件通过 @State 管理数组，子组件通过 @Link 实现对数组的操作（例如添加、删除、替换）并同步更新。

Map 类型的双向同步（API version 11 及以上）：父组件通过 @State 管理 Map 类型的数据，子组件通过 @Link 观察 Map 数据的变化，并能够修改其内容。

Set 类型的双向同步（API version 11 及以上）：父组件和子组件共享 Set 类型数据，@Link 能够观察 Set 的变化，并进行增、删、清空等操作。

4.2.12　动画

小马：小牛，你知道动画在用户界面设计中有多重要吗?

小牛：当然知道！动画能让应用变得更加生动和吸引人。我听说在 ArkUI 中，动画的实现很简单。

小马：没错！动画是通过在一定时间内多次改变 UI 外观来实现的。这样利用了我们眼睛的视觉暂留效应，使得这些快速的变化看起来像是连续的动画。

小牛：我明白了！那么一个动画帧是什么?

小马：一个动画帧就是 UI 的一次改变。动画流畅度的一个重要指标是帧率，通常用 FPS 表示。每秒显示的动画帧数越高，动画就显得越流畅。

小牛：听起来很有意思！ ArkUI 是怎么实现动画的呢?

小马：在 ArkUI 中，动画是通过改变属性值并指定动画参数来实现的。比如，动画的时长、变化规律等都可以进行设置。

小牛：我知道了！那动画分为哪几种类型呢?

小马：动画分为页面内动画和页面间动画。页面内动画是在同一个页面内发生的，比如元素的位置移动或者颜色变化；而页面间动画则是在页面跳转时发生的，比如页面之间的过渡效果。

哇，听起来可以实现很多炫酷的效果呢！我们来试试实现一个动画吧？

小牛

小马

好主意！这样可以提升我们的用户体验，让应用更加吸引人！

动画是通过在一定时间内多次改变 UI 外观来实现的，这利用了人眼的视觉暂留效应，使得这些快速的变化看起来像是连续的动画。UI 的一次改变称为一个动画帧（frame），而动画流畅度的一个重要指标是帧率（FPS, Frame Per Second），即每秒显示的动画帧数。帧率越高，动画就会显得越流畅。

在 ArkUI 中，动画是通过改变属性值并指定动画参数来实现的。动画参数包括动画的时长、变化规律（如曲线）等。当属性值发生变化时，系统会根据动画参数从原始状态过渡到新的状态，从而形成动画效果。

ArkUI 提供了两种动画能力：页面内动画和页面间动画。

① 页面内动画：这些动画发生在同一个页面内，例如元素的位置移动、颜色变化等。

② 页面间动画：这些动画发生在页面跳转时，例如从一个页面切换到另一个页面的过渡效果。

这些动画通过合理设置动画参数，可以实现丰富的视觉效果，从而提升用户体验。

（1）布局动画

在 ArkUI 中，显式动画（animateTo）和属性动画（animation）是最基础和常用的动画功能。这两种动画方式可以在布局属性（如尺寸、位置等）发生变化时，根据指定的动画参数，平滑地过渡到新的状态。示例代码如下。

```
@State itemAlign: HorizontalAlign = HorizontalAlign.Start;
allAlign: HorizontalAlign[] = [HorizontalAlign.Start,
HorizontalAlign.End];
alignIndex: number = 0;

build() {
  Column() {
    Column({ space: 10 }) {
      Button("1").width(100).height(50)
    }
    .margin(20)
    .alignItems(this.itemAlign)
    .width("90%")
    .height(200)

    Button("click").onClick(() => {
      // 动画时长为1000ms，曲线为EaseInOut
      animateTo({ duration: 1000, curve: Curve.EaseInOut }, () => {
```

```
            this.alignIndex = (this.alignIndex + 1) % this.allAlign.length;
            // 在闭包函数中修改this.itemAlign参数，使Column容器内部孩子的布局方式变化，
使用动画过渡到新位置
            this.itemAlign = this.allAlign[this.alignIndex];
          });
        })
      }
      .width("100%")
      .height("100%")
```

代码解释如下。

这段代码实现了一个包含按钮的列布局，点击按钮时会改变按钮的对齐方式，并通过动画效果进行过渡。具体分析如下。

@State itemAlign: HorizontalAlign = HorizontalAlign.Start;：定义了一个状态变量 itemAlign，初始值为 HorizontalAlign.Start，表示子组件的水平对齐方式。

allAlign: HorizontalAlign[] = [HorizontalAlign.Start, HorizontalAlign.End];：定义了一个数组 allAlign，包含两个对齐方式（开始和结束）。

alignIndex: number = 0;：用于记录当前对齐方式的索引。

Column()：创建一个垂直排列的列布局。

内部又嵌套了一个 Column({ space: 10 })，其中放置了一个按钮。

Button(“1”).width(100).height(50)：创建一个宽度为 100，高度为 50 的按钮，文本为“1”。

margin(20)：为外部列设置边距。

.alignItems(this.itemAlign)：设置子组件的对齐方式，使用当前的 itemAlign 状态。

.width(“90%”).height(200)：设置外部列的宽度和高度。

Button(“click”).onClick(() => { ... })：创建一个按钮，点击后触发一个事件。

animateTo({ duration: 1000, curve: Curve.EaseInOut }, () => { ... })：调用动画函数，动画持续时间为 1000 毫秒，采用 EaseInOut 的曲线效果。

this.alignIndex = (this.alignIndex + 1) % this.allAlign.length;：更新对齐方式的索引，当索引超出范围时重新从头开始。

this.itemAlign = this.allAlign[this.alignIndex];：更新 itemAlign 的值，触发布局更新。

.width(“100%”).height(“100%”)：设置外部列的宽度和高度为 100%。

使用场景如下。

动态布局：当需要根据用户操作动态改变布局方式时，这种实现方式非常有效。例如在一个设置界面中，用户可以选择不同的布局方式。

用户交互：提高用户体验，通过视觉上的动画反馈来增强界面的互动性。

响应式设计：适用于响应式界面，可以根据屏幕大小或其他条件动态调整布局。

（2）组件转场

组件的插入和删除过程也称为组件的转场过程，这可以通过组件内转场动画来实现。组件内转场动画用于定义组件在插入（出现）和删除（消失）时的动画效果，使用 transition 函数操作 UI 界面显得更加平滑和生动。当为组件配置 transition 效果为 translate 或 scale 时，动画过程中子组件的位置可能会超出父组件的范围。为了控制子组件在这种情况下的显示效

果，可以通过设置父组件的 clip 属性来决定是否裁剪超出父组件范围的子组件部分。

配置 clip 属性方法如下。

clip: true: 当子组件超出父组件的范围时，超出的部分会被裁剪，不显示在界面上。

clip: false: 当子组件超出父组件的范围时，超出的部分仍然会完整显示，不会被裁剪。

示例代码如下。

```
@State flag: boolean = true;
@State show: string = 'show';
build() {
  Column() {
    Button(this.show).width(80).height(30).margin(30)
      .onClick(() => {
        if (this.flag) {
          this.show = 'hide';
        } else {
          this.show = 'show';
        }
        // 点击 Button 控制组件的显示和消失
        animateTo({ duration: 1000 }, () => {
          // 动画闭包内控制 Image 组件的出现和消失
          this.flag = !this.flag;
        })
      })
    if (this.flag) {
      Button('button').width(200).height(200)
        .transition({ type: TransitionType.Insert, translate: { x: 200, y: -200 } })
        .transition({ type: TransitionType.Delete, opacity: 0, scale: { x: 0, y: 0 } })
    }
  }.height('100%').width('100%')
}
```

代码解释如下。

这段代码实现了一个包含按钮的列布局，用户点击按钮时可以控制另一个按钮的显示和隐藏，并通过动画效果进行过渡。具体分析如下。

@State flag: boolean = true;：定义一个状态变量 flag，用于控制按钮的显示与隐藏，初始值为 true。

@State show: string = ‘show’;：定义一个状态变量 show，用于控制按钮上的文本，初始值为‘show’。

Column()：创建一个垂直排列的列布局。

Button(this.show).width(80).height(30).margin(30)：创建一个按钮，其文本内容为 show，宽度为 80，高度为 30，外边距为 30。

.onClick(() => { ... })：为按钮添加点击事件处理函数。

if (this.flag) { this.show = 'hide' ; } else { this.show = 'show' ; }：根据 flag 的值更新按钮文本，点击后会在 show 和 hide 之间切换。

animateTo({ duration: 1000 }, () => { ... })：调用动画函数，动画持续时间为 1000 毫秒。

this.flag = !this.flag;：在动画结束时切换 flag 的值，以控制另一个按钮的显示状态。

if (this.flag) { ... }：根据 flag 的值决定是否显示另一个按钮。

Button('button').width(200).height(200)：创建一个宽度和高度均为 200 的按钮。

.transition({ type: TransitionType.Insert, translate: { x: 200, y: −200 } })：设置按钮的插入动画，使其从指定位置滑入。

.transition({ type: TransitionType.Delete, opacity: 0, scale: { x: 0, y: 0 } })：设置按钮的删除动画，使其在消失时缩放和透明度变化。

.height('100%').width('100%')：设置外部列的宽度和高度为 100%。

使用场景如下。

动态界面：适用于需要动态显示或隐藏界面的场景，例如在设置界面中，可以通过按钮控制其他选项的可见性。

用户交互：提高用户体验，通过动画反馈增强界面的互动性，用户点击按钮时可以直观地看到变化。

教程或引导：可以用于应用的教程部分，指导用户如何使用某些功能，通过动画效果吸引用户注意。

（3）预制动画

ArkUI 提供了多种预置动画曲线，这些曲线定义了动画的加速和减速规律，使动画效果更为自然和流畅。常用的预置曲线包括以下几个方面。

Linear: 线性曲线，动画以恒定的速度进行。

Ease: 缓动曲线，动画开始和结束时缓慢，中间加速。

EaseIn: 先慢后快，动画开始时缓慢，然后逐渐加速。

EaseOut: 先快后慢，动画开始时快速，然后逐渐减速。

EaseInOut: 动画开始和结束时缓慢，中间加速。

曲线的动画效果是由弹簧振子的物理参数（质量、刚度、阻尼）决定的。这些参数控制了动画的振荡和弹性效果。下面是对这些参数的详细解释以及它们如何影响动画效果：

质量 (mass)：质量越大，动画的惯性越大，振荡频率越低。

刚度 (stiffness)：刚度越大，弹簧越硬，动画的振荡频率越高。刚度越小，弹簧越软，振荡频率越低。

阻尼 (damping)：阻尼越大，系统的阻力越大，振荡衰减得越快。阻尼越小，系统的阻力越小，振荡衰减得越慢。

振荡效果的影响因素如下。

刚度越小、阻尼越大，弹簧曲线的弹性越弱，振荡效果越弱。当刚度极小或阻尼极大时，系统会达到过阻尼状态，此时无论初速度多大，动画都不会在终点值附近产生振荡。

刚度适中、阻尼适中，可以产生明显的振荡效果。通过调整这些参数，可以实现不同的弹性和振荡效果。

示例代码如下。

```
@State translateX: number = 0;
private jumpWithSpeed(speed: number) {
```

```
    this.translateX = -1;
    animateTo({ duration: 2000, curve: curves.springCurve(speed, 1, 1, 1.2)
}, () => {
      // 以指定初速度进行 x 方向的平移的弹簧动画
      this.translateX = 0;
    })
  }

  build() {
    Column() {
      Button("button")
        .fontSize(14)
        .width(100)
        .height(50)
        .margin(30)
        .translate({ x: this.translateX })

      Button("jump 200").fontSize(14)
        .onClick(() => {
          // 以初速度 200 的弹簧曲线进行平移
          this.jumpWithSpeed(200);
        })
    }.margin(30)
  }
```

代码解释如下。

这段代码实现了一个按钮，通过点击另一个按钮，触发一个具有弹簧动画效果的平移动作。以下是具体分析。

@State translateX: number = 0;：定义一个状态变量 translateX，用于控制按钮在 x 轴上的平移，初始值为 0。

private jumpWithSpeed(speed: number) { ... }：定义一个私有方法 jumpWithSpeed，接收一个参数 speed，用于设置弹簧动画的初速度。

this.translateX = –1;：在动画开始时，将 translateX 设置为 –1，表示按钮将向左移动。

animateTo({ duration: 2000, curve: curves.springCurve(speed, 1, 1, 1.2) }, () => { ... })：调用动画函数，持续时间为 2000 毫秒，使用弹簧曲线，动画完成后将 translateX 恢复为 0。

Column()：创建一个垂直排列的列布局。

Button(“button”)：创建一个按钮，其文本为“button”。

.fontSize(14).width(100).height(50).margin(30)：设置按钮的字体大小、宽度、高度和外边距。

.translate({ x: this.translateX })：根据 translateX 的值设置按钮的 x 轴平移。

Button(“jump 200”).fontSize(14).onClick(() => { ... })：创建另一个按钮，其文本为“jump 200”，并为其添加点击事件处理函数。

在点击事件中，调用 this.jumpWithSpeed(200);，以初速度 200 触发弹簧动画。

.margin(30)：为外部列设置外边距为 30。

使用场景如下。

动画演示：适用于展示动画效果的场景，帮助用户理解弹簧动画的特性。

游戏或交互应用：可以用于游戏中角色或物体的跳跃效果，增加互动性和趣味性。

用户引导：在用户引导或教程中，通过动画吸引用户注意，让他们了解应用的某些功能。

（4）转场动画

借用 PageTransitionEnter 接口定义页面转场动画，支持 slide、translate、scale、opacity 等方式进行控制，具体步骤如下。

在 pages 页面下新建名为 Detail 的 Page 组件。

```
build() {
  Column() {
        Button('TRANSITION').width('100%').height(50)
      .onClick(() => {
        // 点击路由跳转至下一页面
        router.pushUrl({ url: 'pages/Detail' });
      })
  }
```

得到跳转的基础页面，默认是平移切换，当然也可以禁用动画。

```
pageTransition() {
  PageTransitionEnter({ type: RouteType.None, duration:
 0 })
  PageTransitionExit({ type: RouteType.None, duration: 0 })
}
```

在页面的 struct 标签中，直接设置切换属性，动画详细设置如下。

```
Button('TRANSITION').width('100%').height(50).margin(30)

  .onClick(() => {
    // 点击小图时路由跳转至下一页面
    router.pushUrl({ url: 'pages/Detail' });
  })

Button("BACK").width('100%').height(50).margin(30)

  .onClick(() => {
    // 返回到上一页面，相当于 pop 操作
    router.back();
  })
```

代码解释如下。

这段代码展示了如何在应用中使用按钮实现页面导航功能，主要包括两个按钮的设置：一个用于跳转到详细页面，另一个用于返回上一页面。

Button('TRANSITION')：按钮定义。

width(‘100%’)：设置按钮宽度为 100%，使其占满可用宽度。

height(50)：设置按钮高度为 50 像素。

margin(30)：设置按钮的外边距为 30 像素。

.onClick(() => { ... })：为按钮添加点击事件处理函数，在用户点击按钮时执行相关操作。

router.pushUrl({ url: ‘pages/Detail’ });：通过 router 对象的 pushUrl 方法跳转到目标页面 Detail。

Button(“BACK”)：返回按钮定义，同样设置宽度、长度和外边距。

.onClick(() => { ... })：为返回按钮添加点击事件。

router.back();：调用 router 对象的 back 方法，实现返回上一页面的功能，相当于 pop 操作。

使用场景如下。

页面导航：这种按钮设计适用于需要在多个页面之间导航的应用场景，比如电商应用、社交网络应用等，用户可以方便地跳转到产品详情页或返回到列表页。

用户体验：提供清晰的导航选项，让用户能够顺畅地浏览应用，增强用户体验。

功能引导：可以用于应用的功能引导页，帮助用户了解如何使用应用的不同部分。

详细设置如下：

```
pageTransition() {
  // 定义页面进入时的效果，从右侧滑入，时长为1000ms，页面栈发生push操作时该效果才生效
  PageTransitionEnter({ type: RouteType.Push, duration: 1000 })
    .slide(SlideEffect.Right)
  // 定义页面进入时的效果，从左侧滑入，时长为1000ms，页面栈发生pop操作时该效果才生效
  PageTransitionEnter({ type: RouteType.Pop, duration: 1000 })
    .slide(SlideEffect.Left)
  // 定义页面退出时的效果，向左侧滑出，时长为1000ms，页面栈发生push操作时该效果才生效
  PageTransitionExit({ type: RouteType.Push, duration: 1000 })
    .slide(SlideEffect.Left)
  // 定义页面退出时的效果，向右侧滑出，时长为1000ms，页面栈发生pop操作时该效果才生效
  PageTransitionExit({ type: RouteType.Pop, duration: 1000 })
    .slide(SlideEffect.Right)
}
```

这段代码定义了页面转场效果，使用了四种不同的动画效果，以增强用户在页面之间切换时的体验。具体来说，代码包括了页面进入和退出时的动画设置，分为两种操作：push 和 pop。

（5）触摸事件

可以理解为分解点击事件，细分为按下，滑动，抬起。示例代码如下。

```
@State text: string = '';
@State eventType: string = '';

build() {
```

```
Column() {

    Button('Touch').height(40).width(100)
      .onTouch((event: TouchEvent) => {
        if (event.type === TouchType.Down) {
          this.eventType = 'Down';
        }
        if (event.type === TouchType.Up) {
          this.eventType = 'Up';
        }
        if (event.type === TouchType.Move) {
          this.eventType = 'Move';
        }
          this.text = 'TouchType:' + this.eventType + '\nDistance between
touch point and touch element:\nx: '
          + event.touches[0].x + '\n' + 'y: ' + event.touches[0].y + '\nCompo-
nent globalPos:('
            + event.target.area.globalPosition.x + ',' + event.target.area.
globalPosition.y + ')\nwidth:'
          + event.target.area.width + '\nheight:' + event.target.area.height
      })
    Text(this.text)
  }

}
```

这段代码实现了一个简单的触摸事件处理示例，主要通过按钮的触摸事件来更新文本显示，展示触摸状态和相关信息。具体解释如下。

@State text: string = '';：用于保存当前显示的文本信息。

@State eventType: string = '';：用于保存当前触摸事件的类型（Down、Up、Move）。

Column()：创建一个垂直排列的布局容器。

Button('Touch')：创建一个名为“Touch”的按钮，并设置其高度和宽度。

.onTouch((event: TouchEvent) => {...})：添加触摸事件的处理逻辑。

if (event.type === TouchType.Down)：判断触摸事件类型为“按下”。

if (event.type === TouchType.Up)：判断触摸事件类型为“抬起”。

if (event.type === TouchType.Move)：判断触摸事件类型为“移动”。

更新 eventType 和 text 状态，显示当前的触摸状态和触摸点与按钮的相关信息。

Text(this.text)：在界面上显示当前的触摸状态和相关信息，包括：

当前触摸事件类型（按下、抬起、移动），触摸点的相对位置（x, y），目标组件的全局位置和尺寸（宽度和高度）。

使用场景如下。

用户交互反馈：在游戏或互动应用中，能够即时反馈用户的触摸操作，提供更好的交互体验。

调试工具：开发者可以利用这种触摸事件显示，调试和测试用户界面，检查触摸点的坐标和元素的尺寸等信息。

动态响应：可以用于创建动态响应的界面，比如根据用户的滑动和点击来触发不同的动画或效果。

通过触摸事件的处理，你可以实现更加细致的交互体验，提升应用的响应性和用户的互动感知。确保在实际开发中，触摸事件的类型、坐标以及相关的状态更新都能正确处理，同时注意性能优化和用户体验的平衡。

4.2.13 焦点

小牛，今天我们来聊聊焦点管理吧！我听说它在用户界面中很重要。

小马

没错，小马！焦点是指当前应用界面上唯一的一个可交互元素。用户通过焦点与应用进行互动，所以管理好焦点非常关键。

小牛

焦点管理具体包括哪些方面呢?

小马

主要有三个方面。首先是焦点的获取和释放。UI 元素可以通过编程方式请求获得焦点或释放焦点。

小牛

那焦点事件是怎么处理的呢?

小马

当焦点发生变化时，应用程序可以捕捉并响应这些事件。这可以帮助我们在用户与应用的互动中提供更好的反馈。

小牛

我明白了！那焦点导航是什么呢?

小马

焦点导航定义了如何在不同的 UI 元素之间导航焦点。比如，用户可以通过键盘的方向键来切换焦点，从而选择不同的按钮或输入框。

小牛

小马

这听起来真的很重要！通过合理的焦点管理，我们可以让用户体验更加顺畅。

正是这样！焦点管理能让用户更容易地与应用进行交互，提升整体的用户体验。

小牛

焦点（Focus）是指向当前应用界面上唯一的一个可交互元素。焦点管理主要包括以下几个方面。

焦点的获取和释放：UI 元素可以通过编程方式请求获得焦点或释放焦点。

焦点事件的处理：当焦点发生变化时，应用程序可以捕捉并响应这些事件。

焦点导航：定义如何在不同的 UI 元素之间导航焦点，例如通过键盘的方向键。

示例代码如下。

```
@State oneButtonColor: Color = Color.Gray;
@State twoButtonColor: Color = Color.Gray;
@State threeButtonColor: Color = Color.Gray;

build() {
  Column({ space: 20 }) {

    Button('First Button')
      .width(260)
      .height(70)
      .backgroundColor(this.oneButtonColor)
      .fontColor(Color.Black)
        // 监听第一个组件的获焦事件，获焦后改变颜色
      .onFocus(() => {
        this.oneButtonColor = Color.Green;
      })
        // 监听第一个组件的失焦事件，失焦后改变颜色
      .onBlur(() => {
        this.oneButtonColor = Color.Gray;
      })

    Button('Second Button')
      .width(260)
      .height(70)
      .backgroundColor(this.twoButtonColor)
      .fontColor(Color.Black)
        // 监听第二个组件的获焦事件，获焦后改变颜色
      .onFocus(() => {
        this.twoButtonColor = Color.Green;
```

```
      })
        // 监听第二个组件的失焦事件，失焦后改变颜色
      .onBlur(() => {
        this.twoButtonColor = Color.Grey;
      })

    Button('Third Button')
      .width(260)
      .height(70)
      .backgroundColor(this.threeButtonColor)
      .fontColor(Color.Black)
        // 监听第三个组件的获焦事件，获焦后改变颜色
      .onFocus(() => {
        this.threeButtonColor = Color.Green;
      })
        // 监听第三个组件的失焦事件，失焦后改变颜色
      .onBlur(() => {
        this.threeButtonColor = Color.Gray;
      })
  }

  .width('100%').margin({ top: 20 })
}
```

代码解释如下。

@State oneButtonColor: Color = Color.Gray; 等定义了三个按钮的初始颜色，默认都是灰色。

Column({ space: 20 })：创建一个垂直排列的布局，并设置按钮之间的间距。

每个按钮都有相同的宽度和高度，背景色根据状态变化。

对每个按钮使用 onFocus() 和 onBlur()。

onFocus()：当按钮获得焦点时，将背景色设置为绿色。

onBlur()：当按钮失去焦点时，将背景色恢复为灰色。

在一个表单或设置界面中，用户可以通过键盘的方向键在多个按钮之间切换。当用户将焦点移动到某个按钮时，该按钮的颜色变化可以清晰地告诉用户当前焦点所在的位置。

使用场景如下。

用户友好的导航：在键盘或手柄操作的应用中，确保用户能轻松识别当前选中的 UI 元素。

提高可访问性：视觉反馈可以帮助有视觉障碍的用户了解当前的焦点位置。

4.2.14 手势

当简单点击事件不能满足一般需求的时候，就可以考虑自定义手势。手势用于实现与用户的自然交互，支持多种触摸和输入操作。这些手势操作可以用来控制和响应用户的行为，从而提升用户体验。举例如下。

设置属性：类似绑定点击事件，使用 gesture 进行定义。

```
Button('Gesture').fontSize(20)
  .gesture(
    TapGesture()
      .onAction(() => {
        console.info('tap action');
      }))
```

得到按钮，点击得到效果，如图 4-36 所示。

图 4-36　按钮效果

打印日志：

```
72124-63604809 I A0c0d0/JSApp: app Log: tap action
```

TapGesture 表示单一手势，LongPressGesture 表示长按手势，绑定效果类似。

```
Button('Gesture').fontSize(20)
  .gesture(
    LongPressGesture()
      .onAction(() => {
        console.info('long press action');
      }))
```

可以看到点击之后，没有打印日志，长按之后，才能打印日志。

```
73330-63610909 I A0c0d0/JSApp: app Log: long press action
```

PanGesture 表示拖拽，内部分为三个事件，onActionStart(),onActionUpdate(),onActionEnd() 分别代表开始，过程，结束。

```
Button('Gesture').fontSize(20)
  .gesture(
    PanGesture()
      .onActionStart((event: GestureEvent) => {
        console.info('Pan start');
      })
        // 当触发拖动手势时，根据回调函数修改组件的布局位置信息
      .onActionUpdate((event: GestureEvent) => {
        console.info('Pan update:exent x:'+event.offsetX+"event y:"+event.offsetY);
      })
      .onActionEnd(() => {
        console.info('Pan end');
      }))
```

代码解释如下。

这段代码通过设置一个按钮，监听用户的拖动（Pan）手势，实现对按钮的互动。

Button('Gesture').fontSize(20)：创建一个字体大小为 20 的按钮，按钮的文本为“Gesture”。

.gesture(PanGesture())：为按钮添加手势监听，使用 PanGesture 来检测拖动手势。

.onActionStart：当用户开始拖动按钮时，触发该回调，输出“Pan start”到控制台，可以用于初始化拖动状态。

.onActionUpdate：在用户拖动过程中，持续触发此回调，输出当前的拖动偏移量（offsetX 和 offsetY），可以用于实时更新按钮的位置或提供其他反馈。

.onActionEnd：当用户结束拖动时，触发该回调，输出“Pan end”到控制台，可以用于清理拖动状态或触发结束后的逻辑。

使用场景如下。

拖动组件：可用于实现可拖动的 UI 组件，例如拖动排序、拖拽选择等场景。

互动反馈：在游戏或交互式应用中，用户拖动按钮时可以实时反馈其位置，增强用户体验。

可视化控件：在图形化应用中，可以让用户拖动图形元素，进行自定义布局。

地图应用：在地图或图形界面中，用户可以通过拖动手势来平移视图或选择区域。

4.2.15 组合手势

小马

小牛，最近我在研究如何让应用更智能地响应复杂手势。听说组合手势很有用，是怎么回事呢？

组合手势确实很有趣！它是通过将多个单一手势组合起来，实现更复杂的交互行为。比如，你可以同时监听点击和滑动手势。

小牛

小马

那我们要怎么定义这种组合呢？

我们可以使用一个叫做 GestureGroup 的容器来定义组合手势的行为。在这个容器中，你可以把多个手势添加进去，然后指定 GestureMode，从而控制这些手势的识别方式。

小牛

小马

GestureMode 是用来干什么的？

GestureMode 用来决定组合手势是如何被识别的。有几种模式可以选择，举例如下。

GestureMode.Sequence：要求手势按顺序执行，只有当第一个手势完成后，才会识别第二个手势。

GestureMode.Parallel：同时监听多个手势，任何一个手势完成都会触发响应。

GestureMode.Exclusive：只有一个手势可以被触发，其他手势会被忽略。

小牛

听起来很灵活啊！我们可以根据不同的交互需求选择不同的模式，这样就能设计出更自然的用户体验了。

小马

没错！通过组合手势，开发者可以实现很多高级的交互效果，比如双击拖拽、长按缩放等等。合理使用这些手势能大大提升应用的可用性和交互体验。

小牛

组合手势通常是通过将多个单一手势进行组合来实现的。为了定义这种组合手势的行为，通常会使用一个名为 GestureGroup 的容器。在这个容器中，可以通过设置不同的 GestureMode 来声明组合手势的识别方式。

```
Button('Gesture').fontSize(20)
  .gesture(
    GestureGroup(GestureMode.Sequence,
      // 该组合手势第一个触发的手势为长按手势，且长按手势可多次响应
      LongPressGesture({ repeat: true })
        // 当长按手势识别成功，打印日志
        .onAction((event: GestureEvent) => {
          console.info('LongPress onAction');
        })
        .onActionEnd(() => {
          console.info('LongPress end');
        }),
      // 当长按之后进行拖动，手势被触发
      PanGesture()
        .onActionStart(() => {
          console.info('pan start');
        })
        .onActionUpdate((event: GestureEvent) => {
          console.info('pan update');
        })
        .onActionEnd(() => {
```

```
            console.info('pan end');
          })
      )
    )
```

代码解释如下。

这段代码实现了一个按钮，监听组合手势，包括长按和拖动（Pan）手势：

Button(‘Gesture’).fontSize(20): 创建一个按钮，字体大小为 20，文本为“Gesture”。

.gesture(GestureGroup(...)): 为按钮添加一个手势组合，使用 GestureGroup，允许多个手势的组合。

GestureMode.Sequence: 指定手势组合的模式为顺序模式，意味着长按手势触发后，才能触发后续的拖动手势。

LongPressGesture({ repeat: true }): 创建一个长按手势，repeat: true 表示该手势可以多次响应。

.onAction((event: GestureEvent) => {...}): 当长按手势识别成功时触发，打印日志“LongPress onAction”。

.onActionEnd(() => {...}): 当长按手势结束时触发，打印日志“LongPress end”。

PanGesture(): 创建一个拖动手势，只有在长按手势之后才能触发。

.onActionStart(() => {...}): 当用户开始拖动时触发，打印“pan start”。

.onActionUpdate((event: GestureEvent) => {...}): 在拖动过程中持续触发，打印“pan update”。

.onActionEnd(() => {...}): 当用户结束拖动时触发，打印“pan end”。

使用场景如下。

拖拽操作：适合需要用户长按并随后拖动某个元素的场景，例如在图片上进行调整、移动图标或排序列表项。

游戏控制：可以在游戏中使用长按来选择对象，然后通过拖动来操作对象，例如移动角色或放置道具。

绘图应用：用户可以长按来激活绘图工具，然后拖动以进行绘制。

自定义界面：允许用户通过长按和拖动的方式自定义 UI 布局或调整组件位置，提供灵活性。

鸿蒙
HarmonyOS

第5章 框架服务

5.1 Core File Kit（文件基础服务）

小牛

小马，我最近在研究鸿蒙 OS 的文件系统，看起来比我想象的要复杂一些啊！你了解它是怎么分类型的吗?

小马

当然有一些了解。其实，鸿蒙 OS 的文件系统主要分为几种类型：应用沙箱、应用文件目录、应用文件访问与管理，还有应用文件分享。这些概念确实很重要，因为它们决定了应用如何管理和访问文件。

小牛

那我们先聊聊应用沙箱吧。这个沙箱具体是什么呢?

小马

应用沙箱其实是一种安全机制，它的主要作用是隔离每个应用的数据，防止数据被其他应用或者恶意软件访问。每个应用都有自己的专属沙箱目录，其中包括应用的数据文件和一些必要的系统文件。

小牛

那就是说，一个应用只能访问自己的沙箱目录，不能访问其他应用或者系统的文件，对吧?

小马：没错！这就是沙箱的隔离性。通过这种方式，可以确保应用之间的数据不互相干扰，从而提高系统的安全性。

小牛：听起来挺不错的。那应用文件目录又是怎么回事呢？

小马：应用文件目录其实就是应用存储数据的专属位置，位于应用的沙箱内。通常，应用的数据会被分门别类地存放在这些目录中，比如存放缓存文件、数据库文件、配置文件等。开发者可以根据需求将文件存放到合适的子目录下。

小牛：那应用访问文件时，有没有特别需要注意的地方？

小马：当然有啊！虽然应用可以访问自己沙箱内的文件，但不能访问其他应用的文件，这也是为了数据的安全。不过，如果需要共享文件，鸿蒙 OS 提供了应用文件分享的机制。通过这个机制，应用可以将文件分享给其他应用使用。

小牛：那听起来还挺灵活的嘛！既能保证安全，又能满足数据共享的需求。

小马：没错，鸿蒙 OS 在设计文件系统的时候确实考虑得很周到。开发者只需要遵循这些规则，就能安全高效地管理应用的数据。

应用文件系统可以对其文件目录下的文件进行查看、创建、读写、删除、移动、复制、获取属性等操作。这里使用简单示例进行说明。

首先在 build 中创建一个按钮并添加点击事件。

```
Button('file on click').onClick(() => {
  createFile()
})
```

得到按钮如图 5-1 所示。

在 struct 外面添加函数，代码如下。

图 5-1　按钮

```
import { fileIo as fs, ReadOptions } from '@kit.CoreFileKit';
import { common } from '@kit.AbilityKit';
import { buffer } from '@kit.ArkTS';
```

```
// 获取应用文件路径
let uiContext = getContext(this) as common.UIAbilityContext;
let appFilesDir = uiContext.filesDir;

function createNewFile(): void {
  // 新建并打开文件
  let fileHandle = fs.openSync(appFilesDir + '/test.txt',
 fs.OpenMode.READ_WRITE | fs.OpenMode.CREATE);
  // 写入一段内容至文件
  let bytesWritten = fs.writeSync(fileHandle.fd, "Try to write str.");
  console.info("The length of str is: " + bytesWritten);
  // 从文件读取一段内容
  let bufferArray = new ArrayBuffer(1024);
  let readOptions: ReadOptions = {
    offset: 0,
    length: bufferArray.byteLength
  };
  let bytesRead = fs.readSync(fileHandle.fd, bufferArray, readOptions);
  let fileBuffer = buffer.from(bufferArray, 0, bytesRead);
  console.info("the content of file: " + fileBuffer.toString());
  // 关闭文件
  fs.closeSync(fileHandle);
}
```

代码解释如下。

这段代码使用 鸿蒙 OS 的文件系统 API 来创建、写入和读取文件。以下是逐步解析。

① 引入模块代码如下。

```
import { fileIo as fs, ReadOptions } from '@kit.CoreFileKit';
import { common } from '@kit.AbilityKit';
import { buffer } from '@kit.ArkTS';
```

fileIo as fs：引入文件操作模块（CoreFileKit）并将其重命名为 fs，用于文件的读写操作。

ReadOptions：引入文件读取选项，用于配置读取文件的偏移量（offset）和读取的字节长度（length）。

common：引入 AbilityKit 中的 common，用于获取应用的上下文信息。

buffer：引入 ArkTS 中的 buffer，用于处理和转换二进制数据。

② 获取应用文件路径，代码如下。

```
let uiContext = getContext(this) as common.UIAbilityContext;
let appFilesDir = uiContext.filesDir;
```

getContext(this)：调用 getContext() 方法获取当前上下文（this），用于获取关于应用的一些信息。

uiContext：将上下文转换为 common.UIAbilityContext 类型，UIAbilityContext 是与应用 UI 相关的上下文。

appFilesDir：从上下文 uiContext 中获取应用的文件目录路径，这个路径通常用于存储应用的文件。

③ 创建新文件并执行文件操作，代码如下。

```
function createNewFile(): void {
  // 新建并打开文件
  let fileHandle = fs.openSync(appFilesDir + '/test.txt',
fs.OpenMode.READ_WRITE | fs.OpenMode.CREATE);
```

fs.openSync()：同步打开文件，参数包括文件路径和打开模式。

fs.OpenMode.READ_WRITE 表示以读写模式打开文件，fs.OpenMode.CREATE 表示如果文件不存在则创建该文件。

fileHandle：返回一个文件句柄，后续操作文件时需要通过该句柄。

④ 写入内容到文件，代码如下。

```
  let bytesWritten = fs.writeSync(fileHandle.fd, "Try to write str.");
  console.info("The length of str is: " + bytesWritten);
```

fs.writeSync()：同步写入文件，fileHandle.fd 是文件的文件描述符，第二个参数是要写入的内容（字符串 " Try to write str. "）。

bytesWritten：返回写入的字节数，输出到控制台显示写入的内容长度。

⑤ 读取文件内容，代码如下。

```
  let bufferArray = new ArrayBuffer(1024);
  let readOptions: ReadOptions = {
    offset: 0,
    length: bufferArray.byteLength
  };
  let bytesRead = fs.readSync(fileHandle.fd, bufferArray,
 readOptions);
```

new ArrayBuffer(1024)：创建一个长度为 1024 字节的 ArrayBuffer，用来存储从文件中读取的数据。

readOptions：设置文件读取的选项，包括以下几个方面。

offset: 0：从文件开头开始读取。

length: bufferArray.byteLength：读取的数据长度为 bufferArray 的字节数（即 1024 字节）。

fs.readSync()：同步读取文件，返回读取的字节数（bytesRead），并将读取的内容存储到 bufferArray 中。

⑥ 处理读取到的内容并输出，代码如下。

```
  let fileBuffer = buffer.from(bufferArray, 0, bytesRead);
  console.info("the content of file: " + fileBuffer.toString());
```

buffer.from()：将 ArrayBuffer 转换为 buffer 对象，可以方便地对二进制数据进行处理。

fileBuffer.toString()：将 buffer 对象转换为字符串，显示文件的内容。

⑦ 关闭文件，代码如下。

```
  fs.closeSync(fileHandle);
```

fs.closeSync()：关闭文件句柄，释放资源。

使用场景如下。

日志记录：适用于应用中的日志记录，例如用户活动或错误信息的存储。

配置文件管理：存储用户配置或应用设置，便于下次启动时加载。

数据持久化：保存用户输入或生成的数据，确保数据不会丢失。

文件共享：用于处理文件的创建和读取，以便与其他应用或服务共享数据。

filesDir 默认是读取 sd 卡中的 /data/storage/el2/base/haps/entry/files 目录也可以按照文件流的方式进行读写：读取文件内容并写入到另一个文件（同步方式）。代码如下。

```
// pages/xxx.ets

import { fileIo as fs, ReadOptions, WriteOptions } from
 '@kit.CoreFileKit';

import { common } from '@kit.AbilityKit';

// 获取应用文件路径

let appContext = getContext(this) as common.UIAbilityContext;
let appFilesDir = appContext.filesDir;

function copyFileContent(): void {

  // 打开源文件和目标文件

  let sourceFile = fs.openSync(appFilesDir + '/source.txt',
 fs.OpenMode.READ_WRITE | fs.OpenMode.CREATE);

  let destinationFile = fs.openSync(appFilesDir + '/destination.txt',
fs.OpenMode.READ_WRITE | fs.OpenMode.CREATE);

  // 设置缓冲区大小
  let bufferSize = 4096;
  let currentReadPosition = 0;
  let buffer = new ArrayBuffer(bufferSize);

  let readOptions: ReadOptions = {
    offset: currentReadPosition,
    length: bufferSize
  };

  // 从源文件中读取内容并写入到目标文件
  let bytesRead = fs.readSync(sourceFile.fd, buffer, readOptions);
  while (bytesRead > 0) {
    currentReadPosition += bytesRead;
    let writeOptions: WriteOptions = {
      length: bytesRead
```

```
    };
    fs.writeSync(destinationFile.fd, buffer, writeOptions);

    // 更新读取位置，继续读取下一部分
    readOptions.offset = currentReadPosition;
    bytesRead = fs.readSync(sourceFile.fd, buffer, readOptions);
  }

  // 关闭源文件和目标文件
  fs.closeSync(sourceFile);
  fs.closeSync(destinationFile);
}
```

代码解释如下。

fileIo as fs: 从 @kit.CoreFileKit 中引入 fileIo 模块，并将其重命名为 fs，用于文件的读写操作。

ReadOptions 和 WriteOptions: 引入文件读取和写入的配置选项，帮助设置文件操作的详细参数。

common: 引入 @kit.AbilityKit 中的 common，用于获取应用的文件目录路径等信息。

getContext(this): 获取当前应用的上下文信息。

appContext.filesDir: 从上下文中获取应用的文件目录路径。

使用场景如下。

文件复制：适用于将一个文件的内容复制到另一个文件，常见于文件管理器或备份工具。

数据转换：当需要将数据从一个格式转换为另一个格式时，可以使用流读取和写入。

大文件处理：使用流的方式读取和写入，可以有效处理大文件，避免内存溢出。

最后可以查看文件列表，代码如下。

```
import { fileIo as fs, Filter, ListFileOptions } from
 '@kit.CoreFileKit';
import { common } from '@kit.AbilityKit';

// 获取应用文件路径
let appContext = getContext(this) as common.UIAbilityContext;
let applicationFilesDir = appContext.filesDir;

// 查看文件列表
function listFiles(): void {
  let listOptions: ListFileOptions = {
    recursion: false,  // 是否递归子目录，false 表示只列出当前目录的文件
    listNum: 0,  // 列表文件数目，0 表示没有限制
    filter: {
      suffix: [".png", ".jpg", ".txt"],  // 文件后缀名过滤，只列出这些类型的文件
      displayName: ["test*"],  // 文件名过滤，匹配以"test"开头的文件
```

```
        fileSizeOver: 0,  // 文件大小过滤，0 表示不限制大小
         lastModifiedAfter: new Date(0).getTime()  // 文件最后修改时间过滤，0 表示
从文件创建时开始
      }
    };

    let fileList = fs.listFileSync(applicationFilesDir, listOptions);
    // 获取文件列表
    for (let index = 0; index < fileList.length; index++) {
      console.info('The name of file: ${fileList[index]}');  // 打印文件名
    }
  }
```

代码解释如下。

let appContext = getContext(this) as common.UIAbilityContext;：通过 getContext() 获取应用的上下文对象（UIAbilityContext），并强制类型转换为该类型。

let applicationFilesDir = appContext.filesDir;：从上下文中获取应用文件目录路径。

查看文件列表：listFiles() 函数用于列出应用目录中的文件。

suffix: [" .png " , " .jpg " , " .txt "]：仅列出后缀为 .png, .jpg 或 .txt 的文件。

displayName: [" test* "]：只列出文件名以"test"开头的文件。

fileSizeOver: 0：没有限制文件的大小。

lastModifiedAfter: new Date(0).getTime()：不限制文件的最后修改时间，0 表示从文件创建开始。

fs.listFileSync(applicationFilesDir, listOptions)：同步调用该方法，返回应用文件目录中符合过滤条件的文件列表。

for (let index = 0; index < fileList.length; index++)：遍历文件列表。

console.info()：打印每个文件的名称。

使用场景如下。

文件管理工具：可以用于构建文件管理应用，列出特定类型的文件以供用户查看和管理。

图片选择器：在图片选择器中，可以列出用户设备中的图片文件，方便选择。

文档浏览：用于展示特定格式的文档，例如文本文件，方便用户快速查找。

查看应用存储空间大小，代码如下。

```
import { statfs } from '@kit.CoreFileKit';
import { BusinessError } from '@kit.BasicServicesKit';
import { common } from '@kit.AbilityKit';

let appContext = getContext(this) as common.UIAbilityContext;
let appFilesDir = appContext.filesDir;

statfs.getFreeSize(appFilesDir, (error: BusinessError, freeSpace: number)
=> {
    if (error) {
```

```
        console.error('Invoke getFreeSize failed, code is ${error.code}, mes-
sage is ${error.message}');
      } else {
        console.info('Invoke getFreeSize succeeded, available space is
${freeSpace}');
      }
    });
```

代码解释如下。

let appContext = getContext(this) as common.UIAbilityContext;：通过 getContext() 获取应用的上下文对象，并强制转换为 UIAbilityContext 类型。

let appFilesDir = appContext.filesDir;：从上下文中获取应用的文件目录路径。

statfs.getFreeSize(appFilesDir, (error: BusinessError, freeSpace: number) => {...})：使用 statfs.getFreeSize() 方法查询指定路径（appFilesDir）的剩余可用空间。如果查询成功，回调函数会返回剩余空间的大小（freeSpace）。如果查询失败，回调函数会返回错误对象（error），其中包含错误代码和信息。

错误处理：如果 getFreeSize() 调用失败，error 对象会包含错误信息。通过 console.error() 打印错误代码和错误信息。如果成功，则通过 console.info() 打印剩余可用空间的大小。

使用场景如下。

应用监控：开发者可以用此功能监控应用的存储使用情况，帮助优化存储策略。

用户反馈：应用可以向用户展示存储使用情况，提供管理建议或清理选项。

性能优化：了解应用占用的存储大小，有助于定位性能瓶颈。

5.2 Media Library Kit（媒体服务）

小牛

小马，我在研究 Media Library Kit，听说它能让开发者管理相册和媒体文件，比如创建相册、访问图片、视频等。你了解吗？

当然了解啦！Media Library Kit 不仅能帮我们管理媒体文件，还提供了不少强大的能力，特别是图片和视频的展示、播放功能。适合咱们的多媒体类应用开发！

小马

小牛

那它的能力范围有哪些呢？

小马：

从大类来说，有以下几个方面：

① 媒体资源管理：可以选择媒体库中的资源，保存它们。

② 用户相册管理：创建相册、重命名、添加或移除图片和视频。

③ 系统相册管理：比如访问收藏夹或者视频相册。

④ 变更通知：监听媒体资源或相册的变化，比如新增、修改。

小牛：

听起来不错！不过，我听说有些能力对第三方应用是受限的，是吗？

小马：

是的，涉及用户隐私的能力，比如直接获取媒体资源、缩略图，以及管理用户相册的操作，都是受限开放的。这需要申请权限，比如读写相册管理模块的权限。

小牛：

明白了，那它具体有什么亮点呢？

小马：

好几个！比如下面这些。

对象化 API 设计：API 设计很简洁，接入简单。

端云一体化：本地和云端访问都能统一管理。

安全性强：像 Picker 和保存操作会自动授权，权限管控很细致。

智能格式转化：比如不同的图片格式，框架会自动帮我们转化。

小牛：

原理上呢？它是怎么工作的？

小马：

它的工作原理也不复杂：

① 用户发起请求，比如获取图片或视频；

② Media Library Kit 会检查请求的合法性和权限；

③ 校验通过后，和数据库交互，返回请求结果。

小牛：

听你说完感觉功能很全，接入也挺方便！那我可以用它来做一个媒体管理工具了。

完全没问题！从选择、保存媒体，到对相册的增删改查，这个工具都能帮你搞定！不过，别忘了按需申请权限哦！

小马

在开发中，需要满足用户经常分享图片、视频等资源的需求，开发者可以借助系统提供的接口实现。

使用系统提供的图片选择器，代码如下。

```
import { photoAccessHelper } from '@kit.MediaLibraryKit';
import { fileIo } from '@kit.CoreFileKit';
import { dataSharePredicates } from '@kit.ArkData';
import { BusinessError } from '@kit.BasicServicesKit';

// 全局变量
let selectedUris: Array<string> = [];
let context = getContext(this); // 获取上下文
let phAccessHelper = photoAccessHelper.getPhotoAccessHelper(context);

// 定义图片 - 音频选择选项实例
const photoSelectOptions = new
photoAccessHelper.PhotoSelectOptions();
photoSelectOptions.MIMEType =
photoAccessHelper.PhotoViewMIMETypes.IMAGE_TYPE; // 选择图片类型
photoSelectOptions.maxSelectNumber = 5; // 最大选择数量

// 定义 MediaDataHandler 处理类
class MediaDataHandler implements
photoAccessHelper.MediaAssetDataHandler<ArrayBuffer> {
  onDataPrepared(data: ArrayBuffer) {
    if (data === undefined) {
      console.error('Error occurred when preparing data');
      return;
    }
    console.info('on image data prepared');
    // 自定义处理逻辑
  }
}

// 创建图库选择器实例并拉起图库选择
async function selectMediaFiles() {
  const photoViewPicker = new photoAccessHelper.PhotoViewPicker();

  try {
     const photoSelectResult: photoAccessHelper.PhotoSelectResult = await
```

```
photoViewPicker.select(photoSelectOptions);
        selectedUris = photoSelectResult.photoUris;
        console.info('File selection successful. Selected URIs: ' + select-
edUris);
      } catch (err: BusinessError) {
        console.error('File selection failed. Code: ${err.code}, Message: ${err.
message}');
      }
    }

    // 通过指定URI读取文件数据
    function readFileFromUri(uri: string): void {
      try {
        let file = fileIo.openSync(uri, fileIo.OpenMode.READ_ONLY);
        console.info('File fd: ' + file.fd);

        let buffer = new ArrayBuffer(4096);
        let readLen = fileIo.readSync(file.fd, buffer);
        console.info('Read data successfully. Buffer size: ' + readLen);

        fileIo.closeSync(file);
      } catch (err) {
        console.error('Error reading file: ' + err.message);
      }
    }

    // 通过指定URI获取图片资源
    async function fetchMediaData(uri: string): Promise<void> {
      let predicates = new dataSharePredicates.DataSharePredicates();
      predicates.equalTo(photoAccessHelper.PhotoKeys.URI,
    uri.toString());

      let fetchOptions: photoAccessHelper.FetchOptions = {
        fetchColumns: [photoAccessHelper.PhotoKeys.TITLE],
        predicates: predicates,
      };

      try {
        let fetchResult = await phAccessHelper.getAssets(fetchOptions);
        let photoAsset = await fetchResult.getFirstObject();
        console.info('Asset URI: ' + photoAsset.uri);
        console.info('Title: ' +
    photoAsset.get(photoAccessHelper.PhotoKeys.TITLE));
```

```
    let requestOptions: photoAccessHelper.RequestOptions = {
      deliveryMode: photoAccessHelper.DeliveryMode.HIGH_QUALITY_MODE,
    };

    await
photoAccessHelper.MediaAssetManager.requestImageData(context,
photoAsset, requestOptions, new MediaDataHandler());
    console.info('Image data requested successfully.');
    fetchResult.close();
  } catch (err) {
    console.error('Fetching media data failed: ' + err.message);
  }
}

// 主逻辑示例调用
async function main() {
  await selectMediaFiles();

  if (selectedUris.length > 0) {
    const uriToRead = selectedUris[0]; // 示例使用第一个 URI
    readFileFromUri(uriToRead);
    await fetchMediaData(uriToRead);
  } else {
    console.warn('No URIs selected.');
  }
}

main().catch((err) => {
  console.error('Main function error: ' + err.message);
});
```

代码解释如下。

import { photoAccessHelper } from '@kit.MediaLibraryKit';：用于访问媒体库的工具类。

import { fileIo } from '@kit.CoreFileKit';：提供文件操作相关的接口。

import { BusinessError } from '@kit.BasicServicesKit';：处理业务逻辑错误的模块。

import { dataSharePredicates } from '@kit.ArkData';：用于构造查询条件的模块。

photoAccessHelper：提供访问图库的能力，例如拉起选择界面、获取媒体信息。

fileIo：实现文件操作（如打开、读取、关闭文件）。

BusinessError：捕获和处理业务层面的错误。

dataSharePredicates：构造查询条件的工具，便于对数据进行精确查询。

const photoSelectOptions = new
photoAccessHelper.PhotoSelectOptions();：创建媒体选择器选项实例

photoSelectOptions.MIMEType =

photoAccessHelper.PhotoViewMIMETypes.IMAGE_TYPE;：设置类型为图片

photoSelectOptions.maxSelectNumber = 5;：最多允许选择5个文件

创建一个图片选择配置实例，用于限制用户只能选择图片文件，且最多选择5个。

const photoViewPicker = new photoAccessHelper.PhotoViewPicker();：创建图库选择器实例。

let uris: Array<string> = [];：用于存储选择的文件的URI列表。

photoViewPicker.select(photoSelectOptions).then((photoSelectResult: photoAccessHelper.PhotoSelectResult) => {

uris = photoSelectResult.photoUris;：获取选择的文件URI列表。

photoViewPicker.select：调用图库选择接口，拉起选择界面。

uris：存储用户选择的媒体文件URI（只读权限）。成功后会返回文件的URI列表，错误时会捕获BusinessError并输出错误信息。

let uri: string = '';：保存某个具体文件的URI。

let file = fileIo.openSync(uri, fileIo.OpenMode.READ_ONLY);：以只读模式打开文件。

console.info('file fd: ' + file.fd);：使用文件URI以只读模式打开文件，并获取文件描述符fd。

let buffer = new ArrayBuffer(4096);：创建一个缓冲区用于存储读取的数据。

let readLen = fileIo.readSync(file.fd, buffer);：从文件中读取数据到缓冲区。

console.info(‘readSync data to file succeed and buffer size is:’ + readLen);

fileIo.closeSync(file);：关闭文件描述符，从打开的文件中读取数据并存入缓冲区，读取完成后关闭文件。

const context = getContext(this);：获取当前上下文

let phAccessHelper = photoAccessHelper.getPhotoAccessHelper(context);：获取媒体库访问工具实例

getContext：获取当前能力的上下文环境。

phAccessHelper：用于查询媒体文件或请求资源数据。

MediaDataHandler：定义一个回调接口，用于处理获取到的图片或视频数据。

查询指定URI的媒体文件，代码如下。

```
async function example() {
  let predicates: dataSharePredicates.DataSharePredicates = new
dataSharePredicates.DataSharePredicates(); // 构造查询条件实例
  let uri = 'file://media/Photo/1/IMG_datetime_0001/displayName.jpg';
// 需要查询的媒体文件 URI
  predicates.equalTo(photoAccessHelper.PhotoKeys.URI,
uri.toString()); // 添加查询条件
  let fetchOptions: photoAccessHelper.FetchOptions = {
     fetchColumns: [photoAccessHelper.PhotoKeys.TITLE], // 查询的列（如文件
标题）
    predicates: predicates // 绑定查询条件
  };
```

创建查询条件，目标是查找指定 URI 的文件。

执行查询并获取资源数据

```
  try {
    let fetchResult:
photoAccessHelper.FetchResult<photoAccessHelper.PhotoAsset> = await
phAccessHelper.getAssets(fetchOptions); // 执行查询
    let photoAsset: photoAccessHelper.PhotoAsset = await
fetchResult.getFirstObject(); // 获取查询到的第一个对象
    console.info('getAssets photoAsset.uri : ' + photoAsset.uri);
    console.info('title : ' +
photoAsset.get(photoAccessHelper.PhotoKeys.TITLE)); // 打印文件标题
    let requestOptions: photoAccessHelper.RequestOptions = {
      deliveryMode: photoAccessHelper.DeliveryMode.HIGH_QUALITY_MODE,
// 设置请求资源为高质量模式
    };
    await
photoAccessHelper.MediaAssetManager.requestImageData(context,
photoAsset, requestOptions, new MediaDataHandler()); // 请求图像数据
    console.info('requestImageData successfully');
    fetchResult.close(); // 关闭查询结果
  } catch (err) {
    console.error('getAssets failed with err: ' + err);
  }
}
```

通过查询结果获取媒体文件的元数据（如标题）。请求图片数据时，使用高质量模式，并通过 MediaDataHandler 回调进行数据处理。

还可以直接使用 PhotoPicker，代码如下。

```
import {
  PhotoPickerComponent,
  PickerController,
  PickerOptions,
  DataType,
  BaseItemInfo,
  ItemInfo,
  PhotoBrowserInfo,
  ItemType,
  ClickType,
  MaxCountType,
  PhotoBrowserRange,
  PhotoBrowserUIElement,
  ReminderMode,
  ItemsDeletedCallback,
  ExceedMaxSelectedCallback,
```

```
  CurrentAlbumDeletedCallback
} from '@ohos.file.PhotoPickerComponent';
import photoAccessHelper from '@ohos.file.photoAccessHelper';

@Entry
@Component
struct PhotoPickerDemo {
  // 配置照片选择器的选项
  photoPickerOptions: PickerOptions = new PickerOptions();

  // 照片选择器控制器
  @State photoPickerController: PickerController = new PickerController();

  // 用户已选中的图片 URI 数组
  @State selectedPhotoUris: Array<string> = new Array<string>();

  // 当前显示的图片 URI
  @State currentPhotoUri: string = '';

  // 是否正在显示大图
  @State isPhotoViewerVisible: boolean = false;

  aboutToAppear() {
    // 设置照片选择器显示图片和视频
    this.photoPickerOptions.MIMEType =
photoAccessHelper.PhotoViewMIMETypes.IMAGE_VIDEO_TYPE;
    // 最大选择数量
    this.photoPickerOptions.maxSelectNumber = 5;
    // 超出选择数量时提示模式
    this.photoPickerOptions.maxSelectedReminderMode =
ReminderMode.TOAST;
    // 显示搜索框
    this.photoPickerOptions.isSearchSupported = true;
    // 启用拍照功能
    this.photoPickerOptions.isPhotoTakingSupported = true;
  }

  // 图片或视频被点击的回调
  private handleItemClick(item: ItemInfo, clickAction: ClickType):
boolean {
    if (!item) return false;

    const itemType = item.itemType;
```

```
      const itemUri = item.uri;
      if (itemType === ItemType.CAMERA) {
        return true; // 返回 true 以调用系统相机
      } else if (clickAction === ClickType.SELECTED) {
        if (itemUri) {
          this.selectedPhotoUris.push(itemUri);
          this.photoPickerOptions.preselectedUris =
  [...this.selectedPhotoUris];
        }
        return true; // 勾选图片
      } else {
        if (itemUri) {
            this.selectedPhotoUris = this.selectedPhotoUris.filter(uri => uri
!== itemUri);
          this.photoPickerOptions.preselectedUris =
  [...this.selectedPhotoUris];
        }
        return true; // 取消勾选图片
      }
    }

    // 进入大图查看的回调
    private handleEnterPhotoViewer(photoInfo: PhotoBrowserInfo):
  boolean {
      this.isPhotoViewerVisible = true;
      return true;
    }

    // 退出大图查看的回调
    private handleExitPhotoViewer(photoInfo: PhotoBrowserInfo): boolean
  {
      this.isPhotoViewerVisible = false;
      return true;
    }

    // 照片选择器控制器初始化完成的回调
    private handlePickerControllerReady(): void {}

    // 大图查看时图片切换的回调
    private handlePhotoViewerChange(itemInfo: BaseItemInfo): boolean {
      this.currentPhotoUri = itemInfo.uri ?? '';
      return true;
    }
```

```
  // 勾选的图片被删除的回调
  private handleSelectedPhotosDeleted(deletedItems:
Array<BaseItemInfo>): void {}

  // 超出最大选择数量时的回调
  private handleExceedMaxSelection(limitType: MaxCountType): void {}

  // 当前相册被删除时的回调
  private handleAlbumDeleted(): void {}

  build() {
    Flex({
      direction: FlexDirection.Column,
      alignItems: ItemAlign.Start
    }) {
      PhotoPickerComponent({
        pickerOptions: this.photoPickerOptions,
        onItemClicked: (item, action) => this.handleItemClick(item,
action),
        onEnterPhotoBrowser: photoInfo =>
this.handleEnterPhotoViewer(photoInfo),
        onExitPhotoBrowser: photoInfo =>
this.handleExitPhotoViewer(photoInfo),
        onPickerControllerReady: () =>
this.handlePickerControllerReady(),
        onPhotoBrowserChanged: itemInfo =>
this.handlePhotoViewerChange(itemInfo),
        onSelectedItemsDeleted: deletedItems =>
this.handleSelectedPhotosDeleted(deletedItems),
        onExceedMaxSelected: limitType =>
this.handleExceedMaxSelection(limitType),
        onCurrentAlbumDeleted: () => this.handleAlbumDeleted(),
        pickerController: this.photoPickerController,
      });

      if (this.isPhotoViewerVisible) {
        Row() {
          ForEach(this.selectedPhotoUris, uri => {
            if (uri === this.currentPhotoUri) {
              Image(uri).height(50).width(50)
                .borderWidth(1)
                .borderColor('red');
```

```
              } else {
                Image(uri).height(50).width(50).onClick(() => {
    this.photoPickerController.setData(DataType.SET_SELECTED_URIS,
    this.selectedPhotoUris);
                  this.photoPickerController.setPhotoBrowserItem(uri,
    PhotoBrowserRange.ALL);
                });
              }
            }, uri => JSON.stringify(uri));
          }.alignSelf(ItemAlign.Center).margin(this.selectedPhotoUris.length
? 10 : 0);
        } else {
          Button('预览
    ').width('33%').alignSelf(ItemAlign.Start).height('5%').margin(10).onClick(()
=> {
            if (this.selectedPhotoUris.length > 0) {

    this.photoPickerController.setPhotoBrowserItem(this.selectedPhotoUris[0],
PhotoBrowserRange.SELECTED_ONLY);
            }
          });
        }
      }
    }
  }
```

代码解释如下。

@Entry: 标识该组件是应用入口。

@Component: 表示这是一个 UI 组件。

PhotoPickerDemo: 组件名称。

photoPickerOptions: 配置照片选择器的选项（如最大选择数量）。

@State: 声明为响应式状态变量，UI 会根据状态变化自动更新。

photoPickerController: 照片选择器控制器，用于控制组件行为。

selectedPhotoUris: 已选择的图片 URI 数组。

currentPhotoUri: 当前显示的大图 URI。

isPhotoViewerVisible: 是否正在显示大图查看界面。

aboutToAppear(): 组件即将加载时的回调。

MIMEType: 显示图片和视频。

maxSelectNumber: 最大选择 5 个文件。

maxSelectedReminderMode: 超过选择数量时弹出提示（以 Toast 形式）。

isSearchSupported: 启用搜索框。

isPhotoTakingSupported: 启用拍照功能。

item: 被点击的图片或视频的信息。

clickAction: 点击的类型（选择或取消选择）。

itemType === ItemType.CAMERA: 如果点击的是相机，返回 true 以启动系统相机。

clickAction === ClickType.SELECTED: 勾选图片时，将图片 URI 加入 selectedPhotoUris。取消勾选，将图片 URI 从 selectedPhotoUris 中移除。

进入大图查看的回调，代码如下。

```
private handleEnterPhotoViewer(photoInfo: PhotoBrowserInfo): boolean
{
  this.isPhotoViewerVisible = true;
  return true;
}
```

功能：用户点击图片查看大图时触发。

操作：将 isPhotoViewerVisible 设为 true 以切换到大图查看模式。

退出大图查看的回调，代码如下。

```
private handleExitPhotoViewer(photoInfo: PhotoBrowserInfo): boolean
{
  this.isPhotoViewerVisible = false;
  return true;
}
```

功能：用户退出大图查看时触发。

操作：将 isPhotoViewerVisible 设为 false。

照片选择器控制器完成初始化，代码如下。

```
private handlePickerControllerReady(): void {}
```

功能：照片选择器控制器准备完成时触发。

占位方法：可在此添加逻辑，目前为空实现。

大图图片切换，代码如下。

```
private handlePhotoViewerChange(itemInfo: BaseItemInfo): boolean {
  this.currentPhotoUri = itemInfo.uri ?? '';
  return true;
}
```

功能：用户在大图模式左右滑动切换图片时触发。

操作：更新 currentPhotoUri 为当前显示的图片 URI。

5.3　网络能力

小牛

小马，我最近听说了 ArkWeb 组件，好像能让应用嵌入 Web 页面，你知道它的具体用途吗?

当然知道啦！ ArkWeb 提供了显示 Web 页面内容的能力，用途还挺多的呢。比如集成 Web 页面，

你可以用 ArkWeb 把网页直接嵌到应用里，像资讯类应用就可以这样加载文章页面。好处是开发成本低，效率高，适合快速上线。浏览器类应用也可以用它来加载三方网页，还支持无痕模式和广告拦截，很方便。小程序平台能用它渲染小程序页面，就像运行小型 Web 应用一样。

小马

小牛

听起来很实用啊！它是不是还有一些特别的功能？

没错！ ArkWeb 提供了很丰富的能力，比如以下几个方面。

页面加载：它支持声明式加载和离屏加载，速度和效率都有保障。

生命周期管理：页面状态变了，ArkWeb 能及时通知应用，方便做响应处理。

交互能力：你可以自定义文本选择菜单、上传界面，还能通过 JavaScript-Proxy 和 Web 页面直接交互。

安全与隐私：像无痕浏览模式、广告拦截、坚盾守护模式，隐私保护很到位。

维测工具：自带 DevTools 调试工具，还能收集崩溃信息，这对开发者特别友好！

高阶能力：它还能支持原生组件同层渲染、网页托管，甚至接入密码保险箱。

小马

ArkWeb 是一种多进程 Web 内核模型，通过细化进程角色，将 Web 组件运行中的任务分散至不同的专属进程，提升性能、安全性和稳定性。以下是对模型中各进程功能及特点的详细说明。

ArkWeb 的进程模型包括以下五种进程：应用进程、Foundation 进程、Web 孵化进程、Web 渲染进程、Web GPU 进程。

它们各司其职，共同完成 Web 的加载、渲染及交互功能。

① 应用进程详细分析如下。

特点：应用唯一。

作用：提供 Web 组件的北向接口和回调处理。处理涉及其他系统服务的功能，例如：

网络线程负责网络请求；Video 线程处理视频播放相关任务；Audio 线程负责音频解码和播放；IO 线程执行输入输出操作。

应用场景：作为主进程，与 Foundation 进程通信。对用户输入和应用逻辑进行处理。

② Foundation 进程详细分析如下。

特点：系统唯一。

作用：接收应用进程的孵化进程请求。管理应用进程与 Web 渲染进程的绑定关系。

核心任务：确保多应用之间的资源分配及沙箱隔离，提升系统稳定性。

③ Web 孵化进程

特点：系统唯一。

作用：根据 Foundation 进程的请求，孵化新的 Web 渲染进程和 Web GPU 进程。执行以下任务：安全沙箱降权，动态库的预加载，提升性能并确保 Web 渲染进程的安全性。

④ Web 渲染进程详细分析如下。

特点：多实例共享或独立进程可选。

作用：执行 HTML 解析、排版、绘制、渲染 等任务。运行 ArkWeb 执行引擎，支持 JavaScript 和 Web Assembly。

自定义策略：

移动设备默认采用共享渲染进程，节省内存；2in1 设备默认采用独立渲染进程，增强安全性和稳定性。

⑤ Web GPU 进程

特点：应用唯一。

作用：负责光栅化、合成与显卡服务交互。与 GPU 和 RenderService 协同工作。

核心优势：减少 GPU 密集任务对应用进程稳定性的影响。提供安全隔离。

示例代码如下。

```
import { webview } from '@kit.ArkWeb';
import { BusinessError } from '@kit.BasicServicesKit';

@Entry
@Component
struct WebComponent {
  controller: webview.WebviewController = new
webview.WebviewController();
  sharedToken: string = "sharedToken123";

  build() {
    Column() {
      // 按钮：获取渲染进程模式
      Button('Get Render Process Mode')
        .onClick(() => {
          let mode =
webview.WebviewController.getRenderProcessMode();
          console.log("Render Process Mode: " + mode);
        });

      // 按钮：设置渲染进程模式
      Button('Set Render Process Mode')
        .onClick(() => {
          try {

webview.WebviewController.setRenderProcessMode(webview.RenderProcessMode.
MULTIPLE);
            console.log("Render process mode set to MULTIPLE.");
```

```
        } catch (error) {
          console.error('Error Code: ${(error as
BusinessError).code}, Message: ${(error as BusinessError).message}');
        }
      });

      // 按钮：终止渲染进程
      Button('Terminate Render Process')
        .onClick(() => {
          let result = this.controller.terminateRenderProcess();
          console.log("Terminate Render Process result: " + result);
        });

      // Web 组件：监听渲染进程退出
      Web({ src: 'chrome://crash/', controller: this.controller })
        .onRenderExited((event) => {
          if (event) {
            console.log('Render Exited, Reason: ' +
event.renderExitReason);
          }
        });

      // Web 组件：监听渲染进程无响应
      Web({ src: 'www.example.com', controller: this.controller })
        .onRenderProcessNotResponding((data) => {
          console.log("Render Process Not Responding: [jsStack]= " +
data.jsStack +
            ", [process]=" + data.pid + ", [reason]=" + data.reason);
        });

      // Web 组件：监听渲染进程恢复响应
      Web({ src: 'www.example.com', controller: this.controller })
        .onRenderProcessResponding(() => {
          console.log("Render Process Responding again.");
        });

      // Web 组件：共享渲染进程
      Web({ src: 'www.example.com', controller: this.controller,
sharedRenderProcessToken: this.sharedToken });
      Web({ src: 'www.w3.org', controller: this.controller,
sharedRenderProcessToken: this.sharedToken });
    }
  }
```

```
}
```

代码解释如下。

webview：提供 Web 组件和相关控制器功能（如渲染进程模式、终止进程、事件监听等）。

BusinessError：用于捕获 webview 中的业务异常，提供错误代码和消息的详细信息。

controller：WebviewController 实例，提供对 Web 组件的全面控制，如终止渲染进程。

sharedToken：用于标识共享渲染进程的标记，多个 Web 组件共享该 token 时，会尝试共用同一个渲染进程。

功能块详解如下，首先是按钮功能块，获取渲染进程模式代码如下。

```
Button('Get Render Process Mode')
  .onClick(() => {
    let mode = webview.WebviewController.getRenderProcessMode();
    console.log("Render Process Mode: " + mode);
  });
```

调用 getRenderProcessMode 获取当前渲染进程模式（如单一模式或多进程模式）。输出模式值到日志，便于调试。

设置渲染进程模式代码如下。

```
Button('Set Render Process Mode')
  .onClick(() => {
    try {
      webview.WebviewController.setRenderProcessM-
ode(webview.RenderProcessMode.MULTIPLE);
      console.log("Render process mode set to MULTIPLE.");
    } catch (error) {
      console.error('Error Code: ${(error as BusinessError).code},
Message: ${(error as BusinessError).message}');
    }
  });
```

设置渲染模式为多进程模式（MULTIPLE），更适合复杂或资源占用高的场景。

使用 try-catch 捕获可能出现的错误，如模式设置失败。如果出现异常，输出错误代码和描述信息。

终止渲染进程代码如下。

```
Button('Terminate Render Process')
  .onClick(() => {
    let result = this.controller.terminateRenderProcess();
    console.log("Terminate Render Process result: " + result);
  });
```

调用 terminateRenderProcess 主动销毁与当前控制器相关联的渲染进程。若渲染进程不存在或已销毁，则返回特定结果值。输出执行结果，便于调试。

Web 组件的事件监听详细解释如下，其中监听渲染进程退出代码如下。

```
Web({ src: 'chrome://crash/', controller: this.controller })
  .onRenderExited((event) => {
```

```
    if (event) {
      console.log('Render Exited, Reason: ' +
event.renderExitReason);
    }
  });
```

场景：加载 chrome://crash/ 页面，模拟触发渲染进程退出。

监听器：onRenderExited 捕获退出事件，包括内存不足（OOM）、渲染进程崩溃（Crash）、正常退出。

日志：记录退出原因，便于诊断问题。

监听渲染进程无响应代码如下。

```
Web({ src: 'www.example.com', controller: this.controller })
  .onRenderProcessNotResponding((data) => {
    console.log("Render Process Not Responding: [jsStack]= " +
data.jsStack +
      ", [process]=" + data.pid + ", [reason]=" + data.reason);
  });
```

场景：检测 Web 组件的渲染进程无响应，如页面加载超时、复杂脚本运行导致进程卡死。

日志信息如下。

jsStack：无响应时的脚本堆栈。

pid：渲染进程的进程 ID。

reason：导致无响应的具体原因。

监听渲染进程恢复响应代码如下。

```
Web({ src: 'www.example.com', controller: this.controller })
  .onRenderProcessResponding(() => {
    console.log("Render Process Responding again.");
  });
```

场景：在渲染进程恢复响应后触发此回调。

日志：输出恢复状态，确认渲染进程正常运行。

共享渲染进程代码如下。

```
Web({ src: 'www.example.com', controller: this.controller,
sharedRenderProcessToken: this.sharedToken });
Web({ src: 'www.w3.org', controller: this.controller,
sharedRenderProcessToken: this.sharedToken });
```

功能：设置 sharedRenderProcessToken，使两个 Web 组件尝试共用一个渲染进程。

有效减少资源占用，适合同时加载多个轻量级页面。

机制：初始阶段创建的渲染进程与 token 绑定。如果该 token 的渲染进程销毁，后续组件会重新分配进程。

5.4　鸿蒙中支持的网络

小牛：小马，我发现鸿蒙系统里支持的网络通信方式还挺多的，像 HTTP、WebSocket 和 Socket，这三种方式有什么区别呢？

小马：这几种方式确实有各自的特点和用例场景。我们一个个来看看吧！首先是 HTTP，它是一种应用层协议，主要用于客户端和服务器之间的数据请求。比如浏览网页或者请求 RESTful API，就是通过 HTTP 实现的。

小牛：对，我记得 HTTP 请求常见的有 GET 和 POST 请求。那是不是 HTTP 只能是客户端发起请求，服务器响应呢？

小马：对的，HTTP 是基于请求 - 响应模式的，所以只能由客户端发起请求，服务器再响应。但这就意味着，如果要进行双向的实时通信，HTTP 并不是最佳选择。

小牛：那这种情况下是不是就该用 WebSocket 了？

小马：没错！WebSocket 是一种全双工通信协议，一旦连接建立，客户端和服务器就可以随时互相发送数据，而不需要像 HTTP 那样反复建立连接。这种方式特别适合实时应用，比如在线聊天、实时通知或者在线游戏，能够大大降低延迟，提高通信效率。

小牛：看来 WebSocket 对于需要频繁通信的场景更合适。不过还有一种 Socket 通信方式，它和 WebSocket 又有什么不同呢？

小马：Socket 是一种底层的通信机制，可以用于创建基于 TCP 或 UDP 的网络连接。它相比 WebSocket 提供了更大的灵活性，允许开发者控制通信的细节，比如数据的接收顺序、重传等。TCP 是一种可靠的连接方式，确保数据不会丢失，而 UDP 则是不可靠的，但效率更高，可以用于一些对实时性要求高但容错性较强的场景，比如视频流。

哦，我明白了。Socket 更适合需要自定义协议的情况，或者需要直接操作底层通信的应用。比如即时通信软件、游戏或者文件传输。

对的，鸿蒙系统的这三种网络通信方式，各有优缺点，适合不同的场景。开发者可以根据需求选择最合适的方案。

5.4.1 HTTP

HTTP（超文本传输协议）是互联网通信的基础协议，用于在客户端（如浏览器）和服务器之间传输数据。以下是 HTTP 开发的一些基本概念和关键要点。

（1）HTTP 请求与响应

请求：客户端发送给服务器的消息，通常包含以下部分。

请求方法：如 GET、POST、PUT、DELETE 等，表示对资源的操作。

URL：请求的资源地址。

头部信息：包含关于请求的信息，如内容类型、身份验证信息等。

请求体：通常用于 POST 和 PUT 请求，包含发送给服务器的数据。

响应：服务器返回给客户端的消息，通常包含以下部分。

状态码：表示请求的处理结果，如 200（成功）、404（未找到）、500（服务器错误）等。

头部信息：提供关于响应的信息，如内容类型、内容长度等。

响应体：包含实际的数据内容，如 HTML、JSON、图像等。

（2）HTTP 状态码

2xx：成功（如 200 OK）。

3xx：重定向（如 301 Moved Permanently）。

4xx：客户端错误（如 404 Not Found）。

5xx：服务器错误（如 500 Internal Server Error）。

（3）RESTful API

REST（表述性状态转移）是一种基于 HTTP 的架构风格，广泛用于构建 Web API。采用 HTTP 方法（GET、POST、PUT、DELETE）来进行对资源的操作。资源通过 URL 进行标识，通常以 JSON 或 XML 格式返回数据。

（4）HTTP/HTTPS

HTTP 是明文传输，不安全，容易受到中间人攻击。

HTTPS 是 HTTP 的安全版本，通过 SSL/TLS 加密传输数据，确保数据安全和完整性。

（5）常见开发流程

定义 API 接口：确定请求方法、URL 路径和参数。

实现服务器端逻辑：处理请求、执行操作、生成响应。

客户端集成：使用 HTTP 请求库与服务器进行交互。

测试与调试：使用 Postman 等工具进行 API 测试，确保功能正常。

在鸿蒙开发中，HTTP 开发示例代码如下。

```
// 引入包名
import { http } from '@kit.NetworkKit';
import { BusinessError } from '@kit.BasicServicesKit';

// 创建 HTTP 请求对象
let requestTask = http.createHttp();

// 订阅 HTTP 响应头事件
requestTask.on('headersReceive', (responseHeader) => {
  console.info('Response Header: ' + JSON.stringify(responseHeader));
});

requestTask.request(
  // 替换为实际的 HTTP 请求 URL
  "YOUR_API_URL",
  {
    method: http.RequestMethod.POST, // 请求方法
    // 设置请求头
    header: {
      'Content-Type': 'application/json'
    },
    // 请求体内容
    extraData: JSON.stringify({ key: "value" }),
    expectDataType: http.HttpDataType.STRING, // 返回数据类型
    usingCache: true, // 是否使用缓存
    priority: 1, // 请求优先级
    connectTimeout: 60000, // 连接超时
    readTimeout: 60000, // 读取超时
    usingProtocol: http.HttpProtocol.HTTP1_1, // 使用的协议类型
    usingProxy: false, // 是否使用代理
    caPath: '/path/to/cacert.pem', // CA 证书路径
    clientCert: {
      certPath: '/path/to/client.pem',
      keyPath: '/path/to/client.key',
      certType: http.CertType.PEM,
      keyPassword: "yourKeyPassword"
    },
    multiFormDataList: [ // 用于 multipart/form-data 类型的请求
      {
        name: "Data1",
        contentType: 'text/plain',
        data: 'Example Data 1',
        remoteFileName: 'example1.txt'
```

```
        },
        {
          name: "Data2",
          contentType: 'text/plain',
          filePath: '${getContext(this).filesDir}/fileName.txt',
          remoteFileName: 'fileName.txt'
        }
      ]
    },
    (error: BusinessError, response: http.HttpResponse) => {
      if (!error) {
        // 处理成功响应
        console.info('Response Data: ' +
JSON.stringify(response.result));
        console.info('Response Code: ' + response.responseCode);
        console.info('Response Header: ' +
JSON.stringify(response.header));
        console.info('Cookies: ' + JSON.stringify(response.cookies));
        requestTask.destroy(); // 销毁请求对象
      } else {
        // 处理错误响应
        console.error('Error: ' + JSON.stringify(error));
        requestTask.off('headersReceive'); // 取消订阅事件
        requestTask.destroy(); // 销毁请求对象
      }
    }
);
```

代码解释如下。

http：从 @kit.NetworkKit 模块中引入，用于执行网络请求。

BusinessError：从 @kit.BasicServicesKit 模块中引入，用于处理业务逻辑中的错误信息。

createHttp()：创建一个新的 HTTP 请求实例，每次请求都需要创建新的实例。

on('headersReceive', ...)：在接收到 HTTP 响应头时触发此回调。

responseHeader：参数，表示服务器返回的 HTTP 响应头。

console.info(...)：打印响应头的内容，方便调试。

"YOUR_API_URL"：目标请求的 URL。可以替换为实际的 API 地址。

method：指定 HTTP 请求的方法，支持 GET、POST 等。

header：设置请求头，例如指定数据类型为 JSON。

extraData：请求体内容，这里为一个 JSON 对象的字符串。

expectDataType：指定服务器响应数据的期望类型，例如 STRING 或 JSON。

usingCache：是否启用缓存，默认启用。

priority：请求优先级，数值越大优先级越高。

connectTimeout：连接超时时间，单位为毫秒。

readTimeout：读取数据的超时时间，单位为毫秒。

usingProtocol：指定使用的网络协议，例如 HTTP1_1。

usingProxy：是否启用代理，默认不启用。

caPath：指定 CA 证书路径，验证服务器的 SSL 证书。

clientCert：指定客户端证书，用于双向 SSL 验证。

certPath：证书文件路径。

keyPath：密钥文件路径。

certType：证书格式。

keyPassword：密钥文件的密码。

multiFormDataList：用于 multipart/form-data 格式的请求，支持传输多段数据。每个数据段包含 name（字段名）、contentType（数据类型）、data（数据内容）或 filePath（文件路径）、remoteFileName（远程文件名）。

error：表示请求过程中发生的错误。

response：成功返回时的响应数据。

成功处理代码如下。

```
      console.info('Response Data: ' +
JSON.stringify(response.result));
      console.info('Response Code: ' + response.responseCode);
      console.info('Response Header: ' +
JSON.stringify(response.header));
      console.info('Cookies: ' + JSON.stringify(response.cookies));
      requestTask.destroy(); // 销毁请求对象
```

打印响应数据和相关信息。调用 destroy() 方法释放请求资源。

错误处理代码如下。

```
    } else {
      console.error('Error: ' + JSON.stringify(error));
      requestTask.off('headersReceive'); // 取消订阅事件
      requestTask.destroy(); // 销毁请求对象
    }
  }
);
```

如果请求失败，打印错误信息。

调用 off('headersReceive') 取消事件订阅。调用 destroy() 方法释放请求资源。

5.4.2 WebSocket

WebSocket 是一种网络协议，提供了在客户端和服务器之间建立全双工通信的能力。与传统的 HTTP 协议不同，WebSocket 允许在同一连接上进行双向数据传输，使得实时应用的开发更加高效和流畅。主要特点如下。

全双工通信：WebSocket 允许客户端和服务器之间同时发送和接收数据，这使得数据交换更加灵活。

低延迟：一旦建立连接，WebSocket 可以快速发送数据，而无需每次都重新建立连接，从而减少延迟。

持久连接：WebSocket 连接可以保持开放状态，直到客户端或服务器主动关闭，减少了频繁的连接和断开造成的开销。

数据格式：WebSocket 支持文本和二进制数据格式，使得开发者可以根据需求选择合适的数据传输方式。

使用场景如下。

实时聊天应用：WebSocket 非常适合构建即时通信应用，如聊天工具和社交媒体平台。

在线游戏：在多人在线游戏中，实时数据交换对游戏体验至关重要。

金融应用：用于股票报价、实时数据分析和市场监控等需要实时更新的金融服务。

协作工具：支持多用户实时协作的应用，如文档编辑和在线白板。

引入 WebSocket 模块方法如下。

```
import webSocket from '@ohos.net.webSocket';
```

创建 WebSocket 对象方法如下。

```
let ws = webSocket.createWebSocket();
```

WebSocket 提供了一些事件，可以通过 on 方法订阅。这些事件包括以下几个方面。

open：连接成功时触发，用于确认连接的建立并执行后续的通信操作。

message：当接收到来自服务器的消息时触发，用于处理服务器发送的数据。

close：当连接关闭时触发，用于处理连接的断开。

error：当出现连接错误时触发，用于处理错误信息。

代码示例如下。

```
import { webSocket } from '@kit.NetworkKit';
import { BusinessError } from '@kit.BasicServicesKit';

let defaultIpAddress = "ws://";
let ws = webSocket.createWebSocket();
ws.on('open', (err: BusinessError, value: Object) => {
  console.log("on open, status:" + JSON.stringify(value));
  // 当收到 on('open') 事件时，可以通过 send() 方法与服务器进行通信
  ws.send("Hello, server!", (err: BusinessError, value: boolean) => {
    if (!err) {
      console.log("Message sent successfully");
    } else {
      console.log("Failed to send the message. Err:" +
JSON.stringify(err));
    }
  });
});
ws.on('message', (err: BusinessError, value: string | ArrayBuffer) =>
{

  console.log("on message, message:" + value);

   // 当收到服务器的 'bye' 消息时（此消息字段仅为示意，具体字段需要与服务器协商），主动断开
```

连接

```
      if (value === 'bye') {
        ws.close((err: BusinessError, value: boolean) => {
          if (!err) {
            console.log("Connection closed successfully");
          } else {
            console.log("Failed to close the connection. Err: " +
    JSON.stringify(err));
          }
        });
      }
    });
    ws.on('close', (err: BusinessError, value: webSocket.CloseResult) =>
    {
      console.log("on close, code is " + value.code + ", reason is " +
    value.reason);
    });
    ws.on('error', (err: BusinessError) => {
      console.log("on error, error:" + JSON.stringify(err));
    });
    ws.connect(defaultIpAddress, (err: BusinessError, value: boolean) => {
      if (!err) {
        console.log("Connected successfully");
      } else {
        console.log("Connection failed. Err:" + JSON.stringify(err));
      }
    });
```

代码解释如下。

webSocket：提供 WebSocket 通信功能的模块。

BusinessError：用于捕获业务错误的模块，统一管理错误信息。

serverUrl：定义 WebSocket 服务器的 URL，这里是一个占位符地址 example.com。

socketConnection：创建 WebSocket 对象实例，用于与服务器通信。

on('open')：监听 WebSocket 连接成功的事件。

error：表示连接过程中可能发生的错误。如果为 null，表示没有错误。

connectionInfo：包含连接的一些信息，比如服务器返回的握手数据。当连接成功时，会打印连接信息。

send()：向 WebSocket 服务器发送消息。

sendError：消息发送过程中可能出现的错误。如果为 null，表示没有错误。

isSuccess：布尔值，表示消息是否成功发送。如果发送成功，打印 Message sent successfully，否则打印错误信息。

on('message')：监听从服务器收到消息的事件。

messageError：消息接收过程中可能出现的错误。如果为 null，表示没有错误。

if (messageData === 'bye')：检查消息内容是否为 bye。

close()：主动断开 WebSocket 连接。

closeError：断开连接时可能出现的错误。如果为 null，表示没有错误。

isClosed：布尔值，表示连接是否成功断开。如果成功断开连接，打印 Connection closed successfully，否则打印错误信息。

on('close')：监听 WebSocket 连接关闭的事件。

closeError：关闭过程中可能发生的错误。如果为 null，表示没有错误。

closeResult：包含关闭时的状态信息，包括：

code：关闭代码，表明关闭的原因。

reason：关闭的详细原因（字符串）。

on('error')：监听 WebSocket 连接中的错误事件。

socketError：描述错误的详细信息。当发生错误时，打印错误信息。

serverUrl：WebSocket 服务器的 URL。

connectError：连接过程中可能发生的错误。如果为 null，表示没有错误。

isConnected：布尔值，表示连接是否成功。如果连接成功，打印 Connected to WebSocket server successfully，否则打印错误信息。

5.4.3 Socket

Socket 连接是计算机网络编程中的一种重要技术，它允许不同主机之间进行数据传输。下面是对 Socket 连接开发的简介，包括其基本概念、工作原理以及常用的开发技术。

（1）基本概念

Socket 是一种网络编程的抽象，代表了网络中一个端点的通信接口。每个 Socket 由 IP 地址和端口号组成，用于唯一标识网络中的连接。

协议：常见的 Socket 连接协议有 TCP（传输控制协议）和 UDP（用户数据报协议）。

TCP：面向连接的协议，提供可靠的、顺序的、无差错的数据传输。适用于对数据完整性要求高的应用，如 HTTP、FTP 等。

UDP：无连接的协议，传输速度快，但不保证数据的可靠性和顺序。适用于实时性要求高但对完整性要求不高的应用，如视频直播、在线游戏等。

（2）工作原理

Socket 连接的基本工作流程如下。

服务器端：创建一个 Socket；绑定（bind）Socket 到特定的 IP 地址和端口号；监听（listen）连接请求；接收（accept）客户端连接，生成一个新的 Socket 用于与该客户端进行通信。

客户端：创建一个 Socket，连接（connect）到服务器的 IP 地址和端口号，通过 Socket 发送和接收数据。

示例代码如下。

```
import { socket } from '@kit.NetworkKit';
import { BusinessError } from '@kit.BasicServicesKit';

class ReceivedData {
```

```
  message: ArrayBuffer = new ArrayBuffer(1);
  remoteDetails: socket.SocketRemoteInfo = {} as
socket.SocketRemoteInfo;
}

// 创建一个 TCPSocket 连接实例
let tcpSocket: socket.TCPSocket =
socket.constructTCPSocketInstance();

tcpSocket.on('message', (receivedData: ReceivedData) => {
  console.log("Message received");
  let buffer = receivedData.message;
  let dataView = new DataView(buffer);
  let messageString = "";
  for (let i = 0; i < dataView.byteLength; ++i) {
    messageString += String.fromCharCode(dataView.getUint8(i));
  }
  console.log("Received content: " + messageString);
});
tcpSocket.on('connect', () => {
  console.log("Connection established");
});

tcpSocket.on('close', () => {
  console.log("Connection closed");
});

// 配置本地地址和端口
let localAddress: socket.NetAddress = {} as socket.NetAddress;
localAddress.address = "192.168.0.1"; // 替换为实际本地 IP 地址
localAddress.port = 1234; // 替换为实际本地端口号

tcpSocket.bind(localAddress, (bindError: BusinessError) => {
  if (bindError) {
    console.log('Failed to bind to the local address');
    return;
  }
  console.log('Successfully bound to the local address');

  // 配置远程服务器地址和端口
  let serverAddress: socket.NetAddress = {} as socket.NetAddress;
  serverAddress.address = "192.168.0.100"; // 替换为实际远程服务器 IP 地址
  serverAddress.port = 5678; // 替换为实际远程服务器端口号
```

```
    let connectOptions: socket.TCPConnectOptions = {} as
socket.TCPConnectOptions;
    connectOptions.address = serverAddress;
    connectOptions.timeout = 6000; // 连接超时设置为 6 秒

    tcpSocket.connect(connectOptions).then(() => {
      console.log('Connected to the server successfully');
      let sendOptions: socket.TCPSendOptions = {
        data: 'Hello, server!' // 替换为需要发送的实际数据
      };
      tcpSocket.send(sendOptions).then(() => {
        console.log('Message sent successfully');
      }).catch((sendError: BusinessError) => {
        console.log('Failed to send the message');
      });
    }).catch((connectError: BusinessError) => {
      console.log('Failed to connect to the server');
    });
  });

  // 设置超时，关闭连接并取消事件订阅
  setTimeout(() => {
    tcpSocket.close().then(() => {
      console.log('Connection closed successfully');
    }).catch((closeError: BusinessError) => {
      console.log('Failed to close the connection');
    });
    tcpSocket.off('message');
    tcpSocket.off('connect');
    tcpSocket.off('close');
  }, 30 * 1000); // 替换超时时间为实际需要的值
```

代码解释如下。

socket：提供网络套接字的功能，包括 TCP、UDP 等协议支持。

BusinessError：用于处理业务层面的错误信息。

message：表示接收到的数据内容，存储为二进制格式的 ArrayBuffer。

remoteDetails：包含发送数据方的网络信息，如 IP 地址和端口。

创建套接字代码如下。

```
let tcpSocket: socket.TCPSocket =
socket.constructTCPSocketInstance();
```

创建了一个 TCP 套接字对象，用于实现客户端与服务器之间的通信。

message：监听服务器发送的消息。每当有新消息到来时，会触发该事件。

数据通过 ArrayBuffer 格式传输，需要解码为字符串。

connect：监听成功建立连接的事件。

close：监听连接关闭的事件。

处理接收消息事件代码如下。

```
tcpSocket.on('message', (receivedData: ReceivedData) => {
  console.log("Message received");
  let buffer = receivedData.message;
  let dataView = new DataView(buffer);
  let messageString = "";
  for (let i = 0; i < dataView.byteLength; ++i) {
    messageString += String.fromCharCode(dataView.getUint8(i));
  }
  console.log("Received content: " + messageString);
});
```

解析消息：使用 DataView 解析二进制数据 (ArrayBuffer)，遍历 DataView 的字节，将每个字节转换为字符并拼接成字符串。

功能说明：收到服务器的消息后，将其内容以字符串形式打印到控制台。

localAddress：配置本地 IP 和端口，告诉套接字在哪个地址上监听。

bind：将套接字绑定到指定的本地地址和端口。回调函数处理绑定是否成功。

serverAddress：定义目标服务器的 IP 地址和端口号。

connectOptions：包含连接时的目标地址 (address) 和超时时间 (timeout)。

connect：尝试与服务器建立 TCP 连接。

使用 Promise 处理连接成功或失败。发送数据到服务器代码如下。

```
let sendOptions: socket.TCPSendOptions = {
  data: 'Hello, server!' // 发送的数据内容
};
tcpSocket.send(sendOptions).then(() => { ... }).catch((sendError:
BusinessError) => { ... });
```

sendOptions 包含要发送的数据（字符串或二进制）。使用 send() 方法发送数据到服务器。Promise 用于处理发送成功或失败。

设置连接关闭的逻辑代码如下。

```
setTimeout(() => {
  tcpSocket.close().then(() => { ... }).catch((closeError:
BusinessError) => { ... });
  tcpSocket.off('message');
  tcpSocket.off('connect');
  tcpSocket.off('close');
}, 30 * 1000);
```

setTimeout：30 秒后执行关闭逻辑，模拟应用程序的清理阶段。

关闭连接：调用 close() 方法关闭 TCP 连接。

使用 Promise 处理关闭是否成功。

取消事件监听：通过 off() 方法取消之前注册的事件监听，释放资源。

5.5 短距离通信服务

小牛：小马，我最近在研究如何让我们的应用能支持蓝牙、Wi-Fi 和 NFC 功能，让用户体验更好。你有什么思路吗?

小马：听起来不错！这些技术都属于 Connectivity Kit 的范畴，可以帮助终端用户在日常生活中更好地使用设备，比如连接蓝牙耳机听歌、用 Wi-Fi 上网，甚至靠 NFC 刷卡开门。咱们可以逐步实现这些功能。

小牛：蓝牙很常见，哪些模块需要了解?

小马：蓝牙有几个关键模块，列举如下。

ACCESS 模块：管理蓝牙的开关和状态检查。比如用户要用蓝牙，得先打开开关。

CONNECTION 模块：负责设备发现和连接，比如配对耳机或音箱。

BLE 模块：低功耗蓝牙，非常适合长时间运行的设备，比如智能手表。

SOCKET 模块：实现像串口一样的数据传输，比如发文件。

A2DP 模块：高级音频协议，用于高质量音频传输，比如音乐和通话。

HFP 模块：免提模式，方便车载蓝牙或耳机的通话。

HID 模块：支持键盘、鼠标、手柄这些人机设备的连接。

PAN 模块：个人区域网络，可以连接手机和打印机实现文件共享。

小牛：听起来分类很清晰，每个模块都有专用的接口吧?

小马：对，每个模块都有对应的 API，比如 @ohos.bluetooth.access。只要选择适合的模块，就能开发对应的功能。

小牛：Wi-Fi 呢？这部分听起来也很重要。

小马：

是的，Wi-Fi 常用的模式有三个。

STA 模式：设备作为客户端接入网络，比如连家里的路由器上网。

P2P 模式：点对点连接，不需要路由器，可以直接传输数据。

AP 模式：让设备充当无线热点，供其他设备接入。

小牛：

是不是都用同一个 API？

小马：

对，Wi-Fi 的核心 API 是 @ohos.wifiManager。只要按照需求配置模式，应用就可以轻松实现上网、传输文件或者热点功能。

小牛：

NFC 最近很流行，用在支付和门禁上。开发难度大吗?

小马：

NFC 主要有三个模块。

NFC 开关：管理 NFC 的开关权限，但这个只有系统应用才能控制。

NFC 标签读写：可以读取和写入 NFC 标签的信息，适合电子票或商品信息。

NFC 卡模拟：支持刷卡，比如门禁或支付功能。

小牛：

需要什么特殊权限吗?

小马：

部分功能，比如开关控制，需要 ohos.permission.MANAGE_SECURE_SETTINGS 权限，这个只有系统应用才能使用。

小牛：

听起来这些功能很强大，但系统会不会有权限限制?

小马：

是的，开发时需要注意以下几点。

用户授权：应用需要用户授权才能打开功能，比如蓝牙或 Wi-Fi 开关。

主动关闭：使用完功能后，建议主动断开连接或关闭开关，减少资源消耗。

5.5.1 蓝牙

蓝牙技术是一种无线通信技术，可以在短距离内传输数据。它是由爱立信公司于1994年提出的，使用2.4GHz的ISM频段，可以在10m左右的距离内进行通信，用于连接手机、耳机、音箱、键盘、鼠标、打印机等各种设备。特点是低功耗、低成本、简单易用。目前已经发展到了第五代，支持更高的数据传输速率和更广的覆盖范围。

蓝牙的实现原理是基于无线电技术的短距离通信协议，使用2.4GHz频段的无线电波进行通信，使用频率跳跃技术（Frequency Hopping Spread Spectrum，FHSS）来避免与其他无线设备的干扰。在通信过程中，蓝牙设备会发送和接收数据包，并且使用不同的蓝牙协议来控制通信流程和数据传输。

蓝牙模块介绍如下。

a2dp模块（高级音频分发配置文件）：A2DP是Advanced Audio Distribution Profile的缩写，即高级音频分发配置文件。它是一种蓝牙协议，允许无线传输高品质音频流，例如音乐或语音通话，同时支持双向通信，因此可以用于耳机、扬声器、汽车音响等设备。

ble模块（低功耗蓝牙）：BLE是Bluetooth Low Energy的缩写，意为“低功耗蓝牙”。它是一种能够在低功耗情况下进行通信的蓝牙技术，与传统蓝牙相比，BLE的功耗更低，适用于需要长时间运行的低功耗设备，如智能手表、健康监测设备、智能家居等。

hfp模块（免提模式）：HFP模块是指蓝牙耳机或车载蓝牙设备中的Hands-Free Profile，即“免提模式”。HFP允许用户通过蓝牙连接手机或其他蓝牙设备，实现免提通话和语音控制等功能。

hid模块（人机接口设备）：HID是Human Interface Device的缩写，即人机接口设备。在蓝牙中，HID模块是一种允许用户通过蓝牙连接键盘、鼠标、游戏手柄等人机接口设备的模块。用户可以通过HID模块将这些设备连接到蓝牙主机上，实现无线控制和输入。

pan模块（个人区域网络）：PAN（Personal Area Network）是个人区域网络的缩写，是一种无线通信技术，用于将设备连接到一个小范围的网络中。例如可以将手机、电脑、打印机等设备连接到一个PAN网络中，实现文件的共享和打印。

gatt模块（通用属性）：GATT是指蓝牙技术中的通用属性（Generic Attribute），它是一种用于在蓝牙低功耗设备之间传输数据的协议。GATT协议定义了一套通用的属性和服务框架，用于描述蓝牙设备之间的通信，同时蓝牙设备可以向其他设备提供服务，也可以从其他设备获取服务。

spp模块（串口协议）：SPP是Serial Port Profile（串口协议）的缩写，是一种蓝牙协议，用于在蓝牙设备之间建立串行通信连接。通过SPP，蓝牙设备可以像使用串口一样进行数据传输，例如传输文件、文本等。

示例代码如下。

```
import { access } from '@kit.ConnectivityKit';
import { AsyncCallback, BusinessError } from '@kit.BasicServicesKit';

// 开启蓝牙
access.enableBluetooth();
access.on('stateChange', (data) => {
  let bluetoothStatusMessage = '';
```

```
  switch (data) {
    case 0:
      bluetoothStatusMessage += 'STATE_OFF';
      break;
    case 1:
      bluetoothStatusMessage += 'STATE_TURNING_ON';
      break;
    case 2:
      bluetoothStatusMessage += 'STATE_ON';
      break;
    case 3:
      bluetoothStatusMessage += 'STATE_TURNING_OFF';
      break;
    case 4:
      bluetoothStatusMessage += 'STATE_BLE_TURNING_ON';
      break;
    case 5:
      bluetoothStatusMessage += 'STATE_BLE_ON';
      break;
    case 6:
      bluetoothStatusMessage += 'STATE_BLE_TURNING_OFF';
      break;
    default:
      bluetoothStatusMessage += 'unknown status';
      break;
  }
  if (bluetoothStatusMessage === 'STATE_ON') {
    access.off('stateChange');
  }
  console.info('bluetooth status: ' + bluetoothStatusMessage);
})

// 关闭蓝牙
access.disableBluetooth();
access.on('stateChange', (data) => {
  let bluetoothStatusMessage = '';
  switch (data) {
    case 0:
      bluetoothStatusMessage += 'STATE_OFF';
      break;
    case 1:
      bluetoothStatusMessage += 'STATE_TURNING_ON';
      break;
```

```
      case 2:
        bluetoothStatusMessage += 'STATE_ON';
        break;
      case 3:
        bluetoothStatusMessage += 'STATE_TURNING_OFF';
        break;
      case 4:
        bluetoothStatusMessage += 'STATE_BLE_TURNING_ON';
        break;
      case 5:
        bluetoothStatusMessage += 'STATE_BLE_ON';
        break;
      case 6:
        bluetoothStatusMessage += 'STATE_BLE_TURNING_OFF';
        break;
      default:
        bluetoothStatusMessage += 'unknown status';
        break;
    }
    if (bluetoothStatusMessage === 'STATE_OFF') {
      access.off('stateChange');
    }
    console.info('bluetooth status: ' + bluetoothStatusMessage);
  })
```

代码解释如下。

@kit.ConnectivityKit：提供管理设备连接（例如蓝牙）的方法和接口。

@kit.BasicServicesKit：提供其他常用的基础服务接口。

AsyncCallback 和 BusinessError 是用来处理异步回调和错误的类型定义，虽然在代码中没有直接使用。

access.enableBluetooth();：调用 enableBluetooth() 方法来开启蓝牙功能。

监听蓝牙状态变化代码如下。

```
access.on('stateChange', (data) => {
  let bluetoothStatusMessage = '';
  switch (data) {
    case 0:
      bluetoothStatusMessage += 'STATE_OFF';
      break;
    case 1:
      bluetoothStatusMessage += 'STATE_TURNING_ON';
      break;
    case 2:
      bluetoothStatusMessage += 'STATE_ON';
      break;
```

```
    case 3:
      bluetoothStatusMessage += 'STATE_TURNING_OFF';
      break;
    case 4:
      bluetoothStatusMessage += 'STATE_BLE_TURNING_ON';
      break;
    case 5:
      bluetoothStatusMessage += 'STATE_BLE_ON';
```

access.on('stateChange', (data) => {...})：监听蓝牙状态变化事件。

根据蓝牙状态（data 参数），设置相应的状态信息（如蓝牙开启、关闭或正在开启等）。蓝牙状态有不同的数值表示。

0：STATE_OFF（蓝牙关闭）

1：STATE_TURNING_ON（蓝牙正在开启）

2：STATE_ON（蓝牙已开启）

3：STATE_TURNING_OFF（蓝牙正在关闭）

4：STATE_BLE_TURNING_ON（BLE 正在开启）

5：STATE_BLE_ON（BLE 已开启）

6：STATE_BLE_TURNING_OFF（BLE 正在关闭）

默认情况下，显示为 unknown status。当蓝牙状态为 STATE_ON（蓝牙开启时），通过 access.off('stateChange') 取消监听状态变化事件，避免后续的状态变化干扰。

access.disableBluetooth();：调用 disableBluetooth() 方法来关闭蓝牙功能。

```
    case 3:
      bluetoothStatusMessage += 'STATE_TURNING_OFF';
      break;
    case 4:
      bluetoothStatusMessage += 'STATE_BLE_TURNING_ON';
      break;
    case 5:
      bluetoothStatusMessage += 'STATE_BLE_ON';
      break;
    case 6:
      bluetoothStatusMessage += 'STATE_BLE_TURNING_OFF';
      break;
    default:
      bluetoothStatusMessage += 'unknown status';
      break;
  }
  if (bluetoothStatusMessage === 'STATE_OFF') {
    access.off('stateChange');
  }
  console.info('bluetooth status: ' + bluetoothStatusMessage);
})
```

在蓝牙关闭之后，继续监听蓝牙状态的变化。同样地，根据不同的状态值设置相应的消息，并在状态为 STATE_OFF（蓝牙关闭）时取消监听。

5.5.2 NFC

NFC（Near Field Communication，近场通信）是一种短距离、高频率的无线通信技术，工作频率为 13.56MHz，通信距离一般在 10 厘米以内。通过 NFC 技术，电子设备可以与 NFC 标签通信，实现数据的读取或写入。

NFC 标签支持多种技术协议，常见的包括 NfcA（ISO 14443-3A）、NfcB（ISO 14443-3B）、NfcF（JIS 6319-4）、NfcV（ISO 15693）、IsoDep、NDEF、MifareClassic、MifareUltralight。

NFC 标签的使用场景如下。

前台读写：在前台读写模式下，用户需要先打开特定的应用程序并进入刷卡页面，设备触碰 NFC 标签后，读取的卡片数据仅会分发给当前打开的应用程序。

后台读写：在后台读写模式下，用户无需提前打开特定应用，设备发现 NFC 标签后会根据标签的技术类型分发给能够处理的应用程序。如果匹配到多个应用，系统会弹出选择框供用户选择目标应用。

注意：无论前台或后台读写，设备必须处于 亮屏和解锁状态，才能发现 NFC 标签。

NFC 标签读写的开发步骤如下。

声明权限：在 module.json5 文件中声明 NFC 相关权限及特定的 action。

引入模块：使用 import 引入 NFC 相关的 tag 模块。

检查设备支持：在代码中检测设备是否支持 NFC 功能。

前台处理：调用 tag 模块的接口，使能前台优先功能。

获取标签对象：调用不同技术类型的接口，例如 getNfcA(tagInfo) 或 getNdef(tagInfo)，获取 NFC 标签对象。

执行读写操作：使用标签对象的相关方法进行数据的读取或写入。

关闭功能：离开 NFC 页面时，调用接口关闭前台优先功能。

常用的 NFC 接口如下：

getNfcA(tagInfo)：获取 NfcA 技术类型的标签对象。

getNfcB(tagInfo)：获取 NfcB 技术类型的标签对象。

getNfcF(tagInfo)：获取 NfcF 技术类型的标签对象。

getNfcV(tagInfo)：获取 NfcV 技术类型的标签对象。

getIsoDep(tagInfo)：获取 IsoDep 技术类型的标签对象。

getNdef(tagInfo)：获取 NDEF 技术类型的标签对象。

getMifareClassic(tagInfo)：获取 MifareClassic 技术类型的标签对象。

getMifareUltralight(tagInfo)：获取 MifareUltralight 技术类型的标签对象。

示例代码如下。

```
import { tag } from '@kit.ConnectivityKit';
import { BusinessError } from '@kit.BasicServicesKit';
import { hilog } from '@kit.PerformanceAnalysisKit';
import { AbilityConstant, UIAbility, Want, bundleManager } from
```

```
'@kit.AbilityKit';

let nfcElement: bundleManager.ElementName;
let isForegroundRegistered: boolean;

async function handleTagDiscovery(error: BusinessError, tagInfo:
tag.TagInfo) {
  if (!error) {
    if (!tagInfo || !tagInfo.uid || !tagInfo.technology ||
tagInfo.technology.length === 0) {
      hilog.error(0x0000, 'NfcHandler', 'Invalid tag information.');
      return;
    }

    // Access NFC tag using IsoDep technology
    let isoDepTag: tag.IsoDepTag | null = null;
    for (let tech of tagInfo.technology) {
      if (tech === tag.ISO_DEP) {
        try {
          isoDepTag = tag.getIsoDep(tagInfo);
        } catch (err) {
          hilog.error(0x0000, 'NfcHandler', 'Failed to get
IsoDep: %{public}s', JSON.stringify(err));
          return;
        }
      }
    }

    if (!isoDepTag) {
      hilog.error(0x0000, 'NfcHandler', 'IsoDep technology not
supported.');
      return;
    }
    try {
      isoDepTag.connect();
    } catch (err) {
      hilog.error(0x0000, 'NfcHandler', 'Connection
error: %{public}s', JSON.stringify(err));
      return;
    }

    if (!isoDepTag.isConnected()) {
      hilog.error(0x0000, 'NfcHandler', 'Tag is not connected.');
```

```
        return;
      }

      // Transmit data to the tag
      const command = [0x01, 0x02, 0x03, 0x04];
      try {
        isoDepTag.transmit(command).then((response: number[]) => {
          hilog.info(0x0000, 'NfcHandler', 'Response
received: %{public}s', JSON.stringify(response));
        }).catch((err: BusinessError) => {
          hilog.error(0x0000, 'NfcHandler', 'Transmission
error: %{public}s', JSON.stringify(err));
        });
      } catch (err) {
        hilog.error(0x0000, 'NfcHandler', 'Business error during
transmission: %{public}s', JSON.stringify(err));
      }
    } else {
      hilog.error(0x0000, 'NfcHandler', 'Error in tag
discovery: %{public}s', JSON.stringify(error));
    }
}

export default class NfcAbility extends UIAbility {
  onCreate(want: Want, launchParam: AbilityConstant.LaunchParam) {
    hilog.info(0x0000, 'NfcHandler', 'Ability created.');
    if (!canIUse("SystemCapability.Communication.NFC.Core")) {
      hilog.error(0x0000, 'NfcHandler', 'NFC is not supported on this
device.');
      return;
    }

    nfcElement = {
      bundleName: want.bundleName ?? '',
      abilityName: want.abilityName ?? '',
      moduleName: want.moduleName,
    };
  }

  onForeground() {
    hilog.info(0x0000, 'NfcHandler', 'Ability moved to foreground.');
    if (nfcElement) {
      const techTypes = [tag.NFC_A, tag.NFC_B, tag.NFC_F, tag.NFC_V];
```

```
      try {
        tag.on('readerMode', nfcElement, techTypes,
handleTagDiscovery);
        isForegroundRegistered = true;
      } catch (err) {
        hilog.error(0x0000, 'NfcHandler', 'Failed to register
readerMode: %{public}s', JSON.stringify(err));
      }
    }
  }

  onBackground() {
    hilog.info(0x0000, 'NfcHandler', 'Ability moved to background.');
    if (isForegroundRegistered) {
      isForegroundRegistered = false;
      try {
        tag.off('readerMode', nfcElement);
      } catch (err) {
        hilog.error(0x0000, 'NfcHandler', 'Failed to unregister
readerMode: %{public}s', JSON.stringify(err));
      }
    }
  }
}
```

代码解释如下。

模块导入

tag：提供 NFC 标签相关的功能，如发现、连接、读写等。

hilog：用于打印日志信息，方便调试。

UIAbility：HarmonyOS 的界面能力，作为应用程序的主要逻辑单元。

Want：描述应用启动的参数。

bundleManager：处理模块名称、包名等信息。

nfcElement：记录当前应用程序的能力描述（包名、能力名、模块名），用于注册 NFC 标签的处理器。

isForegroundRegistered：标记当前是否已注册 NFC 前台优先处理模式，避免重复注册或未注销的情况。

功能实现详细说明如下。

① 标签处理函数代码如下。

```
async function handleTagDiscovery(error: BusinessError, tagInfo:
tag.TagInfo) {
    ...
}
```

功能：当发现 NFC 标签时，系统调用该回调函数处理标签信息。

逻辑解析如下。

检查输入数据有效性代码如下。

```
if (!tagInfo || !tagInfo.uid || !tagInfo.technology ||
tagInfo.technology.length === 0) {
    hilog.error(0x0000, 'NfcHandler', 'Invalid tag information.');
    return;
}
```

检查 tagInfo 是否有效，以及是否包含标签的 UID 和技术类型（如 NFC-A、ISO-DEP 等）。

获取并连接 ISO-DEP 技术代码如下。

```
let isoDepTag: tag.IsoDepTag | null = null;
for (let tech of tagInfo.technology) {
    if (tech === tag.ISO_DEP) {
        isoDepTag = tag.getIsoDep(tagInfo);
    }
}
```

遍历标签的技术类型，寻找是否支持 ISO-DEP 技术。若支持，则尝试连接该标签。

传输数据代码如下。

```
const command = [0x01, 0x02, 0x03, 0x04];
isoDepTag.transmit(command).then((response: number[]) => {
    hilog.info(0x0000, 'NfcHandler', 'Response received: %{public}s',
JSON.stringify(response));
});
```

将命令数组发送给标签，并处理响应数据。

② 界面生命周期函数代码如下。

```
onCreate

onCreate(want: Want, launchParam: AbilityConstant.LaunchParam) {
    hilog.info(0x0000, 'NfcHandler', 'Ability created.');
    if (!canIUse("SystemCapability.Communication.NFC.Core")) {
        hilog.error(0x0000, 'NfcHandler', 'NFC is not supported on this
device.');
        return;
    }

    nfcElement = {
        bundleName: want.bundleName ?? '',
        abilityName: want.abilityName ?? '',
        moduleName: want.moduleName,
    };
}
```

在能力创建时，检查设备是否支持 NFC 功能。保存应用的能力描述（nfcElement），以便后续注册 NFC 标签处理器。

当应用进入前台时，代码如下。

```
onForeground() {
    hilog.info(0x0000, 'NfcHandler', 'Ability moved to foreground.');
    if (nfcElement) {
        const techTypes = [tag.NFC_A, tag.NFC_B, tag.NFC_F,
tag.NFC_V];
        tag.on('readerMode', nfcElement, techTypes,
handleTagDiscovery);
        isForegroundRegistered = true;
    }
}
```

调用 tag.on 方法，启用前台优先处理模式，使应用可以优先处理发现的 NFC 标签。注册标签处理回调函数 handleTagDiscovery。将 isForegroundRegistered 设置为 true。

当应用进入后台时，代码如下。

```
onBackground() {
    hilog.info(0x0000, 'NfcHandler', 'Ability moved to background.');
    if (isForegroundRegistered) {
        isForegroundRegistered = false;
        tag.off('readerMode', nfcElement);
    }
}
```

调用 tag.off 方法，取消前台优先处理模式。重置 isForegroundRegistered 为 false。

5.5.3 无线局域网（WLAN）与 Wi-Fi

无线局域网（Wireless Local Area Networks，WLAN）是一种通过无线电、红外光信号或其他技术发送和接收数据的局域网。它可以让用户无需物理连接即可实现网络通信，特别适用于便携终端设备的办公和公共场景。

Wi-Fi（Wireless Fidelity）是一种基于无线电波的通信技术，广泛用于设备间的数据传输，允许用户无需有线连接即可访问互联网和共享数据。

WLAN 系统提供了多种功能模式，包括接入 WLAN 网络功能（STA 模式）、点对点数据传输功能（P2P 模式）以及热点分享功能（AP 模式），以实现设备之间的互联互通。

WLAN 通过无线电磁波在空间中传输信息，通常使用 2.4GHz 或 5GHz 频段。WLAN 的网络架构分为有线侧和无线侧两部分。

有线侧：AP（无线接入点）上行连接到互联网，使用以太网协议。

无线侧：STA（站点设备）与 AP 之间的通信使用 802.11 协议。

WLAN 的工作模式如下。

STA 模式（工作站模式）：STA 模式是指设备作为客户端加入一个无线网络，设备可以通过这一模式连接到路由器等设备，用于提供网络的数据上行服务，例如家用 Wi-Fi 路由器的常见应用场景。

P2P 模式（Wi-Fi 直连模式）：P2P 模式（Wi-Fi Direct）是一种点对点连接技术，允许两台 STA 设备直接建立 TCP/IP 链接，无须 AP 参与。其中一台 STA 设备作为 Group Owner

（GO，类似于传统 AP），另一台作为 Group Client（GC）连接到 GO。

AP 模式（热点模式）：AP 模式可以将设备变成无线局域网的中心，为其他设备提供下行数据服务。它相当于无线局域网的核心节点，支持以无线方式组建局域网。

无线局域网和 Wi-Fi 技术的普及，极大地提升了设备间的互联效率和用户的便捷体验。掌握这些技术模式，将有助于更好地实现无线网络的灵活应用。

示例代码如下。

```
import { wifiManager } from '@kit.ConnectivityKit';

// 处理 P2P 连接变化的回调函数
let handleP2pConnectionChange = (connectionInfo:
wifiManager.WifiP2pLinkedInfo) => {
    console.info("P2P connection change event received: " +
JSON.stringify(connectionInfo));
    wifiManager.getP2pLinkedInfo((error, linkedInfo:
wifiManager.WifiP2pLinkedInfo) => {
        if (error) {
            console.error('Failed to retrieve P2P linked info: ' +
JSON.stringify(error));
            return;
        }
        console.info("P2P linked info retrieved: " +
JSON.stringify(linkedInfo));
    });
};
wifiManager.on("p2pConnectionChange", handleP2pConnectionChange);

// 处理 P2P 设备变化的回调函数
let handleP2pDeviceChange = (deviceInfo: wifiManager.WifiP2pDevice)
=> {
    console.info("P2P device change event received: " +
JSON.stringify(deviceInfo));
};
wifiManager.on("p2pDeviceChange", handleP2pDeviceChange);

// 处理 P2P 邻近设备变化的回调函数
let handleP2pPeerDeviceChange = (peerDevices:
wifiManager.WifiP2pDevice[]) => {
    console.info("P2P peer devices change event received: " +
JSON.stringify(peerDevices));
    wifiManager.getP2pPeerDevices((error, devices:
wifiManager.WifiP2pDevice) => {
        if (error) {
            console.error('Failed to retrieve peer devices: ' +
```

```
JSON.stringify(error));
            return;
        }
        console.info("Peer devices retrieved: " +
JSON.stringify(devices));
        for (let device of devices) {
            if (device.deviceName === "my_test_device") {
                console.info("Attempting to connect to test device: " +
device.deviceAddress);
                let connectionConfig: wifiManager.WifiP2PConfig = {
                    deviceAddress: device.deviceAddress,
                    netId: -2,
                    passphrase: "",
                    groupName: "",
                    goBand: 0,
                };
                wifiManager.p2pConnect(connectionConfig);
            }
        }
    });
};
wifiManager.on("p2pPeerDeviceChange", handleP2pPeerDeviceChange);

// 处理 P2P 持久化组变化的回调函数
let handleP2pPersistentGroupChange = () => {
    console.info("P2P persistent group change event received");
    wifiManager.getCurrentGroup((error, groupInfo:
wifiManager.WifiP2pGroupInfo) => {
        if (error) {
            console.error('Failed to retrieve current group info: ' +
JSON.stringify(error));
            return;
        }
        console.info("Current group info retrieved: " +
JSON.stringify(groupInfo));
    });
};
wifiManager.on("p2pPersistentGroupChange",
handleP2pPersistentGroupChange);

// 定时取消注册事件监听器
setTimeout(() => { wifiManager.off("p2pConnectionChange",
handleP2pConnectionChange); }, 125 * 1000);
```

```
setTimeout(() => { wifiManager.off("p2pDeviceChange",
handleP2pDeviceChange); }, 125 * 1000);
setTimeout(() => { wifiManager.off("p2pPeerDeviceChange",
handleP2pPeerDeviceChange); }, 125 * 1000);
setTimeout(() => { wifiManager.off("p2pPersistentGroupChange",
handleP2pPersistentGroupChange); }, 125 * 1000);
console.info("Start discovering devices -> " +
wifiManager.startDiscoverDevices());
```

第6章 音视频应用开发

在开发音频应用之前，了解音频流的概念至关重要。

什么是音频流？

小牛：嘿，小马，我看到音频流可以调节独立的音量，也可以切换音频设备的路由。感觉好像每个音频流都有自己的“小脑袋”，能够独立管理音量和输出设备，是这样吗？

小马：哈哈，可以这么理解。其实，音频流的确像是一个独立的“小单元”，有自己的设置和控制逻辑。你可以给每个音频流设置不同的音量，比如音乐的音量调高一点，通知的音量调低一点。此外，它们还能决定要从哪个设备输出，比如扬声器还是耳机。

小牛：听起来很灵活啊！那这些音频流是怎么创建的？是不是得指定一些参数，像采样率、声道数什么的？

小马：对，你说得没错！在创建音频流的时候，需要指定一些基础信息。具体来说，有采样率、声道数、位宽，还有编码格式。这些信息决定了音频数据的属性，就像是音频的“身份证”。如果配置不正确，音频系统可能就会“认不出”这些数据，导致播放或录制出问题。

小牛：哦，原来如此！那比如说，我想创建一个44.1kHz采样率、立体声的音频流，这些参数就需要跟录音或者播放的数据匹配，对吧？

小马：没错！就像你刚才举的例子，如果你的录音数据是 44.1kHz 的立体声，那音频流的采样率和声道数也需要设为 44.1kHz 和双声道。这样，系统才能正确地处理和输出音频。

小牛：我明白了！看起来这些参数就像是调音台上的设置，要调整好才能有最好的效果。

小马：小牛，刚才我们讲到音频流的基础信息。其实在鸿蒙 OS 中，你可以利用多种 API 来进行音频播放开发，不同的 API 有不同的特点和适用场景。

小牛：哦？那是不是说，如果我想开发一个音乐播放器，可以有好几种实现方式？那我怎么选择呢？

小马：对啊，选择合适的 API 非常重要！首先，API 的选择取决于音频数据的格式，比如是 MP3、WAV，还是流媒体；其次还要考虑音频资源的来源，是本地文件，还是网络流媒体。

小牛：听起来确实有很多需要考虑的地方啊。那这些 API 能用不同的编程语言开发吗?

小马：没错！鸿蒙 OS 支持多种开发语言，比如 JavaScript、C++、Java 等，你可以选择自己最熟悉的语言来实现音频播放功能。另外，开发语言的选择还会影响 API 的使用方式和实现细节。

小牛：原来如此，那如果我只是想简单地播放一个本地的 MP3 文件，有没有推荐的 API？

小马：如果只是简单的播放，使用 AVPlayer 就很合适。它支持多种格式的音频和视频文件播放，还可以很方便地进行播放控制，比如暂停、快进、快退等。你只需要提供文件的路径，剩下的事情它都能帮你处理。

小牛

看来 AVPlayer 真的是个不错的选择，那如果我要做一些更底层的操作，比如处理音频流数据，应该用什么 API 呢？

小马

这种情况下，你可选择使用 AudioRenderer，它适合做一些底层的音频数据处理，比如录音、音频流的自定义处理等。你可以对音频数据进行更细粒度的控制，比如实时修改音频效果，甚至编写自己的音频解码逻辑。

6.1　Audio Kit（音频服务）

音频流是音频系统中一个具备音频格式和音频使用场景信息的独立音频数据处理单元。音频流可以表示音频的播放或录制，并具备以下能力。

独立音量调节：每个音频流可以独立调节音量。

音频设备路由切换：每个音频流可以切换音频设备路由。

音频流的基础信息通过 AudioStreamInfo 表示，包含以下内容：采样率（Sample Rate）、声道数（Channel Count）、位宽（Bit Depth）、编码格式（Encoding Format）。

这些信息是创建音频播放或录制流的必要参数，描述了音频数据的基本属性。在配置时，开发者需要保证这些基础信息与传输的音频数据匹配，才能确保音频系统正确处理数据。

在鸿蒙 OS 系统中，开发者可以利用多种 API 进行音频播放开发，不同的 API 适用于不同的音频数据格式、音频来源和音频使用场景。这些 API 甚至支持不同的开发语言，因此，选择合适的音频播放 API 可以帮助开发者降低工作量并实现最佳的音频播放效果。

音频流类型不仅决定了如何播放和录制音频，还对音量控制、音频焦点管理以及输入/输出设备的选择产生深远影响。因此，了解并合理选择音频流类型，对于确保应用的音频行为符合预期，提供良好的用户体验至关重要。

在音频播放过程中，我们根据不同的场景选择合适的流类型。这些流类型由 StreamUsage 定义，并在音频播放时决定音量控制的行为和音频焦点的管理。

STREAM_USAGE_MUSIC：适用于音乐播放，同样适用于其他媒体场景，如播放背景音乐。

STREAM_USAGE_MOVIE：用于播放视频，如电影和短视频。

STREAM_USAGE_GAME：适合游戏内配乐和音效，保证游戏背景音和语音通话互不干扰。

STREAM_USAGE_VOICE_COMMUNICATION：用于 VoIP 语音通话等实时语音通信。

STREAM_USAGE_NOTIFICATION：适用于播放通知音、提示音。

这些流类型决定了应用的音量类型以及播放行为。例如，播放音乐时，音量控制会被归类到“媒体音量”类别，而播放铃声或通知时，则归为“铃声音量”。

对于音频录制，流类型由 SourceType 定义，选择正确的源类型可以确保音频的正确采集。

SOURCE_TYPE_MIC：适用于普通录音。

SOURCE_TYPE_VOICE_COMMUNICATION：用于 VoIP 通话录音。

SOURCE_TYPE_VOICE_MESSAGE：适合语音短消息录制。

通过设置适当的源类型，可以确保录音行为符合应用需求，并有效管理音频焦点。

不同的流类型不仅影响音量控制和音频焦点，还决定了输入和输出设备的选择。例如，当用户正在播放音乐时，系统通常会选择扬声器作为输出设备，而在进行语音通话时，输入设备则会选择麦克风，输出设备会默认选择听筒。

在一些特定场景下，流类型的管理也会影响音频播放的优先级。例如，导航语音播报可能会降低正在播放的音乐音量，语音通话则可能会暂停背景音乐的播放。

根据应用需求，我们可以选择多种方式来设置音频流类型。

使用 AudioRenderer：通过传入 StreamUsage 配置音频流类型。

使用 AVPlayer (ArkTS)：在设置 AVPlayer 时，可以通过 audioRendererInfo 属性设置对应的流类型。

使用 AVRecorder 进行录音：通过 AudioSourceType 设置合适的源类型。

通过正确设置流类型，应用不仅能够有效管理音频播放与录制，还能确保用户体验的流畅和自然。

6.1.1 音频播放

音频焦点管理是提升应用音频体验的关键，尤其在涉及多个音频流（如视频播放、音乐播放和语音通话）时，正确地管理音频焦点能够保证用户获得流畅、优先级合适的音频播放体验。以下是系统音频焦点的申请、释放、变化处理以及音频会话（AudioSession）机制的详细介绍。

① 音频焦点的概念　音频焦点是指在多个音频流同时存在时，系统决定哪个音频流优先播放。系统默认根据音频流类型和启动顺序对音频流进行统一管理。例如，当视频播放时，如果有背景音乐正在播放，系统会自动暂停音乐流，确保视频的音频优先。

② 申请音频焦点　当应用启动音频播放或录制时，需要申请音频焦点。通常，这一过程是自动的，例如，调用 AudioRenderer.start() 时，系统会自动申请焦点。如果申请焦点成功，音频流将正常启动。如果申请失败，音频流将无法开始播放。应用应该监听音频焦点变化事件（如 InterruptEvent），当焦点被拒绝时，系统会通知应用进行处理。

③ 释放音频焦点　当音频流播放或录制结束时，系统会自动释放音频焦点。例如，在调用 AudioRenderer.stop() 时，系统会释放焦点。应用也可以选择延迟释放焦点，特别是在应用希望在多个音频流播放时保持焦点一致性的场景下，可以使用音频会话（AudioSession）机制。

④ 音频焦点策略　系统默认的音频焦点策略是基于音频流类型（如 StreamUsage）和启动顺序来管理焦点。例如，播放电影音频流时，系统会暂停正在播放的音乐音频流，电影结束后，音乐不会自动恢复播放。导航音频流会将正在播放的音乐音频流音量降低。游戏音频和音乐音频流可以同时播放，并不会互相影响。

⑤ 焦点模式　共享焦点模式（SHARE_MODE），同一应用的多个音频流共享一个音频焦点，焦点管理不干涉同应用的多个音频流。独立焦点模式（INDEPENDENT_MODE），每个音频流拥有独立的焦点，多个音频流之间会受到焦点策略管理。

⑥ 处理焦点变化　当应用在播放或录制过程中遇到其他音频流申请焦点时，系统会自动调整音频流状态（如暂停、恢复、降低音量）。应用应通过监听音频焦点变化事件，及时响应焦点变化。

使用 AudioRenderer、AudioCapturer 或 AVPlayer 时，可以通过监听 audioInterrupt 事件来处理焦点变化。

例如，当应用收到 InterruptEvent 时，可以根据 InterruptHint（如 PAUSE、STOP、DUCK）处理音频流状态。代码如下。

```
audioRenderer.on('audioInterrupt', async (interruptEvent) => {
  switch (interruptEvent.hintType) {
    case audio.InterruptHint.INTERRUPT_HINT_PAUSE:
      // 暂停音频流
      break;
    case audio.InterruptHint.INTERRUPT_HINT_STOP:
      // 停止音频流
      break;
    case audio.InterruptHint.INTERRUPT_HINT_DUCK:
      // 降低音量
      break;
    case audio.InterruptHint.INTERRUPT_HINT_UNDUCK:
      // 恢复音量
      break;
    default:
      break;
  }
});
```

⑦ 使用音频会话（AudioSession）管理焦点　音频会话（AudioSession）允许应用自定义音频流的焦点管理策略。通过激活音频会话，应用可以确保多个音频流之间的焦点管理符合特定需求，例如，保持音频焦点持续，避免在音频流之间切换时焦点被自动释放。调整焦点策略以适应特定场景，比如播放多个音频流时，某些流优先播放。

通过激活 AudioSession，应用可以指定策略，并确保在焦点变化时优先使用该策略。

首先，通过 getSessionManager 方法获取 AudioSessionManager 实例。代码如下。

```
import { audio } from '@kit.AudioKit';

let audioSessionManager: audio.AudioSessionManager =
audioManager.getSessionManager();
```

通过 activateAudioSession 方法激活当前应用的音频会话。需要指定一个音频会话策略（AudioSessionStrategy），该策略中包含 concurrencyMode，用于声明音频的并发模式。代码如下。

```
import { audio } from '@kit.AudioKit';
import { BusinessError } from '@kit.BasicServicesKit';


let strategy: audio.AudioSessionStrategy = {
```

```
  concurrencyMode:
audio.AudioConcurrencyMode.CONCURRENCY_MIX_WITH_OTHERS
};

audioSessionManager.activateAudioSession(strategy).then(() => {
  console.info('activateAudioSession SUCCESS');
}).catch((err: BusinessError) => {
  console.error('ERROR: ${err}');
});
```

AudioConcurrencyMode 提供了几种并发模式，包括：CONCURRENCY_MIX_WITH_OTHERS，允许多个音频流同时播放（混合模式）；CONCURRENCY_EXCLUSIVE，当前应用的音频流独占音频焦点，其他应用的音频流会被暂停或静音。

通过 isAudioSessionActivated 方法，你可以检查当前音频会话是否已激活。代码如下。

```
let isActivated = audioSessionManager.isAudioSessionActivated();
```

如果你不再需要使用音频会话，可以通过 deactivateAudioSession 方法停用当前会话。代码如下。

```
audioSessionManager.deactivateAudioSession().then(() => {
  console.info('deactivateAudioSession SUCCESS');
}).catch((err: BusinessError) => {
  console.error('ERROR: ${err}');
});
```

应用可以通过监听 audioSessionDeactivated 事件来处理音频会话的停用。停用的原因将通过 AudioSessionDeactivatedEvent 提供。

```
audioSessionManager.on('audioSessionDeactivated',
(audioSessionDeactivatedEvent: audio.AudioSessionDeactivatedEvent) =>
{
  console.info('reason of audioSessionDeactivated:
${audioSessionDeactivatedEvent.reason}');
});
```

如果你不再需要监听音频会话停用事件，可以使用 off 方法取消监听。代码如下。

```
audioSessionManager.off('audioSessionDeactivated');
```

以下是一个完整的示例，展示如何创建音频会话管理器、激活会话、查询会话状态、监听停用事件，并最终停用音频会话。

```
import { audio } from '@kit.AudioKit';
import { BusinessError } from '@kit.BasicServicesKit';

let audioManager = audio.getAudioManager();
// 创建音频会话管理器
let audioSessionManager: audio.AudioSessionManager =
audioManager.getSessionManager();
// 设置音频并发模式
let strategy: audio.AudioSessionStrategy = {
```

```
  concurrencyMode:
audio.AudioConcurrencyMode.CONCURRENCY_MIX_WITH_OTHERS
};

// 激活音频会话
audioSessionManager.activateAudioSession(strategy).then(() => {
  console.info('activateAudioSession SUCCESS');
}).catch((err: BusinessError) => {
  console.error('ERROR: ${err}');
});

// 查询音频会话是否已激活。
let isActivated = audioSessionManager.isAudioSessionActivated();

// 监听音频会话停用事件
audioSessionManager.on('audioSessionDeactivated',
(audioSessionDeactivatedEvent: audio.AudioSessionDeactivatedEvent) =>
{
  console.info('reason of audioSessionDeactivated:
${audioSessionDeactivatedEvent.reason}');
});

// 音频会话激活后，应用在此处正常执行音频播放、暂停、停止、释放等操作即可。

// 停用音频会话
audioSessionManager.deactivateAudioSession().then(() => {
  console.info('deactivateAudioSession SUCCESS');
}).catch((err: BusinessError) => {
  console.error('ERROR: ${err}');
});

// 取消监听音频会话停用事件
audioSessionManager.off('audioSessionDeactivated');
```

6.1.2　常见音频开发方案

常见有如下几种音频方案。

（1）AudioRenderer

类型：ArkTS/JS API

功能：支持 PCM 格式的音频输出，需持续写入音频数据。

适用场景：专业媒体播放应用。

特点：支持数据预处理（如采样率、位宽设定），要求开发者具备音频处理基础知识。

（2）AudioHaptic

类型：ArkTS/JS API

功能：音频与振动协同播放。

适用场景：需要音振同步的交互场景（如来电铃声随振、按键反馈）。

特点：优化用户的音频与触觉体验。

（3）OpenSL ES。

类型：跨平台 Native API

功能：支持 PCM 格式音频输出。

适用场景：从嵌入式平台移植或依赖 Native 层实现音频输出的应用。

特点：标准化设计，适合多平台移植。

（4）OHAudio

类型：Native API

功能：支持普通音频通路和低时延通路的 PCM 格式输出。

适用场景：Native 层音频输出应用，需低时延或多样化通路支持。

特点：统一设计，灵活适应不同音频通路需求。

下面以 AudioRenderer、AudioHaptic 为例讲解这些方案的开发方法。

AudioRenderer 是一种音频渲染器，专用于播放 PCM 格式的音频数据。与 AVPlayer 相比，AudioRenderer 更适合需要对音频进行数据预处理的场景，比如修改采样率或位宽。它的灵活性更高，但也要求开发者具备一定的音频开发经验。以下是其使用流程和状态管理方法。

① 使用 createAudioRenderer() 方法创建 AudioRenderer 实例。创建后，渲染器进入 prepared 状态。

② 配置音频的采样率、声道数等参数，确保符合音频数据的需求。

③ 在 prepared 状态下调用 start() 方法，渲染器进入 running 状态，开始播放音频数据。

④ 在 running 状态下，调用 pause() 方法可以暂停播放，渲染器切换到 paused 状态。再次调用 start() 可以恢复播放。

⑤ 在 running 或 paused 状态下调用 stop() 方法，音频渲染停止，渲染器进入 stopped 状态。

⑥ 在任何状态（除了 released 状态）都可以调用 release() 方法，释放硬件和软件资源。此操作后，渲染器不可再使用。

⑦ AudioRenderer 的状态在开发中至关重要。以下是主要状态及其切换方法。

prepared 状态：初始状态，通过 createAudioRenderer() 进入。

running 状态：通过 start() 方法从 prepared、paused 或 stopped 状态切换到此状态。

paused 状态：在 running 状态调用 pause() 切换到此状态，可通过 start() 恢复为 running 状态。

stopped 状态：通过 stop() 方法从 running 或 paused 状态切换到此状态。

released 状态：调用 release() 方法进入，一旦进入此状态，渲染器无法再使用。

开发建议如下。

状态订阅：使用 on('stateChange') 方法监听状态变化，以便在适当的状态执行操作，避免错误状态导致的异常。

异步调用：AudioRenderer 的操作大多为异步，推荐使用回调函数处理，比如 start(callback)，以免阻塞 UI 线程。

示例代码如下。

```
import { audio } from '@kit.AudioKit';
```

```
let streamConfig: audio.AudioStreamInfo = {
  samplingRate: audio.AudioSamplingRate.SAMPLE_RATE_48000, // 采样率
  channels: audio.AudioChannel.CHANNEL_2, // 通道
  sampleFormat: audio.AudioSampleFormat.SAMPLE_FORMAT_S16LE, // 采样格式
  encodingType: audio.AudioEncodingType.ENCODING_TYPE_RAW // 编码格式
};

let rendererConfig: audio.AudioRendererInfo = {
  usage: audio.StreamUsage.STREAM_USAGE_MUSIC,
  rendererFlags: 0
};

let rendererOptions: audio.AudioRendererOptions = {
  streamInfo: streamConfig,
  rendererInfo: rendererConfig
};

audio.createAudioRenderer(rendererOptions, (error, rendererInstance)
=> {
  if (error) {
    console.error('Failed to create AudioRenderer: code =
${error.code}, message = ${error.message}');
    return;
  } else {
    console.info('AudioRenderer created successfully.');
    let audioRenderer = rendererInstance;
  }
});
```

代码解释如下。

① 模块导入代码如下。

```
import { audio } from '@kit.AudioKit';
```

功能：从 @kit.AudioKit 模块中引入 audio 对象，提供音频相关的 API，例如 AudioStreamInfo、createAudioRenderer 等方法和常量。

用途：允许我们使用 AudioKit 提供的音频功能。

② 定义音频流信息 (AudioStreamInfo) 代码如下。

```
let streamConfig: audio.AudioStreamInfo = {
  samplingRate: audio.AudioSamplingRate.SAMPLE_RATE_48000, // 采样率
  channels: audio.AudioChannel.CHANNEL_2, // 通道
  sampleFormat: audio.AudioSampleFormat.SAMPLE_FORMAT_S16LE, // 采样格式
  encodingType: audio.AudioEncodingType.ENCODING_TYPE_RAW // 编码格式
};
```

作用：定义音频流相关的技术参数，描述输入音频数据的特性。

字段含义如下。

samplingRate：指定音频的采样率，此处为 48000Hz（每秒采样 48000 次），是高质量音频的常用采样率。

channels：指定音频的通道数，此处为 2 通道（立体声）。

sampleFormat：定义音频样本格式，此处为 S16LE，表示每个音频样本是 16 位，按小端字节序存储。

encodingType：指定音频数据的编码类型，此处为 RAW，表示未经压缩的原始数据。

③ 定义渲染器信息 (AudioRendererInfo) 代码如下。

```
let rendererConfig: audio.AudioRendererInfo = {
  usage: audio.StreamUsage.STREAM_USAGE_MUSIC, // 用途
  rendererFlags: 0 // 渲染标志
};
```

作用：定义音频渲染器的用途和属性，告诉系统如何使用渲染器。

字段含义如下。

usage：指定音频的使用场景，此处为 STREAM_USAGE_MUSIC，表明渲染器用于播放音乐流。

rendererFlags：控制渲染器的特殊行为，此处设置为 0，表示不启用额外的特性。

④ 组合渲染器选项 (AudioRendererOptions) 代码如下。

```
let rendererOptions: audio.AudioRendererOptions = {
  streamInfo: streamConfig,
  rendererInfo: rendererConfig
};
```

作用：将音频流参数 (streamConfig) 和渲染器信息 (rendererConfig) 组合成一个对象，作为创建音频渲染器的配置参数。

⑤ 创建音频渲染器 (createAudioRenderer) 代码如下。

```
audio.createAudioRenderer(rendererOptions, (error, rendererInstance)
=> {
  if (error) {
    console.error('Failed to create AudioRenderer: code =
${error.code}, message = ${error.message}');
    return;
  } else {
    console.info('AudioRenderer created successfully.');
    let audioRenderer = rendererInstance;
  }
});
```

关键点解释：createAudioRenderer，用于根据指定的选项创建音频渲染器。

接收两个参数如下。

rendererOptions：前面定义的渲染配置。

回调函数：用于处理创建成功或失败的逻辑。

回调函数参数如下。

error：错误信息对象。如果发生错误，将包含错误代码和消息。

rendererInstance：成功时返回的 AudioRenderer 实例，用于后续播放音频。

错误处理：如果 error 不为 null，说明创建失败。通过 console.error 输出错误码和错误信息。

成功逻辑：输出成功日志，表示 AudioRenderer 已成功创建。将返回的 rendererInstance 赋值给变量 audioRenderer，用于后续操作。

AudioHaptic 是一个用于实现音频与振动协同播放的模块，非常适合需要在播放音频时同步触发振动的场景，如来电铃声随振动、键盘反馈、消息提醒等功能。

在 config.json 文件中，声明应用需要的振动权限：

```
{
  "module": {
    "abilities": [
      {
        "name": "YourAbilityName",
        "permissions": [
          "ohos.permission.VIBRATE"
        ]
      }
    ]
  }
}
```

示例代码如下。

```
import { audio, audioHaptic } from '@kit.AudioKit';
import { BusinessError } from '@kit.BasicServicesKit';

// 获取音振管理器实例
let hapticManager: audioHaptic.AudioHapticManager =
audioHaptic.getAudioHapticManager();

// 音频和振动资源路径
let audioResourceUri = 'data/exampleAudio.wav'; // 需更改为目标音频资源的 Uri
let hapticResourceUri = 'data/exampleHaptic.json'; // 需更改为目标振动资源的 Uri

// 资源注册后返回的 ID
let resourceId = 0;

// 注册音频和振动资源
hapticManager.registerSource(audioResourceUri,
hapticResourceUri).then((sourceId: number) => {
  console.info('Successfully registered source with ID:
${sourceId}');
  resourceId = sourceId;
}).catch((error: BusinessError) => {
  console.error('Error registering source: ${error.message}');
```

```
});

// 设置音频播放器参数
let playbackLatencyMode: audioHaptic.AudioLatencyMode =
audioHaptic.AudioLatencyMode.AUDIO_LATENCY_MODE_FAST;
hapticManager.setAudioLatencyMode(resourceId, playbackLatencyMode);

let audioUsage: audio.StreamUsage =
audio.StreamUsage.STREAM_USAGE_NOTIFICATION;
hapticManager.setStreamUsage(resourceId, audioUsage);

// 创建 AudioHapticPlayer 实例
let playerOptions: audioHaptic.AudioHapticPlayerOptions =
{ muteAudio: false, muteHaptics: false };
let hapticPlayer: audioHaptic.AudioHapticPlayer | undefined =
undefined;

hapticManager.createPlayer(resourceId,
playerOptions).then((playerInstance: audioHaptic.AudioHapticPlayer)
=> {
  console.info('AudioHapticPlayer instance created successfully.');
  hapticPlayer = playerInstance;
}).catch((error: BusinessError) => {
  console.error('Error creating AudioHapticPlayer:
${error.message}');
});

// 开启音频和振动同步播放
hapticPlayer?.start().then(() => {
  console.info('Playback started successfully.');
}).catch((error: BusinessError) => {
  console.error('Error starting playback: ${error.message}');
});

// 停止音频和振动同步播放
hapticPlayer?.stop().then(() => {
  console.info('Playback stopped successfully.');
}).catch((error: BusinessError) => {
  console.error('Error stopping playback: ${error.message}');
});

// 释放 AudioHapticPlayer 实例
hapticPlayer?.release().then(() => {
```

```
  console.info('AudioHapticPlayer instance released successfully.');
}).catch((error: BusinessError) => {
  console.error('Error releasing AudioHapticPlayer:
${error.message}');
});

// 移除注册的音频和振动资源
hapticManager.unregisterSource(resourceId).then(() => {
  console.info('Successfully unregistered resource with ID:
${resourceId}');
}).catch((error: BusinessError) => {
  console.error('Error unregistering resource: ${error.message}');
});
```

代码解释如下。

```
import { audio, audioHaptic } from '@kit.AudioKit';
import { BusinessError } from '@kit.BasicServicesKit';
```

引入 AudioKit 和 BasicServicesKit 模块，audio 提供音频相关功能，audioHaptic 用于音振协同，BusinessError 用于处理业务异常。

```
let hapticManager: audioHaptic.AudioHapticManager =
audioHaptic.getAudioHapticManager();
```

获取 AudioHapticManager 实例，用于管理音频和振动资源及播放器的生命周期。

```
let audioResourceUri = 'data/exampleAudio.wav'; // 需更改为目标音频资源的 Uri
let hapticResourceUri = 'data/exampleHaptic.json'; // 需更改为目标振动资源的 Uri
```

定义音频资源和振动资源的路径，需根据实际情况设置资源位置。

```
let resourceId = 0;
```

初始化资源 ID，用于后续操作中标识已注册的资源。

```
hapticManager.registerSource(audioResourceUri,
hapticResourceUri).then((sourceId: number) => {
  console.info('Successfully registered source with ID:
${sourceId}');
  resourceId = sourceId;
}).catch((error: BusinessError) => {
  console.error('Error registering source: ${error.message}');
});
```

调用 registerSource 注册音频和振动资源。成功时返回资源 ID，存储在 resourceId 中；失败时记录错误信息。

```
let playbackLatencyMode: audioHaptic.AudioLatencyMode =
audioHaptic.AudioLatencyMode.AUDIO_LATENCY_MODE_FAST;
```

定义音频时延模式，AUDIO_LATENCY_MODE_FAST 表示快速模式，适用于低延迟需求场景（如通知、交互反馈）。

```
hapticManager.setAudioLatencyMode(resourceId, playbackLatencyMode);
```

设置资源的音频时延模式，需传入资源 ID 和时延模式。

```
let audioUsage: audio.StreamUsage =
```

```
audio.StreamUsage.STREAM_USAGE_NOTIFICATION;
```

定义音频流使用类型，STREAM_USAGE_NOTIFICATION 表示音频资源将用于通知场景。

```
hapticManager.setStreamUsage(resourceId, audioUsage);
```

设置资源的音频流使用类型，需传入资源 ID 和使用类型。

```
let playerOptions: audioHaptic.AudioHapticPlayerOptions =
{ muteAudio: false, muteHaptics: false };
```

定义播放器选项：

muteAudio：false，音频未静音。

muteHaptics：false，振动未静音。

```
let hapticPlayer: audioHaptic.AudioHapticPlayer | undefined =
undefined;
```

初始化播放器实例变量，初始值为 undefined。

```
hapticManager.createPlayer(resourceId,
playerOptions).then((playerInstance: audioHaptic.AudioHapticPlayer)
=> {
  console.info('AudioHapticPlayer instance created successfully.');
  hapticPlayer = playerInstance;
}).catch((error: BusinessError) => {
  console.error('Error creating AudioHapticPlayer:
${error.message}');
});
```

调用 createPlayer 创建播放器实例：成功时返回 AudioHapticPlayer 实例，存储在 hapticPlayer 中；失败时记录错误信息。

```
hapticPlayer?.start().then(() => {
  console.info('Playback started successfully.');
}).catch((error: BusinessError) => {
  console.error('Error starting playback: ${error.message}');
});
```

调用 start 方法播放音频并同步触发振动。使用可选链（?.）以确保播放器实例已成功创建。成功时记录播放信息，失败时记录错误。

```
hapticPlayer?.stop().then(() => {
  console.info('Playback stopped successfully.');
}).catch((error: BusinessError) => {
  console.error('Error stopping playback: ${error.message}');
});
```

调用 stop 方法停止音频播放及同步振动。成功时记录停止信息，失败时记录错误。

```
hapticPlayer?.release().then(() => {
  console.info('AudioHapticPlayer instance released successfully.');
}).catch((error: BusinessError) => {
  console.error('Error releasing AudioHapticPlayer:
${error.message}');
});
```

调用 release 方法释放播放器资源。成功时记录释放信息，失败时记录错误。

```
hapticManager.unregisterSource(resourceId).then(() => {
  console.info('Successfully unregistered resource with ID:
${resourceId}');
}).catch((error: BusinessError) => {
  console.error('Error unregistering resource: ${error.message}');
});
```

调用 unregisterSource 方法移除已注册的音频和振动资源。成功时记录资源移除信息，失败时记录错误。

6.1.3 AVPlayer

AVPlayer 是一个强大的音视频播放框架，主要用于将各种音视频媒体资源（如 MP4、MP3、MKV、MPEG-TS 等）转码为可供渲染的图像和音频信号。它通过输出设备将处理后的内容进行播放。

AVPlayer 的主要特点如下。

一体化播放能力：AVPlayer 提供了完善的音视频播放功能，开发者只需提供流媒体来源，而无需担心数据的解析和解码。这大大简化了开发过程。

支持多种格式：AVPlayer 能够处理多种音视频格式，使其适用范围广泛，无论是本地媒体文件还是在线流媒体。

流媒体支持：支持网络流媒体播放，开发者可以轻松地将网络音视频内容集成到应用中。

控制播放：AVPlayer 提供丰富的控制接口，允许开发者进行播放、暂停、停止、快进、快退等操作，满足各种应用需求。

灵活的事件监听：可以监测播放进度、播放状态等事件，便于进行用户交互和状态管理。

在音乐类应用中，音频播放功能的实现依赖于多个层次的协同工作，包括应用层、播放服务（Player Framework）、音频服务（Audio Framework）以及音频硬件抽象层（HDI）。以下是这一流程的详细介绍。

① 应用层　应用通过调用 JS 接口层提供的 AVPlayer 接口来实现音频播放功能。开发者可以利用 AVPlayer 提供的方法加载音频资源并控制播放。

② 播放服务（Player Framework）　当应用请求播放音频时，Player Framework 会负责将音频资源解析成音频数据流（PCM）。这个过程涉及音频格式的解码和处理，以确保可以生成可播放的音频数据流。

③ 音频服务（Audio Framework）　解析后的音频数据流通过软件解码，随后传递给音频服务（Audio Framework）。音频服务的主要职责是管理音频流的播放，包括混音、音量控制和设备选择等。

④ 音频驱动（Audio HDI）　最终，音频服务将处理后的音频信号输出至音频驱动，通过音频硬件抽象层（HDI）进行渲染，实现真实的音频播放。HDI 提供了与音频硬件的接口，确保音频信号能够顺利输出至音响设备或耳机。

示例代码如下。

```
import { media } from '@kit.MediaKit';
import { fileIo as fs } from '@kit.CoreFileKit';
import { common } from '@kit.AbilityKit';
import { BusinessError } from '@kit.BasicServicesKit';
import { audio } from '@kit.AudioKit'

export class AudioPlayerDemo {
  private playCount: number = 0; // 播放计数器，控制音频的播放次数
  private canSeek: boolean = true; // 用于标识是否支持 seek 操作（跳转到指定播放
位置）
  private audioFileSize: number = -1; // 音频文件的大小，用于 seek 操作时的文件边
界判断
  private fileDescriptor: number = 0; // 文件描述符，用于操作文件

  // 注册 AVPlayer 回调函数
  setAudioPlayerCallback(audioPlayer: media.AVPlayer) {
    // 处理 seek 操作的回调函数
    audioPlayer.on('seekDone', (seekTime: number) => {
      console.info(`AudioPlayer seek succeeded, seek time is
${seekTime}`);
    })

    // 错误处理回调，AVPlayer 出现错误时会被调用
    audioPlayer.on('error', (error: BusinessError) => {
      console.error(`Error occurred in AudioPlayer, code:
${error.code}, message: ${error.message}`);
      audioPlayer.reset(); // 发生错误后，重置 AVPlayer，触发 IDLE 状态
    })

    // 状态机变化回调
    audioPlayer.on('stateChange', async (state: string, reason:
media.StateChangeReason) => {
      switch (state) {
        case 'idle': // 当 AVPlayer 被重置后进入的状态
          console.info('AudioPlayer state idle called.');
          audioPlayer.release(); // 释放 AVPlayer 资源
          break;
        case 'initialized': // 设置播放源后进入的状态
          console.info('AudioPlayer state initialized called.');
          audioPlayer.audioRendererInfo = {
            usage: audio.StreamUsage.STREAM_USAGE_MUSIC, // 设置音频流用途为
音乐
```

```
          rendererFlags: 0 // 渲染器标记
        }
        audioPlayer.prepare(); // 准备播放
        break;
      case 'prepared': // 当 AVPlayer 准备好后进入的状态
        console.info('AudioPlayer state prepared called.');
        audioPlayer.play(); // 播放音频
        break;
      case 'playing': // 播放状态
        console.info('AudioPlayer state playing called.');
        if (this.playCount !== 0) {
          if (this.canSeek) {
            console.info('AudioPlayer start to seek.');
            audioPlayer.seek(audioPlayer.duration); // 跳到音频的末尾
          } else {
            console.info('AudioPlayer wait to play until the
end.');
          }
        } else {
          setTimeout(() => {
            console.info('AudioPlayer is playing, waiting to
pause');
            audioPlayer.pause(); // 播放 3 秒后暂停音频
          }, 3000)
        }
        this.playCount++;
        break;
      case 'paused': // 暂停状态
        console.info('AudioPlayer state paused called.');
        setTimeout(() => {
            console.info('AudioPlayer paused, waiting to play again');
            audioPlayer.play(); // 暂停后 3 秒再开始播放
          }, 3000)
        break;
      case 'completed': // 播放结束状态
        console.info('AudioPlayer state completed called.');
        audioPlayer.stop(); // 播放结束，停止播放
        break;
      case 'stopped': // 停止播放状态
        console.info('AudioPlayer state stopped called.');
        audioPlayer.reset(); // 重置 AVPlayer
        break;
      case 'released': // 释放状态
```

```
            console.info('AudioPlayer state released called.');
            break;
          default:
            console.info('AudioPlayer state unknown called.');
            break;
        }
      })
    }

    // 使用文件系统读取沙箱文件路径并播放音频文件（URL 模式）
    async playAudioFromUrl() {
      let audioPlayer: media.AVPlayer = await media.createAVPlayer();
  // 创建 AVPlayer 实例
      this.setAudioPlayerCallback(audioPlayer); // 设置回调函数

      let filePath = 'fd://';
      // 获取沙箱文件目录路径（Stage 模型）
      let context = getContext(this) as common.UIAbilityContext;
      let dirPath = context.filesDir;
      let fileLocation = dirPath + '/audio_sample.mp3';

      // 读取文件并获取文件描述符
      let file = await fs.open(fileLocation);
      filePath = filePath + '' + file.fd;
      this.canSeek = true; // 设置支持 seek 操作
      audioPlayer.url = filePath; // 为 AVPlayer 设置文件路径
    }

    // 使用资源管理接口播放打包在 HAP 内的音频文件（FD 模式）
    async playAudioFromFd() {
      let audioPlayer: media.AVPlayer = await media.createAVPlayer();
  // 创建 AVPlayer 实例
      this.setAudioPlayerCallback(audioPlayer); // 设置回调函数

      // 获取资源文件的文件描述符
      let context = getContext(this) as common.UIAbilityContext;
      let fileDescriptor = await
  context.resourceManager.getRawFd('audio_sample.mp3');
      let avFileDescriptor: media.AVFileDescriptor =
        { fd: fileDescriptor.fd, offset: fileDescriptor.offset, length: fileDe-
scriptor.length };
      this.canSeek = true; // 设置支持 seek 操作
      audioPlayer.fdSrc = avFileDescriptor; // 为 AVPlayer 设置文件描述符
```

```
  }

  // 使用数据源进行播放（支持 seek 模式）
  async playAudioFromDataSourceSeek() {
    let audioPlayer: media.AVPlayer = await media.createAVPlayer();
// 创建 AVPlayer 实例
    this.setAudioPlayerCallback(audioPlayer); // 设置回调函数

    let dataSource: media.AVDataSrcDescriptor = {
      fileSize: -1, // 文件大小，留待后续填充
      callback: (buffer: ArrayBuffer, length: number, position:
number | undefined) => {
        let bytesRead = 0;
        if (buffer == undefined || length == undefined || position ==
undefined) {
          return -1; // 无效参数
        }
        bytesRead = fs.readSync(this.fileDescriptor, buffer,
{ offset: position, length: length });
        if (bytesRead > 0 && (this.audioFileSize >= position)) {
          return bytesRead; // 返回读取的字节数
        }
        return -1; // 读取失败
      }
    }

    let context = getContext(this) as common.UIAbilityContext;
    let dirPath = context.filesDir;
    let fileLocation = dirPath + '/audio_sample.mp3';

    // 打开文件并获取文件描述符
    await fs.open(fileLocation).then((file: fs.File) => {
      this.fileDescriptor = file.fd;
    });

    // 获取文件大小并设置为数据源的文件大小
    this.audioFileSize = fs.statSync(fileLocation).size;
    dataSource.fileSize = this.audioFileSize;
    this.canSeek = true; // 设置支持 seek 操作
    audioPlayer.dataSrc = dataSource; // 设置数据源
  }

  // 使用数据源进行播放（不支持 seek 模式）
```

```
  async playAudioFromDataSourceNoSeek() {
    let audioPlayer: media.AVPlayer = await media.createAVPlayer();
// 创建 AVPlayer 实例
    this.setAudioPlayerCallback(audioPlayer); // 设置回调函数

    let dataSource: media.AVDataSrcDescriptor = {
      fileSize: -1, // 文件大小
      callback: (buffer: ArrayBuffer, length: number) => {
        let bytesRead = 0;
        if (buffer == undefined || length == undefined) {
          return -1; // 无效参数
        }
        bytesRead = fs.readSync(this.fileDescriptor, buffer); // 读取文件数据
        if (bytesRead > 0) {
          return bytesRead; // 返回读取的字节数
        }
        return -1; // 读取失败
      }
    }

    let context = getContext(this) as common.UIAbilityContext;
    let dirPath = context.filesDir;
    let fileLocation = dirPath + '/audio_sample.mp3';

    // 打开文件并获取文件描述符
    await fs.open(fileLocation).then((file: fs.File) => {
      this.fileDescriptor = file.fd;
    });

    this.canSeek = false; // 设置不支持 seek 操作
    audioPlayer.dataSrc = dataSource; // 设置数据源
  }

  // 播放网络音频流（直播流）
  async playLiveAudioStream() {
    let audioPlayer: media.AVPlayer = await media.createAVPlayer();
// 创建 AVPlayer 实例
    this.setAudioPlayerCallback(audioPlayer); // 设置回调函数
    this.canSeek = false; // 不支持 seek 操作
     audioPlayer.url = 'http://example.com/live_stream.m3u8'; // 设置直播流的
URL
  }
}
```

代码解释如下。

AudioPlayerDemo 类：这是一个音频播放示例类，展示了如何使用 AVPlayer 播放音频文件，并管理音频播放的各种状态（例如暂停、播放、完成等）。

setAudioPlayerCallback(audioPlayer) 方法：这个方法为 AVPlayer 设置了回调函数，包括音频播放状态的变化（如播放、暂停、完成等）和错误处理。状态变化时执行相应操作，例如在播放时执行 seek（跳转到指定时间）、暂停或停止等操作。

音频播放方法解释如下。

playAudioFromUrl(): 从本地文件系统读取音频并通过 AVPlayer 播放。

playAudioFromFd(): 使用文件描述符 (FD) 播放音频，适用于从打包在应用中的资源播放音频文件。

playAudioFromDataSourceSeek() 和 playAudioFromDataSourceNoSeek(): 使用自定义的数据源进行音频播放，支持或不支持 seek 操作。

playLiveAudioStream(): 播放网络直播流。

audioPlayer 的各种操作：通过设置 audioPlayer.url 或 audioPlayer.dataSrc 来指定音频源，然后根据音频状态进行相应的操作（如播放、暂停、停止）。

6.1.4　音频录制

在音频录制的开发中，系统提供了多种 API，每种 API 适用于不同的使用场景和技术需求。以下是各音频录制方式的特点及适用场景总结。

（1）AudioCapturer

特点：专用于 ArkTS/JS 开发的音频输入 API。支持 PCM 格式，需要开发者持续读取音频数据。提供灵活的音频数据处理能力，但要求开发者具备一定的音频处理知识。

适用场景：适合需要对音频数据进行实时处理的专业媒体录制应用。

优势：数据处理由开发者完全控制，适合多样化的需求。

（2）OpenSL ES

特点：一套跨平台标准化的 Native API。支持音频输入，仅支持 PCM 格式。

适用场景：适合从其他嵌入式平台移植，或者需要在 Native 层实现音频输入功能的项目。

优势：能满足跨平台需求，便于迁移和集成。

（3）OHAudio

特点：提供 Native API，设计上实现了归一化。支持普通音频通路和低时延通路，仅限 PCM 格式。

适用场景：当需要依赖 Native 层，并且对低时延或稳定性有较高要求时，推荐使用此方案。

优势：对于低时延要求的场景，表现优异且易于开发。

（4）AVRecorder

特点：提供 ArkTS/JS API，集成了音频输入录制、音频编码和媒体封装功能。

支持直接从设备硬件（如麦克风）录音，并生成 m4a 格式文件。

适用场景：适合需要快速实现录音功能的场景，如普通媒体录制应用。

优势：使用简单，节省开发时间，适合常见的音频录制需求。

选择指南：如果需要对音频数据进行实时处理，选择 AudioCapturer；如果项目涉及嵌入式平台移植或 Native 层开发，选择 OpenSL ES 或 OHAudio；如果只需快速实现录音功能并生成常见格式文件，选择 AVRecorder。

下面以 Audio Capturer 和 AVRecorder 为例详细解释。

AudioCapturer 是一个强大的音频采集器，专注于录制 PCM（脉冲编码调制）格式的音频数据。它提供了灵活的音频录制能力。AudioCapturer 的使用涉及状态的变化，具体包括以下几种状态。

初始状态（Idle）：创建实例后，处于默认状态。

准备状态（Prepared）：完成参数设置，准备录制。

录制状态（Recording）：开始音频采集后进入该状态。

暂停状态（Paused）：录制过程中可切换到暂停状态。

停止状态（Stopped）：停止采集后进入该状态。

通过调用状态转换方法，可控制采集器的行为。确保调用方法前检查当前状态，避免程序错误。

示例代码如下。

```
import { audio } from '@kit.AudioKit';
import { BusinessError } from '@kit.BasicServicesKit';
import { fileIo as fs } from '@kit.CoreFileKit';

class FileOptions {
  offset?: number; // 写入偏移量
  length?: number; // 数据长度
}

// 配置音频采集参数
let streamConfig: audio.AudioStreamInfo = {
  samplingRate: audio.AudioSamplingRate.SAMPLE_RATE_48000, // 采样率
  channels: audio.AudioChannel.CHANNEL_2,                  // 双声道
  sampleFormat: audio.AudioSampleFormat.SAMPLE_FORMAT_S16LE, // 采样格式
  encodingType: audio.AudioEncodingType.ENCODING_TYPE_RAW   // 编码格式
};

let capturerConfig: audio.AudioCapturerInfo = {
  source: audio.SourceType.SOURCE_TYPE_MIC, // 音频来源：麦克风
  capturerFlags: 0                         // 捕获标志
};

let audioConfig: audio.AudioCapturerOptions = {
  streamInfo: streamConfig,
  capturerInfo: capturerConfig
};

// 全局变量，用于管理状态和资源
```

```
  let microphoneCapturer: audio.AudioCapturer;
  let totalBufferSize: number = 0;
  let audioFile: fs.File;

  // 文件路径
  let cacheDir = getContext().cacheDir;
  let audioFilePath = cacheDir + '/recorded_audio.pcm';

  // 创建 AudioCapturer 实例
  audio.createAudioCapturer(audioConfig, (error, capturerInstance) => {
    if (error) {
      console.error('Failed to create AudioCapturer: code
  ${error.code}, message ${error.message}');
      return;
    }
    console.info('AudioCapturer instance created successfully.');
    microphoneCapturer = capturerInstance;

    // 打开文件，用于保存录制的音频数据
    audioFile = fs.openSync(audioFilePath, fs.OpenMode.READ_WRITE | fs.Open-
Mode.CREATE);

    // 设置数据处理回调
    microphoneCapturer.on('readData', (audioBuffer: ArrayBuffer) => {
      let writeOptions: FileOptions = {
        offset: totalBufferSize,
        length: audioBuffer.byteLength
      };
      fs.writeSync(audioFile.fd, audioBuffer, writeOptions);
      totalBufferSize += audioBuffer.byteLength;
    });

    // 开始录制
    microphoneCapturer.start((error: BusinessError) => {
      if (error) {
        console.error('Failed to start audio capture: code
  ${error.code}, message ${error.message}');
        return;
      }
      console.info('Audio capture started successfully.');

      // 停止录制（示例中设置 10 秒后停止）
      setTimeout(() => {
```

```
      microphoneCapturer.stop((error: BusinessError) => {
        if (error) {
          console.error('Failed to stop audio capture: code
${error.code}, message ${error.message}');
          return;
        }
        console.info('Audio capture stopped successfully.');

        // 释放资源
        microphoneCapturer.release((error: BusinessError) => {
          if (error) {
            console.error('Failed to release AudioCapturer: code
${error.code}, message ${error.message}');
          } else {
            console.info('AudioCapturer instance released.');
          }
        });

        // 关闭文件
        fs.closeSync(audioFile.fd);
        console.info('Audio file saved at: ${audioFilePath}');
      });
    }, 10000); // 10 秒录制时间
  });
});
```

代码解释如下。

导入必要模块代码如下。

```
import { audio } from '@kit.AudioKit';
import { BusinessError } from '@kit.BasicServicesKit';
import { fileIo as fs } from '@kit.CoreFileKit';
```

audio：提供音频相关的 API，用于创建 AudioCapturer 和管理音频录制。

BusinessError：通用错误类，用于捕获和处理音频录制中的错误。

fs：文件操作模块，用于文件的打开、写入和关闭。

定义辅助类代码如下。

```
class FileOptions {
  offset?: number; // 写入偏移量
  length?: number; // 数据长度
}
```

用于文件写入时的参数配置，如偏移量（offset）和写入数据的长度（length）。

配置音频采集参数代码如下。

```
let streamConfig: audio.AudioStreamInfo = {
  samplingRate: audio.AudioSamplingRate.SAMPLE_RATE_48000, // 采样率
  channels: audio.AudioChannel.CHANNEL_2,                  // 双声道
```

```
  sampleFormat: audio.AudioSampleFormat.SAMPLE_FORMAT_S16LE, // 采样格式
  encodingType: audio.AudioEncodingType.ENCODING_TYPE_RAW   // 编码格式
};
```

samplingRate：设置音频采样率，表示每秒录制 48000 次样本点。
channels：选择双声道（立体声）。
sampleFormat：定义音频采样的格式为 16 位小端。
encodingType：选择音频编码类型为未压缩的原始数据。
组合音频流参数和捕获参数，生成最终的音频捕获配置对象。代码如下。

```
let capturerConfig: audio.AudioCapturerInfo = {
  source: audio.SourceType.SOURCE_TYPE_MIC, // 音频来源：麦克风
  capturerFlags: 0                          // 捕获标志
};
```

source：设置音频来源为麦克风。
capturerFlags：用于额外的音频捕获标志，当前设置为默认值 0。

```
let audioConfig: audio.AudioCapturerOptions = {
  streamInfo: streamConfig,
  capturerInfo: capturerConfig
};
```

声明全局变量代码如下。

```
let microphoneCapturer: audio.AudioCapturer;
let totalBufferSize: number = 0;
let audioFile: fs.File;
```

microphoneCapturer：保存 AudioCapturer 实例，用于管理录制。
totalBufferSize：用于记录写入文件的总数据量。
audioFile：保存打开的音频文件引用。
文件路径代码如下。

```
let cacheDir = getContext().cacheDir;
let audioFilePath = cacheDir + '/recorded_audio.pcm';
```

cacheDir：获取设备的缓存目录。
audioFilePath：定义录制文件的保存路径和文件名。
创建 AudioCapturer 实例代码如下。

```
audio.createAudioCapturer(audioConfig, (error, capturerInstance) => {
  if (error) {
    console.error('Failed to create AudioCapturer: code
${error.code}, message ${error.message}');
    return;
  }
  console.info('AudioCapturer instance created successfully.');
  microphoneCapturer = capturerInstance;
```

调用 audio.createAudioCapturer 创建音频捕获器。如果失败，输出错误信息；成功则保存实例到 microphoneCapturer。

打开音频文件代码如下。

```
audioFile = fs.openSync(audioFilePath, fs.OpenMode.READ_WRITE |
fs.OpenMode.CREATE);
```

使用文件操作模块打开或创建音频文件。

设置音频数据回调代码如下。

```
microphoneCapturer.on('readData', (audioBuffer: ArrayBuffer) => {
  let writeOptions: FileOptions = {
    offset: totalBufferSize,
    length: audioBuffer.byteLength
  };
  fs.writeSync(audioFile.fd, audioBuffer, writeOptions);
  totalBufferSize += audioBuffer.byteLength;
});
```

使用 on('readData'。) 监听录制过程中读取的音频数据。将音频数据写入文件，同时更新已写入的总数据量。

开始录制代码如下。

```
microphoneCapturer.start((error: BusinessError) => {
  if (error) {
    console.error('Failed to start audio capture: code
${error.code}, message ${error.message}');
    return;
  }
  console.info('Audio capture started successfully.');
```

调用 start() 方法进入录制状态。如果失败，输出错误信息。

设置停止逻辑代码如下。

```
setTimeout(() => {
  microphoneCapturer.stop((error: BusinessError) => {
    if (error) {
      console.error('Failed to stop audio capture: code
${error.code}, message ${error.message}');
      return;
    }
    console.info('Audio capture stopped successfully.');
```

使用 setTimeout 模拟 10 秒录制时间，到时后调用 stop() 停止录制。

释放资源代码如下。

```
microphoneCapturer.release((error: BusinessError) => {
  if (error) {
    console.error('Failed to release AudioCapturer: code
${error.code}, message ${error.message}');
  } else {
    console.info('AudioCapturer instance released.');
  }
});
```

调用 release() 方法销毁捕获器实例，释放相关资源。

关闭文件代码如下。

```
fs.closeSync(audioFile.fd);
console.info('Audio file saved at: ${audioFilePath}');
```

关闭音频文件，并打印文件保存路径。

AVRecorder 是一个强大的音视频录制框架，主要用于捕获音频信号和接收视频信号，完成音视频编码并将结果保存到文件中。它为开发者提供了多种功能，以便轻松实现音视频录制。

主要功能如下。

开始录制：开启音视频录制，捕获实时信号。

暂停录制：允许在录制过程中暂停，以便在需要时恢复录制。

恢复录制：在暂停后，可以继续录制，无需重新开始。

停止录制：结束录制并将捕获的音视频数据保存到指定文件中。

释放资源：在录制完成后，释放占用的系统资源，确保内存管理良好。

示例代码如下。

```
import { media } from '@kit.MediaKit';
import { BusinessError } from '@kit.BasicServicesKit';

export class AudioRecordingHandler {
  private recorder: media.AVRecorder | undefined = undefined;
  private recordingProfile: media.AVRecorderProfile = {
    audioBitrate: 100000, // 音频比特率
    audioChannels: 2, // 音频声道数
    audioCodec: media.CodecMimeType.AUDIO_AAC, // 音频编码格式，当前支持 AAC，
MP3，G711MU
    audioSampleRate: 48000, // 音频采样率
    fileFormat: media.ContainerFormatType.CFT_MPEG_4A, // 封装格式，当前支持
MP4，M4A，MP3，WAV
  };
  private recorderConfig: media.AVRecorderConfig = {
    audioSourceType: media.AudioSourceType.AUDIO_SOURCE_TYPE_MIC, // 音频输
入源，这里设置为麦克风
    profile: this.recordingProfile,
    url: 'fd://35', // 参考应用文件访问与管理开发示例新建并读写一个文件
  };

  // 注册录音回调函数
  setRecorderCallbacks() {
    if (this.recorder != undefined) {
      // 状态机变化回调函数
      this.recorder.on('stateChange', (state: media.AVRecorderState, reason:
media.StateChangeReason) => {
```

```
        console.log('Recorder current state is ${state}');
      })
      // 错误回调函数
      this.recorder.on('error', (err: BusinessError) => {
        console.error('Recorder failed, code is ${err.code}, message is
${err.message}');
      })
    }
  }

  // 开始录音的流程
  async startRecording() {
    if (this.recorder != undefined) {
      await this.recorder.release();
      this.recorder = undefined;
    }
    // 1. 创建录音实例
    this.recorder = await media.createAVRecorder();
    this.setRecorderCallbacks();
    // 2. 获取录音文件 fd 并赋值给 recorderConfig 里的 url；参考 FilePicker 文档

    // 3. 配置录音参数并完成准备工作
    await this.recorder.prepare(this.recorderConfig);
    // 4. 开始录音
    await this.recorder.start();
  }

  // 暂停录音的流程
  async pauseRecording() {
    if (this.recorder != undefined && this.recorder.state === 'started') {
// 仅在 started 状态下调用 pause 为合理状态切换
      await this.recorder.pause();
    }
  }

  // 恢复录音的流程
  async resumeRecording() {
    if (this.recorder != undefined && this.recorder.state === 'paused') { //
仅在 paused 状态下调用 resume 为合理状态切换
      await this.recorder.resume();
    }
  }
```

```
  // 停止录音的流程
  async stopRecording() {
    if (this.recorder != undefined) {
      // 1. 停止录音
      if (this.recorder.state === 'started'
        || this.recorder.state === 'paused') { // 仅在 started 或者 paused 状态
下调用 stop 为合理状态切换
        await this.recorder.stop();
      }
      // 2. 重置
      await this.recorder.reset();
      // 3. 释放录音实例
      await this.recorder.release();
      this.recorder = undefined;
      // 4. 关闭录音文件 fd
    }
  }

  // 一个完整的【开始录音 - 暂停录音 - 恢复录音 - 停止录音】示例
  async audioRecordingDemo() {
    await

this.startRecording(); // 开始录音
    // 用户此处可以自行设置录音时长，例如通过设置休眠阻止代码执行
    await this.pauseRecording(); // 暂停录音
    await this.resumeRecording(); // 恢复录音
    await this.stopRecording(); // 停止录音
  }
}
```

代码解释如下。

类和变量定义代码如下。

```
export class AudioRecordingHandler {
  private recorder: media.AVRecorder | undefined = undefined;
  private recordingProfile: media.AVRecorderProfile = {
    audioBitrate: 100000, // 音频比特率
    audioChannels: 2, // 音频声道数
    audioCodec: media.CodecMimeType.AUDIO_AAC, // 音频编码格式
    audioSampleRate: 48000, // 音频采样率
    fileFormat: media.ContainerFormatType.CFT_MPEG_4A, // 封装格式
  };
  private recorderConfig: media.AVRecorderConfig = {
    audioSourceType: media.AudioSourceType.AUDIO_SOURCE_TYPE_MIC, // 设置音
频输入源为麦克风
```

```
      profile: this.recordingProfile, // 配置音频录制的具体参数
      url: 'fd://35', // 设置文件的存储路径（这里是一个虚拟文件地址）
    };
  }
```

AudioRecordingHandler：类管理音频录制的各个流程。

recorder：录音实例，用于启动、暂停、恢复和停止录制。

recordingProfile：配置音频录制的具体参数，比如比特率、采样率、声道数和编码格式等。

recorderConfig：录音配置对象，包含了音频输入源（这里是麦克风）、音频配置（recordingProfile）以及录音文件的存储路径。

设置回调函数代码如下。

```
  // 注册录音回调函数
  setRecorderCallbacks() {
    if (this.recorder != undefined) {
      // 状态机变化回调函数
       this.recorder.on('stateChange', (state: media.AVRecorderState, reason:
media.StateChangeReason) => {
        console.log('Recorder current state is ${state}');
      });

      // 错误回调函数
      this.recorder.on('error', (err: BusinessError) => {
        console.error('Recorder failed, code is ${err.code}, message is ${err.
message}');
      });
    }
  }
```

setRecorderCallbacks 方法用于注册两个回调函数。

stateChange：当录音器的状态发生变化时触发（例如从暂停到录音，或者从录音到停止）。

error：当发生错误时触发，错误对象包含错误代码和消息。

开始录音代码如下。

```
  // 开始录音的流程
  async startRecording() {
    if (this.recorder != undefined) {
      await this.recorder.release();
      this.recorder = undefined;
    }
    // 1. 创建录音实例
    this.recorder = await media.createAVRecorder();
    this.setRecorderCallbacks();

    // 2. 配置录音参数并完成准备工作
```

```
    await this.recorder.prepare(this.recorderConfig);

    // 3. 开始录音
    await this.recorder.start();
  }
```

startRecording 方法执行以下操作：如果存在已初始化的录音实例，释放它并清除 recorder；创建一个新的录音实例 AVRecorder，并设置回调函数；配置录音参数并准备录音。启动录音。

暂停录音代码如下。

```
  // 暂停录音的流程
  async pauseRecording() {
    if (this.recorder != undefined && this.recorder.state ===
  'started') { // 仅在 started 状态下调用 pause 为合理状态切换
      await this.recorder.pause();
    }
  }
```

pauseRecording 方法仅在录音处于"开始"状态时调用 pause，即暂停录音。调用 pause() 会将录音暂停，用户可以稍后恢复录音。

恢复录音代码如下。

```
  // 恢复录音的流程
  async resumeRecording() {
    if (this.recorder != undefined && this.recorder.state === 'paused') { // 仅
在 paused 状态下调用 resume 为合理状态切换
      await this.recorder.resume();
    }
  }
```

resumeRecording 方法仅在录音处于"暂停"状态时调用 resume，即恢复录音。调用 resume() 后，录音会继续进行。

停止录音代码如下。

```
  // 停止录音的流程
  async stopRecording() {
    if (this.recorder != undefined) {
      // 1. 停止录音
      if (this.recorder.state === 'started'
        || this.recorder.state === 'paused') { // 仅在 started 或者
  paused 状态下调用 stop 为合理状态切换
        await this.recorder.stop();
      }
      // 2. 重置
      await this.recorder.reset();
      // 3. 释放录音实例
      await this.recorder.release();
      this.recorder = undefined;
```

```
      // 4. 关闭录音文件 fd
    }
  }
```

stopRecording 方法执行以下操作：如果录音处于“开始”或“暂停”状态，调用 stop() 停止录音；重置录音器，清理资源；释放录音实例，解除资源占用；关闭录音文件描述符（fd），释放录音存储资源。

完整的录音操作流程如下。

```
// 一个完整的【开始录音 - 暂停录音 - 恢复录音 - 停止录音】示例
async audioRecordingDemo() {
  await this.startRecording(); // 开始录音
  // 用户此处可以自行设置录音时长，例如通过设置休眠阻止代码执行
  await this.pauseRecording(); // 暂停录音
  await this.resumeRecording(); // 恢复录音
  await this.stopRecording(); // 停止录音
}
```

audioRecordingDemo 方法演示了一个完整的音频录制流程：开始录音，暂停录音，恢复录音，停止录音。

6.2 视频播放（Media Kit）

Media Kit 提供的核心组件如下。

AVPlayer：用于音视频播放。

SoundPool：用于短音频效果（如提示音）的播放。

AVRecorder：用于音视频录制。

AVScreenCapture：用于录屏。

AVMetadataExtractor：获取音视频元数据。

AVImageGenerator：生成视频的缩略图。

AVTranscoder：实现视频的格式转码。

下面以 AVPlayer 为例进行详细讲解。

开发步骤概述如下。

① 创建 AVPlayer 实例：首先调用 createAVPlayer() 方法，初始化播放器进入 idle 状态。

② 设置资源和窗口：通过设置 url 和 SurfaceID 来指定播放的媒体资源和显示窗口，确保播放界面正常显示。

③ 准备播放：调用 prepare() 方法，进入 prepared 状态，这时可以进一步配置如音量、倍速、缩放模式等播放参数。

④ 播放控制：使用 play(), pause(), seek(), stop() 等方法控制视频的播放、暂停、跳转及停止。

⑤ 资源重置和销毁：通过 reset() 和 release() 方法重置或销毁播放器实例，释放资源。

AVPlayer 提供了多种事件和状态变化的监听，帮助开发者根据播放器的当前状态（如播放、暂停、错误、缓冲等）做出相应的处理。例如，通过 stateChange 事件可以实时获知播

放器状态变化，timeUpdate和durationUpdate事件可以帮助更新播放进度条。

此外，AVPlayer还支持后台播放、音频焦点管理、多个音频设备监听等高级功能，适用于更加复杂的应用场景。

在开发过程中，如果涉及网络资源播放，记得申请必要的权限，如ohos.permission.INTERNET，并确保资源路径的有效性和格式支持。

示例代码如下。

```
import { media } from '@kit.MediaKit';
import { fileIo as fs } from '@kit.CoreFileKit';
import { common } from '@kit.AbilityKit';
import { BusinessError } from '@kit.BasicServicesKit';

export class AVPlayerDemo {
  private playbackCount: number = 0;
  private videoSurfaceID: string = ''; // surfaceID用于播放画面显示，具体的值需
要通过Xcomponent接口获取，相关文档链接见上面Xcomponent创建方法
  private isSeekEnabled: boolean = true; // 用于区分模式是否支持seek操作
  private mediaFileSize: number = -1;
  private fileDescriptor: number = 0;

  constructor(surfaceID: string) {
    this.videoSurfaceID = surfaceID;
  }

  // 注册avplayer回调函数
  setAVPlayerCallback(avPlayer: media.AVPlayer) {
    // startRenderFrame首帧渲染回调函数
    avPlayer.on('startRenderFrame', () => {
      console.info('AVPlayer start render frame');
    })
    // seek操作结果回调函数
    avPlayer.on('seekDone', (seekDoneTime: number) => {
      console.info('AVPlayer seek succeeded, seek time is
${seekDoneTime}');
    })
     // error回调监听函数，当avPlayer在操作过程中出现错误时调用reset接口触发重置
流程
    avPlayer.on('error', (err: BusinessError) => {
      console.error('Invoke avPlayer failed, code is ${err.code},
message is ${err.message}');
      avPlayer.reset(); // 调用reset重置资源，触发idle状态
    })
    // 状态机变化回调函数
    avPlayer.on('stateChange', async (state: string, reason:
```

```
  media.StateChangeReason) => {
      switch (state) {
        case 'idle': // 成功调用 reset 接口后触发该状态机上报
          console.info('AVPlayer state idle called.');
          avPlayer.release(); // 调用 release 接口销毁实例对象
          break;
        case 'initialized': // avplayer 设置播放源后触发该状态上报
          console.info('AVPlayer state initialized called.');
          avPlayer.surfaceId = this.videoSurfaceID; // 设置显示画面，当播放的
资源为纯音频时无需设置
          avPlayer.prepare();
          break;
        case 'prepared': // prepare 调用成功后上报该状态机
          console.info('AVPlayer state prepared called.');
          avPlayer.play(); // 调用播放接口开始播放
          break;
        case 'playing': // play 成功调用后触发该状态机上报
          console.info('AVPlayer state playing called.');
          if (this.playbackCount !== 0) {
            if (this.isSeekEnabled) {
              console.info('AVPlayer start to seek.');
              avPlayer.seek(avPlayer.duration); //seek 到视频末尾
            } else {
              // 当播放模式不支持 seek 操作时继续播放到结尾
              console.info('AVPlayer wait to play end.');
            }
          } else {
            avPlayer.pause(); // 调用暂停接口暂停播放
          }
          this.playbackCount++;
          break;
        case 'paused': // pause 成功调用后触发该状态机上报
          console.info('AVPlayer state paused called.');
          avPlayer.play(); // 再次播放接口开始播放
          break;
        case 'completed': // 播放结束后触发该状态机上报
          console.info('AVPlayer state completed called.');
          avPlayer.stop(); // 调用播放结束接口
          break;
        case 'stopped': // stop 接口成功调用后触发该状态机上报
          console.info('AVPlayer state stopped called.');
          avPlayer.reset(); // 调用 reset 接口初始化 avplayer 状态
          break;
```

```
        case 'released':
          console.info('AVPlayer state released called.');
          break;
        default:
          console.info('AVPlayer state unknown called.');
          break;
      }
    })
  }

  // 以下 demo 为使用 fs 文件系统打开沙箱地址获取媒体文件地址并通过 url 属性进行播放示例
  async avPlayerUrlDemo() {
    // 创建 avPlayer 实例对象
    let avPlayer: media.AVPlayer = await media.createAVPlayer();
    // 创建状态机变化回调函数
    this.setAVPlayerCallback(avPlayer);
    let fdPath = 'fd://';
    let context = getContext(this) as common.UIAbilityContext;
    // 通过 UIAbilityContext 获取沙箱地址 filesDir，以 Stage 模型为例
    let pathDir = context.filesDir;
    let path = pathDir + '/H264_AAC.mp4';
    // 打开相应的资源文件地址获取 fd，并为 url 赋值触发 initialized 状态机上报
    let file = await fs.open(path);
    fdPath = fdPath + '' + file.fd;
    this.isSeekEnabled = true; // 支持 seek 操作
    avPlayer.url = fdPath;
  }

  // 以下 demo 为使用资源管理接口获取打包在 HAP 内的媒体资源文件并通过 fdSrc 属性进行播
放示例
  async avPlayerFdSrcDemo() {
    // 创建 avPlayer 实例对象
    let avPlayer: media.AVPlayer = await media.createAVPlayer();
    // 创建状态机变化回调函数
    this.setAVPlayerCallback(avPlayer);
    // 通过 UIAbilityContext 的 resourceManager 成员的 getRawFd 接口获取媒体资源播
放地址
    // 返回类型为 {fd,offset,length}，fd 为 HAP 包 fd 地址，offset 为媒体资源偏移量，
length 为播放长度
    let context = getContext(this) as common.UIAbilityContext;
    let fileDescriptor = await
  context.resourceManager.getRawFd('H264_AAC.mp4');
    let avFileDescriptor: media.AVFileDescriptor =
```

```
      { fd: fileDescriptor.fd, offset: fileDescriptor.offset, length: fileDe-
scriptor.length };
    this.isSeekEnabled = true; // 支持 seek 操作
    // 为 fdSrc 赋值触发 initialized 状态机上报
    avPlayer.fdSrc = avFileDescriptor;
  }

  // 以下 demo 为使用 fs 文件系统打开沙箱地址获取媒体文件地址并通过
dataSrc 属性进行播放（seek 模式）示例
  async avPlayerDataSrcSeekDemo() {
    // 创建 avPlayer 实例对象
    let avPlayer: media.AVPlayer = await media.createAVPlayer();
    // 创建状态机变化回调函数
    this.setAVPlayerCallback(avPlayer);
    // dataSrc 播放模式的播放源地址，当播放为 Seek 模式时 fileSize 为播放文件的具体大小，
下面会对 fileSize 赋值
    let src: media.AVDataSrcDescriptor = {
      fileSize: -1,
      callback: (buf: ArrayBuffer, length: number, pos: number |
undefined) => {
        let num = 0;
        if (buf == undefined || length == undefined || pos ==
undefined) {
          return -1;
        }
        num = fs.readSync(this.fileDescriptor, buf, { offset: pos,
length: length });
        if (num > 0 && (this.mediaFileSize >= pos)) {
          return num;
        }
        return -1;
      }
    }
    let context = getContext(this) as common.UIAbilityContext;
    // 通过 UIAbilityContext 获取沙箱地址 filesDir，以 Stage 模型为例
    let pathDir = context.filesDir;
    let path = pathDir + '/H264_AAC.mp4';
    await fs.open(path).then((file: fs.File) => {
      this.fileDescriptor = file.fd;
    })
    // 获取播放文件的大小
    this.mediaFileSize = fs.statSync(path).size;
    src.fileSize = this.mediaFileSize;
```

```
    this.isSeekEnabled = true; // 支持 seek 操作
    avPlayer.dataSrc = src;
  }

  // 以下 demo 为使用 fs 文件系统打开沙箱地址获取媒体文件地址并通过
dataSrc 属性进行播放（No seek 模式）示例
  async avPlayerDataSrcNoSeekDemo() {
    // 创建 avPlayer 实例对象
    let avPlayer: media.AVPlayer = await media.createAVPlayer();
    // 创建状态机变化回调函数
    this.setAVPlayerCallback(avPlayer);
    let context = getContext(this) as common.UIAbilityContext;
    let src: media.AVDataSrcDescriptor = {
      fileSize: -1,
      callback: (buf: ArrayBuffer, length: number) => {
        let num = 0;
        if (buf == undefined || length == undefined) {
          return -1;
        }
        num = fs.readSync(this.fileDescriptor, buf);
        if (num > 0) {
          return num;
        }
        return -1;
      }
    }
    // 通过 UIAbilityContext 获取沙箱地址 filesDir，以 Stage 模型为例
    let pathDir = context.filesDir;
    let path = pathDir + '/H264_AAC.mp4';
    await fs.open(path).then((file: fs.File) => {
      this.fileDescriptor = file.fd;
    })
    this.isSeekEnabled = false; // 不支持 seek 操作
    avPlayer.dataSrc = src;
  }

  // 以下 demo 为通过 url 设置网络地址来实现播放直播码流的 demo
  async avPlayerLiveDemo() {
    // 创建 avPlayer 实例对象
    let avPlayer: media.AVPlayer = await media.createAVPlayer();
    // 创建状态机变化回调函数
    this.setAVPlayerCallback(avPlayer);
    this.isSeekEnabled = false; // 不支持 seek 操作
```

```
      avPlayer.url = 'http://xxx.xxx.xxx.xxx:xx/xx/index.m3u8'; // 播放hls网络
直播码流
    }

    // 以下demo为通过setMediaSource设置自定义头域及媒体播放优选参数实现初始播放参数
设置
    async preDownloadDemo() {
      // 创建avPlayer实例对象
      let avPlayer: media.AVPlayer = await media.createAVPlayer();
      let mediaSource : media.MediaSource =
  media.createMediaSourceWithUrl("http://xxx",  {"User-Agent" : "Us-
er-Agent-Value"});
       let playbackStrategy : media.PlaybackStrategy = {preferredWidth: 1,
preferredHeight: 2, preferredBufferDuration: 3, preferredHdr: false};
      // 设置媒体来源和播放策略
      avPlayer.setMediaSource(mediaSource, playbackStrategy);
    }

    // 以下demo为通过selectTrack设置音频轨道，通过deselectTrack取消上次设置的音频
轨道并恢复到视频默认音频轨道。
    async multiTrackDemo() {
      // 创建avPlayer实例对象
      let avPlayer: media.AVPlayer = await media.createAVPlayer();
      let audioTrackIndex: Object = 0;
      avPlayer.getTrackDescription((error: BusinessError, arrList:
  Array<media.MediaDescription>) => {
        if (arrList != null) {
          for (let i = 0; i < arrList.length; i++) {
            if (i != 0) {
              // 获取音频轨道列表
              audioTrackIndex = i;
              break;
            }
          }
        }
        // 设置音频轨道
        avPlayer.selectTrack(audioTrackIndex);
        // 取消音频轨道
        avPlayer.deselectTrack(audioTrackIndex);
      })
    }
  }
```

代码解释如下。

导入模块代码如下。

```
import { media } from '@kit.MediaKit';
import { fileIo as fs } from '@kit.CoreFileKit';
import { common } from '@kit.AbilityKit';
import { BusinessError } from '@kit.BasicServicesKit';
```

media：用于处理音视频相关的功能。

fs：文件操作相关的模块，用于处理文件读写。

common：常用的工具类。

BusinessError：用于处理业务错误。

AVPlayerDemo 类代码如下。

```
export class AVPlayerDemo {
  private playbackCount: number = 0;
  private videoSurfaceID: string = ''; // surfaceID 用于播放画面显示，具体的值需
要通过 Xcomponent 接口获取，相关文档链接见上面
Xcomponent 创建方法
  private isSeekEnabled: boolean = true; // 用于区分模式是否支持 seek 操作
  private mediaFileSize: number = -1;
  private fileDescriptor: number = 0;
```

playbackCount：播放次数计数。

videoSurfaceID：用于显示视频的画面 ID。

isSeekEnabled：指示是否支持视频跳转（seek）操作。

mediaFileSize：存储媒体文件的大小。

fileDescriptor：文件描述符，用于标识打开的文件。

构造函数代码如下。

```
  constructor(surfaceID: string) {
    this.videoSurfaceID = surfaceID;
  }
```

构造函数接收一个参数 surfaceID，并将其保存到 videoSurfaceID 中，供后续使用。

注册 AVPlayer 回调函数代码如下。

```
  setAVPlayerCallback(avPlayer: media.AVPlayer) {
    avPlayer.on('startRenderFrame', () => {
      console.info('AVPlayer start render frame');
    })
    avPlayer.on('seekDone', (seekDoneTime: number) => {
      console.info('AVPlayer seek succeeded, seek time is
${seekDoneTime}');
    })
    avPlayer.on('error', (err: BusinessError) => {
      console.error('Invoke avPlayer failed, code is ${err.code},
message is ${err.message}');
      avPlayer.reset(); // 调用 reset 重置资源，触发 idle 状态
```

```
    })
    avPlayer.on('stateChange', async (state: string, reason: media.StateChangeReason) => {
      switch (state) {
        case 'idle':
          console.info('AVPlayer state idle called.');
          avPlayer.release(); // 销毁AVPlayer实例
          break;
        case 'initialized':
          console.info('AVPlayer state initialized called.');
          avPlayer.surfaceId = this.videoSurfaceID; // 设置显示画面
          avPlayer.prepare();
          break;
        case 'prepared':
          console.info('AVPlayer state prepared called.');
          avPlayer.play(); // 播放
          break;
        case 'playing':
          console.info('AVPlayer state playing called.');
          if (this.playbackCount !== 0) {
            if (this.isSeekEnabled) {
              avPlayer.seek(avPlayer.duration); // 跳转到视频结尾
            }
          } else {
            avPlayer.pause(); // 暂停播放
          }
          this.playbackCount++;
          break;
        case 'paused':
          console.info('AVPlayer state paused called.');
          avPlayer.play(); // 继续播放
          break;
        case 'completed':
          console.info('AVPlayer state completed called.');
          avPlayer.stop(); // 播放结束
          break;
        case 'stopped':
          console.info('AVPlayer state stopped called.');
          avPlayer.reset(); // 重置AVPlayer
          break;
        case 'released':
          console.info('AVPlayer state released called.');
          break;
```

```
        default:
          console.info('AVPlayer state unknown called.');
          break;
      }
    })
  }
```

setAVPlayerCallback：为 AVPlayer 注册多个回调函数。

startRenderFrame：当开始渲染视频帧时触发。

seekDone：当跳转完成时触发。

error：当发生错误时触发，并且重置 AVPlayer。

stateChange：当 AVPlayer 状态改变时触发，根据不同的状态（如 idle、prepared、playing 等）执行相应的操作。

6.3　相机开发（Camera Kit）

一天，小牛和小马正在研究如何用 Camera Kit 开发一个酷炫的相机应用。

小牛，我发现 Camera Kit 超强啊！我们可以用它实现预览、拍照、录像这些基础功能。

小马

小牛

嗯，我刚刚还看到它能控制闪光灯、曝光时间、对焦这些高级操作。听起来开发起来很灵活！

对了，如果我们只是想简单地拍一张照片或者录一段视频，可以直接用 CameraPicker，连权限都不用申请。

小马

小牛

确实方便！不过我更想做点不一样的，比如支持多镜头切换、实时特效，还能根据需求调整分辨率。

那你得看看相机的开发模型了，里面把工作流程分得很清楚。

小马

小牛

说来听听！

简单来说，相机的工作流程可以分成三部分。

相机输入设备管理：这个部分是摄像头的工作，比如采集数据生成输入流。我们可以选择不同的镜头，比如广角镜头、长焦镜头，甚至 TOF 传感器来适配不同硬件需求。

会话管理：会话管理就像拍摄的“大脑”。它负责配置哪些镜头来拍摄，同时还能调整参数，比如控制闪光灯、调整曝光时间或者对焦距离。

相机输出管理：最后是输出部分，就是把拍摄的内容按需求输出为预览流、拍照流或者视频流。比如实时显示拍摄画面就是预览流，存成照片或者视频文件就分别是拍照流和视频流。

小马

小牛

明白了！整个流程从采集到输出，配合得很好。我想我们可以通过控制这些流程，实现更复杂的拍摄需求，比如录像时加个实时滤镜什么的。

Camera Kit 的开发模型，可以用三个关键部分来描述。

相机输入设备管理：这是相机的基础部分，负责采集摄像头的数据。无论是广角镜头、长焦镜头，还是 TOF（飞行时间）传感器，Camera Kit 都能灵活调用，为应用提供多样化的数据输入流。

会话管理：会话管理是相机的“大脑”，负责协调拍摄的全过程。你可以选择使用哪一个镜头来拍摄。可以调整拍摄的参数，比如控制闪光灯、曝光时间或对焦距离。它支持灵活的场景切换，比如从一个低光场景切换到动态视频录制场景。

相机输出管理：输出部分定义了拍摄内容的去向。

预览流：实时显示拍摄的画面。

拍照流：保存为高质量的照片。

视频流：直接录制为视频文件。

从采集到输出：工作流程详解

在 Camera Kit 的世界里，数据的旅程从采集开始，最终到达输出。

采集：摄像头硬件负责采集数据，通过底层的 HDI（Hardware Device Interfaces）接口处理图像。

BufferQueue：这些数据会传递到相机的核心 BufferQueue，确保数据能够无缝地从底层传递到上层模块。

显示与保存：数据经过一系列处理后，可以在屏幕上实时显示，也可以保存为照片或视频文件。

以视频录制为例，假如你想开发一个视频录制功能，流程会是这样的：媒体录制服务会创建一个 Surface，用于数据传递；

Camera Kit 控制相机设备采集视频流，并通过 HDI 进行底层处理；

处理后的视频流通过 Surface 传递到媒体录制服务，最终保存为视频文件。

通过 Camera Kit 的开发模型，开发者不仅可以实现基本功能，还能探索更多创新场景，比如多镜头适配、高分辨率照片拍摄，甚至是实时视频特效。

在开发相机应用时，确保应用具有适当的权限是非常重要的。为了确保应用能够顺利访问和操作相机硬件以及其他相关功能，开发者需要根据应用的需求申请不同的权限。以下是常见的权限申请需求及其对应的开发建议。

常见权限申请如下。

相机权限（ohos.permission.CAMERA）：该权限允许应用访问相机硬件进行拍照或录像。开发者在应用启动时需要首先申请此权限。

麦克风权限（ohos.permission.MICROPHONE）：如果应用需要录制音频（如在录制视频时），必须申请该权限。确保在音频录制时不会受到限制。

地理位置信息权限（ohos.permission.MEDIA_LOCATION）：当应用需要在拍摄的图片或视频中嵌入地理位置信息时，必须申请此权限。此权限允许访问用户媒体文件中的地理位置信息。

以上权限都需要通过弹窗形式向用户请求授权。在请求授权之前，确保符合相关的基本原则，如隐私保护和用户同意。

文件访问权限如下。

读取图片或视频文件：在需要读取图片或视频文件时，建议开发者优先使用媒体库的 Picker 来选择媒体资源。这样不仅提高了开发效率，也简化了用户权限管理。

保存图片或视频文件：当应用需要保存文件时，建议使用安全控件来进行保存操作。这种方式确保了用户数据的安全性，并且符合相关的应用审查标准。

受控权限申请：只有在应用需要克隆、备份或同步用户公共目录中的图片、视频类文件时，才可以申请如 ohos.permission.READ_IMAGEVIDEO 和 ohos.permission.WRITE_IMAGEVIDEO 的权限。为了通过 AGC 审核，开发者应尽量避免直接申请这些受控权限，而是优先考虑使用 Picker 等替代方案。只有少数符合特殊场景的应用才会被允许使用这些权限。

示例代码如下。

```
import { camera } from '@kit.CameraKit';
import { BusinessError } from '@kit.BasicServicesKit';
import { common } from '@kit.AbilityKit';

// 获取相机管理器对象
function getCameraManager(context: common.BaseContext):
camera.CameraManager {
  let cameraManager: camera.CameraManager =
camera.getCameraManager(context);
  return cameraManager;
}

// 获取设备支持的所有相机设备
function getCameraDevices(cameraManager: camera.CameraManager):
```

```
Array<camera.CameraDevice> {
  let cameraArray: Array<camera.CameraDevice> =
cameraManager.getSupportedCameras();

  if (cameraArray != undefined && cameraArray.length > 0) {
    // 如果设备有支持的相机，遍历并打印相机信息
    for (let index = 0; index < cameraArray.length; index++) {
      console.info('Camera ID: ' + cameraArray[index].cameraId);  // 获取相机
ID
      console.info('Camera Position: ' +
cameraArray[index].cameraPosition);  // 获取相机位置
      console.info('Camera Type: ' + cameraArray[index].cameraType);
// 获取相机类型
      console.info('Connection Type: ' +
cameraArray[index].connectionType);  // 获取连接类型
    }
    return cameraArray;
  } else {
    console.error("No supported cameras found.");
    return [];
  }
}

// 监听相机状态变化（例如相机的连接、移除、可用性等）
function onCameraStatusChange(cameraManager: camera.CameraManager):
void {
  cameraManager.on('cameraStatus', (err: BusinessError,
cameraStatusInfo: camera.CameraStatusInfo) => {
    if (err !== undefined && err.code !== 0) {
      console.error('Callback Error, errorCode: ${err.code}');
      return;
    }

    // 根据相机状态执行不同操作
    switch (cameraStatusInfo.status) {
      case camera.CameraStatus.CAMERA_STATUS_APPEAR:
        console.info('New camera device appeared.');
        break;
      case camera.CameraStatus.CAMERA_STATUS_DISAPPEAR:
        console.info('Camera device has been removed.');
        break;
      case camera.CameraStatus.CAMERA_STATUS_AVAILABLE:
        console.info('Current camera is available.');
```

```
        break;
      case camera.CameraStatus.CAMERA_STATUS_UNAVAILABLE:
        console.info('Current camera is unavailable (occupied).');
        break;
      default:
        console.info('Camera status is unknown.');
        break;
    }

    console.info('Camera ID: ${cameraStatusInfo.camera.cameraId}');
    console.info('Status: ${cameraStatusInfo.status}');
  });
}
```

代码解释如下。

导入所需模块代码如下。

```
import { camera } from '@kit.CameraKit';
import { BusinessError } from '@kit.BasicServicesKit';
import { common } from '@kit.AbilityKit';
```

@kit.CameraKit：提供与相机硬件交互的接口。

@kit.BasicServicesKit：提供错误处理接口，处理与相机状态相关的错误。

@kit.AbilityKit：提供与能力相关的服务接口，这里主要用来获取上下文信息。

获取相机管理器对象代码如下。

```
function getCameraManager(context: common.BaseContext):
camera.CameraManager {
  let cameraManager: camera.CameraManager =
camera.getCameraManager(context);
  return cameraManager;
}
```

getCameraManager 函数：通过提供的上下文 context 获取相机管理器

cameraManager：它是与相机设备交互的入口。

获取设备支持的相机列表代码如下。

```
function getCameraDevices(cameraManager: camera.CameraManager):
Array<camera.CameraDevice> {
  let cameraArray: Array<camera.CameraDevice> =
cameraManager.getSupportedCameras();
```

getCameraDevices 函数通过 cameraManager.getSupportedCameras() 获取当前设备支持的相机列表，并存储在 cameraArray 中。

判断相机列表是否为空代码如下。

```
if (cameraArray != undefined && cameraArray.length > 0) {
```

如果 cameraArray 不为空，表示设备有可用的相机。

打印相机信息代码如下。

```
for (let index = 0; index < cameraArray.length; index++) {
```

```
  console.info('Camera ID: ' + cameraArray[index].cameraId);
  console.info('Camera Position: ' +
cameraArray[index].cameraPosition);
  console.info('Camera Type: ' + cameraArray[index].cameraType);
  console.info('Connection Type: ' +
cameraArray[index].connectionType);
}
```

遍历 cameraArray，打印每个相机的 ID、位置、类型和连接类型等信息。

无可用相机时打印错误代码如下。

```
console.error("No supported cameras found.");
return [];
```

如果没有找到可用的相机，打印错误信息并返回空数组。

监听相机状态变化代码如下。

```
function onCameraStatusChange(cameraManager: camera.CameraManager):
void {
  cameraManager.on('cameraStatus', (err: BusinessError,
cameraStatusInfo: camera.CameraStatusInfo) => {
    if (err !== undefined && err.code !== 0) {
      console.error('Callback Error, errorCode: ${err.code}');
      return;
    }
```

onCameraStatusChange 函数注册监听 cameraStatus 事件。此事件会在相机的状态变化时触发，包括新相机的连接、相机移除等。如果发生错误，打印错误代码并返回。

根据相机状态执行不同操作代码如下。

```
switch (cameraStatusInfo.status) {
  case camera.CameraStatus.CAMERA_STATUS_APPEAR:
    console.info('New camera device appeared.');
    break;
  case camera.CameraStatus.CAMERA_STATUS_DISAPPEAR:
    console.info('Camera device has been removed.');
    break;
  case camera.CameraStatus.CAMERA_STATUS_AVAILABLE:
    console.info('Current camera is available.');
    break;
  case camera.CameraStatus.CAMERA_STATUS_UNAVAILABLE:
    console.info('Current camera is unavailable (occupied).');
    break;
  default:
    console.info('Camera status is unknown.');
    break;
}
```

根据 cameraStatusInfo.status 值判断相机状态，分别输出新相机连接、相机移除、相机可用和不可用的状态信息。

打印相机 ID 和状态代码如下。

```
console.info(`Camera ID: ${cameraStatusInfo.camera.cameraId}`);
console.info(`Status: ${cameraStatusInfo.status}`);
```

打印当前相机的 ID 和状态信息，以便开发者跟踪相机的变化。

在开发相机应用时，核心操作包括创建相机输入流、获取相机设备支持的场景模式，以及获取相机设备支持的输出流能力。示例代码如下。

```
import { camera } from '@kit.CameraKit';
import { BusinessError } from '@kit.BasicServicesKit';

// 创建相机输入流
async function createCameraInput(cameraDevice: camera.CameraDevice,
cameraManager: camera.CameraManager): Promise<camera.CameraInput |
undefined> {
  let cameraInput: camera.CameraInput | undefined = undefined;
  try {
    cameraInput = cameraManager.createCameraInput(cameraDevice);
  } catch (error) {
    let err = error as BusinessError;
    console.error('Failed to createCameraInput errorCode = ' +
err.code);
  }

  if (cameraInput === undefined) {
    return undefined;
  }

  cameraInput.on('error', cameraDevice, (error: BusinessError) => {
    console.error(`Camera input error code: ${error.code}`);
  });

  await cameraInput.open();
  return cameraInput;
}

// 获取支持的场景模式
function getSupportedSceneModes(cameraDevice: camera.CameraDevice,
cameraManager: camera.CameraManager): Array<camera.SceneMode> {
  let sceneModes: Array<camera.SceneMode> =
cameraManager.getSupportedSceneModes(cameraDevice);

  if (sceneModes !== undefined && sceneModes.length > 0) {
    for (let index = 0; index < sceneModes.length; index++) {
      console.info('Supported SceneMode: ' + sceneModes[index]);
```

```
      }
      return sceneModes;
    } else {
      console.error("Failed to get supported scene modes");
      return [];
    }
}

// 获取支持的输出流能力
async function getSupportedOutputCapability(cameraDevice:
camera.CameraDevice, cameraManager: camera.CameraManager, sceneMode:
camera.SceneMode): Promise<camera.CameraOutputCapability | undefined>
{
  let cameraOutputCapability: camera.CameraOutputCapability =
cameraManager.getSupportedOutputCapability(cameraDevice, sceneMode);

  if (!cameraOutputCapability) {
    console.error("Failed to get supported output capability");
    return undefined;
  }

  console.info("Camera Output Capability: " +
JSON.stringify(cameraOutputCapability));

  let previewProfiles: Array<camera.Profile> =
cameraOutputCapability.previewProfiles;
  if (!previewProfiles) {
    console.error("No preview profiles available");
  }

  let photoProfiles: Array<camera.Profile> =
cameraOutputCapability.photoProfiles;
  if (!photoProfiles) {
    console.error("No photo profiles available");
  }

  return cameraOutputCapability;
}
```

代码解释如下。

导入依赖代码如下。

```
import { camera } from '@kit.CameraKit';   // 导入相机相关接口
import { BusinessError } from '@kit.BasicServicesKit';   // 导入错误处理接口
```

camera：导入相机相关的功能库，这些方法和接口帮助你与相机设备进行交互，如创建输入流、获取输出流等。

BusinessError：用于处理业务层的错误信息，能够捕获和输出相机操作中的错误。

创建相机输入流代码如下。

```
async function createCameraInput(cameraDevice: camera.CameraDevice,
cameraManager: camera.CameraManager): Promise<camera.CameraInput |
undefined> {
```

该函数用于创建相机输入流，它需要两个参数。

cameraDevice：一个表示相机设备的对象。

cameraManager：一个管理相机设备的管理器对象。

let cameraInput: camera.CameraInput | undefined = undefined; 即声明一个变量 cameraInput，用来存储相机输入流的实例。初始值是 undefined，表示尚未创建。

```
  try {
    cameraInput = cameraManager.createCameraInput(cameraDevice);
  } catch (error) {
    let err = error as BusinessError;
    console.error('Failed to createCameraInput errorCode = ' +
err.code);
  }
```

使用 cameraManager.createCameraInput 创建相机输入流。此方法会连接指定的 cameraDevice（相机设备）。

如果出现错误（例如相机设备无法访问或输入流创建失败），会捕获并输出错误代码。error 被转换为 BusinessError 类型，从中提取错误码并打印到控制台。

```
  if (cameraInput === undefined) {
    return undefined;
  }
```

如果 cameraInput 为 undefined，表示创建失败，函数返回 undefined。

```
  cameraInput.on('error', cameraDevice, (error: BusinessError) => {
    console.error('Camera input error code: ${error.code}');
  });
```

上面代码是为 cameraInput 注册一个错误事件监听器，当发生输入流错误时，打印错误代码。

```
  await cameraInput.open();
  return cameraInput;
}
```

调用 cameraInput.open() 方法打开相机输入流，确保相机开始工作。如果打开成功，返回 cameraInput。

获取支持的场景模式代码如下。

```
function getSupportedSceneModes(cameraDevice: camera.CameraDevice, camera-
Manager: camera.CameraManager): Array<camera.SceneMode> {
```

这个函数用来获取相机设备支持的所有场景模式。需要传入两个参数。

cameraDevice：要查询的相机设备。

cameraManager：管理器，能够获取设备的支持情况。

```
  let sceneModes: Array<camera.SceneMode> =
cameraManager.getSupportedSceneModes(cameraDevice);
```

调用 cameraManager.getSupportedSceneModes 方法获取 cameraDevice 支持的所有场景模式。返回一个数组，其中包含了所有支持的 SceneMode 类型。

```
  if (sceneModes !== undefined && sceneModes.length > 0) {
    for (let index = 0; index < sceneModes.length; index++) {
      console.info('Supported SceneMode: ' + sceneModes[index]);
    }
    return sceneModes;
  } else {
    console.error("Failed to get supported scene modes");
    return [];
  }
```

如果 sceneModes 数组存在且不为空，则循环输出所有支持的场景模式，并返回这些模式。如果获取失败（返回 undefined 或空数组），输出错误信息并返回一个空数组。

获取支持的输出流能力代码如下。

```
async function getSupportedOutputCapability(cameraDevice:
camera.CameraDevice, cameraManager: camera.CameraManager, sceneMode:
camera.SceneMode): Promise<camera.CameraOutputCapability | undefined>
{
```

该函数获取设备在特定场景模式下支持的输出流能力。参数如下。

cameraDevice：要查询的相机设备。

cameraManager：管理器对象，用于获取设备能力。

sceneMode：当前设备支持的场景模式（如普通拍照模式或夜景模式）。

```
  let cameraOutputCapability: camera.CameraOutputCapability =
cameraManager.getSupportedOutputCapability(cameraDevice, sceneMode);
```

调用 cameraManager.getSupportedOutputCapability 获取当前设备在指定场景模式下的输出流能力。返回 cameraOutputCapability，它包含相机设备支持的各种输出流（如预览流、拍照流等）。

```
  if (!cameraOutputCapability) {
    console.error("Failed to get supported output capability");
    return undefined;
  }
```

如果 cameraOutputCapability 为 undefined，表示获取能力失败，输出错误信息并返回 undefined。

```
  console.info("Camera Output Capability: " +
JSON.stringify(cameraOutputCapability));
```

输出相机的能力信息，帮助开发者了解设备支持的各种输出流配置。

```
  let previewProfiles: Array<camera.Profile> =
cameraOutputCapability.previewProfiles;
  if (!previewProfiles) {
    console.error("No preview profiles available");
```

```
  }
```

获取相机设备支持的预览流配置（previewProfiles），如果没有预览流配置，输出错误信息。

```
  let photoProfiles: Array<camera.Profile> =
cameraOutputCapability.photoProfiles;
  if (!photoProfiles) {
    console.error("No photo profiles available");
  }
```

获取相机设备支持的拍照流配置（photoProfiles），如果没有拍照流配置，输出错误信息。

```
  return cameraOutputCapability;
}
```

返回 cameraOutputCapability，它包含了相机设备支持的所有输出流能力，包括预览流和拍照流等。

设置相机预览流、创建 Surface、使能预览流，以及如何监听预览流的状态，代码如下。

```
import { camera } from '@kit.CameraKit';
import { BusinessError } from '@kit.BasicServicesKit';

// 获取设备支持的预览能力并创建预览输出流
function createPreviewStream(cameraManager: camera.CameraManager,
cameraOutputCapability: camera.CameraOutputCapability, surfaceId:
string): camera.PreviewOutput | undefined {
  let supportedPreviewProfiles: Array<camera.Profile> =
cameraOutputCapability.previewProfiles;
  let previewStream: camera.PreviewOutput | undefined = undefined;

  try {
    // 使用支持的预览能力和 Surface ID 创建预览输出流
    previewStream =
cameraManager.createPreviewOutput(supportedPreviewProfiles[0],
surfaceId);
  } catch (error) {
    let err = error as BusinessError;
     console.error("Failed to create the PreviewOutput instance. error
code: " + err.code);
  }
  return previewStream;
}

// 启动相机预览流
async function startCameraPreview(cameraManager:
camera.CameraManager, previewStream: camera.PreviewOutput):
Promise<void> {
```

```
  let cameraDevices: Array<camera.CameraDevice> =
cameraManager.getSupportedCameras();
  if (cameraDevices.length === 0) {
    console.error('No cameras available.');
    return;
  }

  // 获取相机支持的拍照模式
  let sceneModes: Array<camera.SceneMode> =
cameraManager.getSupportedSceneModes(cameraDevices[0]);
  let isPhotoModeSupported =
sceneModes.includes(camera.SceneMode.NORMAL_PHOTO);
  if (!isPhotoModeSupported) {
    console.error('Photo mode not supported.');
    return;
  }

  // 创建相机输入并打开相机
  let cameraInput: camera.CameraInput | undefined =
cameraManager.createCameraInput(cameraDevices[0]);
  if (!cameraInput) {
    console.error('Camera input is undefined.');
    return;
  }

  await cameraInput.open();

  // 创建一个拍照会话并配置输入输出
  let photoSession: camera.PhotoSession =
cameraManager.createSession(camera.SceneMode.NORMAL_PHOTO) as
camera.PhotoSession;
  photoSession.beginConfig();
  photoSession.addInput(cameraInput);
  photoSession.addOutput(previewStream);
  await photoSession.commitConfig();
  await photoSession.start();
}

// 监听预览流状态：开始、结束及错误
function listenToPreviewStreamStatus(previewStream:
camera.PreviewOutput): void {
  // 监听预览流开始
  previewStream.on('frameStart', (err: BusinessError) => {
```

```
    if (err && err.code !== 0) {
      console.error('Error during frame start: ' + err.code);
      return;
    }
    console.info('Preview frame started');
  });

  // 监听预览流结束
  previewStream.on('frameEnd', (err: BusinessError) => {
    if (err && err.code !== 0) {
      console.error('Error during frame end: ' + err.code);
      return;
    }
    console.info('Preview frame ended');
  });

  // 监听预览流错误
  previewStream.on('error', (previewStreamError: BusinessError) => {
    console.error('Preview stream error code:
${previewStreamError.code}');
  });
}

// 使用示例
async function initializeCameraPreview() {
  const cameraManager = camera.getCameraManager();
  const cameraOutputCapability =
cameraManager.getCameraOutputCapability();

  // 获取 XComponent 的 surfaceId
  const surfaceId = 'your_surface_id_here';  // 实际值应从 UI 组件获取

  const previewStream = createPreviewStream(cameraManager,
cameraOutputCapability, surfaceId);

  if (previewStream) {
    await startCameraPreview(cameraManager, previewStream);
    listenToPreviewStreamStatus(previewStream);
  }
}
```

代码解释如下。

```
import { camera } from '@kit.CameraKit';
import { BusinessError } from '@kit.BasicServicesKit';
```

导入 camera 模块，提供了相机相关的 API；导入 BusinessError 类，处理可能在相机操作中发生的业务错误。

```
function createPreviewStream(cameraManager: camera.CameraManager,
cameraOutputCapability: camera.CameraOutputCapability, surfaceId:
string): camera.PreviewOutput | undefined {
```

定义了 createPreviewStream 函数，用于创建相机的预览流。函数接收三个参数。

cameraManager：相机管理器，用于管理相机设备。

cameraOutputCapability：相机的输出能力，包含了设备支持的各种输出配置。

surfaceId: Surface ID，显示预览流的目标界面。

```
  let supportedPreviewProfiles: Array<camera.Profile> =
cameraOutputCapability.previewProfiles;
```

获取设备支持的预览配置（previewProfiles），这是一个数组，每个配置包含了一个支持的分辨率、帧率等信息。

```
  let previewStream: camera.PreviewOutput | undefined = undefined;
```

定义 previewStream 变量，用来存储创建的预览输出流。初始值为 undefined。

```
  try {
    // 使用支持的预览能力和 Surface ID 创建预览输出流
    previewStream =
cameraManager.createPreviewOutput(supportedPreviewProfiles[0],
surfaceId);
  } catch (error) {
    let err = error as BusinessError;
     console.error("Failed to create the PreviewOutput instance. error
code: " + err.code);
  }
```

尝试使用相机管理器 createPreviewOutput 方法创建预览输出流，传入第一个支持的预览配置（supportedPreviewProfiles[0]）和 Surface ID（surfaceId）。如果创建失败，捕获异常并将其转换为 BusinessError 类型，然后输出错误代码。

```
  return previewStream;
}
```

返回创建的 previewStream，如果创建成功，返回 PreviewOutput 对象；如果失败，返回 undefined。

```
async function startCameraPreview(cameraManager:
camera.CameraManager, previewStream: camera.PreviewOutput):
Promise<void> {
```

定义 startCameraPreview 异步函数，负责启动相机的预览流。它接收两个参数。

cameraManager：相机管理器。

previewStream：创建的预览流。

```
  let cameraDevices: Array<camera.CameraDevice> =
cameraManager.getSupportedCameras();
  if (cameraDevices.length === 0) {
    console.error('No cameras available.');
```

```
    return;
  }
```

获取支持的相机设备列表（getSupportedCameras），如果没有可用的相机，输出错误信息并返回。

```
  let sceneModes: Array<camera.SceneMode> =
cameraManager.getSupportedSceneModes(cameraDevices[0]);
  let isPhotoModeSupported =
sceneModes.includes(camera.SceneMode.NORMAL_PHOTO);
  if (!isPhotoModeSupported) {
    console.error('Photo mode not supported.');
    return;
  }
```

获取第一个相机设备支持的拍照模式（getSupportedSceneModes）。检查是否支持正常的拍照模式（NORMAL_PHOTO），如果不支持，输出错误信息并返回。

```
  let cameraInput: camera.CameraInput | undefined =
cameraManager.createCameraInput(cameraDevices[0]);
  if (!cameraInput) {
    console.error('Camera input is undefined.');
    return;
  }
```

创建相机输入（createCameraInput），用于获取相机输入流。如果输入为空（cameraInput 为 undefined），输出错误信息并返回。

```
  await cameraInput.open();
```

异步打开相机输入流，准备启动相机。

```
  let photoSession: camera.PhotoSession =
cameraManager.createSession(camera.SceneMode.NORMAL_PHOTO) as
camera.PhotoSession;
  photoSession.beginConfig();
  photoSession.addInput(cameraInput);
  photoSession.addOutput(previewStream);
  await photoSession.commitConfig();
  await photoSession.start();
```

创建一个拍照会话（createSession），并设置为正常的拍照模式（NORMAL_PHOTO）。开始会话配置（beginConfig），将相机输入和预览输出流添加到会话中，提交配置并启动会话，开始预览。

```
function listenToPreviewStreamStatus(previewStream:
camera.PreviewOutput): void {
```

定义 listenToPreviewStreamStatus 函数，监听预览流的状态变化。传入参数是预览输出流（previewStream）。

```
  previewStream.on('frameStart', (err: BusinessError) => {
    if (err && err.code !== 0) {
      console.error('Error during frame start: ' + err.code);
      return;
```

```
    }
    console.info('Preview frame started');
  });
```

注册 frameStart 事件监听器，当预览流开始时触发。如果发生错误，输出错误信息；否则输出 Preview frame started。

```
  previewStream.on('frameEnd', (err: BusinessError) => {
    if (err && err.code !== 0) {
      console.error('Error during frame end: ' + err.code);
      return;
    }
    console.info('Preview frame ended');
  });
```

注册 frameEnd 事件监听器，当预览流结束时触发。如果发生错误，输出错误信息；否则输出 Preview frame ended。

```
  previewStream.on('error', (previewStreamError: BusinessError) => {
    console.error('Preview stream error code:
${previewStreamError.code}');
  });
}
```

注册 error 事件监听器，当预览流发生错误时触发。输出错误代码。

```
async function initializeCameraPreview() {
  const cameraManager = camera.getCameraManager();
  const cameraOutputCapability =
cameraManager.getCameraOutputCapability();
```

定义 initializeCameraPreview 函数，作为整个相机预览的初始化示例。

获取相机管理器（getCameraManager）和相机输出能力（getCameraOutputCapability）。

```
  const surfaceId = 'your_surface_id_here';  // 实际值应从 UI 组件获取
```

获取 surfaceId，这是预览流的显示界面。实际值应从 UI 组件中获取。

```
  const previewStream = createPreviewStream(cameraManager,
cameraOutputCapability, surfaceId);
```

调用 createPreviewStream 函数，创建预览输出流。

```
  if (previewStream) {
    await startCameraPreview(cameraManager, previewStream);
    listenToPreviewStreamStatus(previewStream);
  }
}
```

如果成功创建了预览流，调用 startCameraPreview 启动预览，并监听预览流状态。

设置拍照参数、获取输出流、处理拍照回调、保存图片到媒体库等内容。主要步骤如下。

导入必要的接口。

image 接口：处理图像相关操作。

camera 接口：实现相机拍照功能。

fileIo 接口：用于文件操作。

photoAccessHelper 接口：用于访问媒体库。

BusinessError 类：处理错误信息。

创建拍照输出流：通过 camera.CameraOutputCapability 类获取设备支持的拍照输出流类型。

使用 createPhotoOutput 方法创建输出流。

设置回调函数：使用 photoOutput.on('photoAvailable') 方法，获取拍照的 buffer 并保存图片。需要通过 image.Image 类获取图片的 JPEG 组件并将其保存到媒体库。

配置相机参数：判断设备是否支持闪光灯、焦距调整（变焦）、自动对焦等功能，并设置相应的模式。

触发拍照：使用 photoOutput.capture 方法触发拍照任务，设置图片质量、旋转角度、地理位置等参数。

状态监听：通过监听 captureStart、captureEnd、captureReady、error 等事件来跟踪拍照过程的各个状态。

示例代码如下。

```
import { image } from '@kit.ImageKit';
import { camera } from '@kit.CameraKit';
import { fileIo as fs } from '@kit.CoreFileKit';
import { photoAccessHelper } from '@kit.MediaLibraryKit';
import { BusinessError } from '@kit.BasicServicesKit';

function setupCamera(photoSession: camera.PhotoSession,
cameraManager: camera.CameraManager, cameraOutputCapability:
camera.CameraOutputCapability, context: any) {
  // 获取拍照输出流
  const photoProfiles = cameraOutputCapability.photoProfiles;
  if (!photoProfiles) {
    console.error("photoProfiles not available");
    return;
  }

  let photoOutput;
  try {
    photoOutput = cameraManager.createPhotoOutput(photoProfiles[0]);
  } catch (error) {
    console.error('Failed to create photo output:
${JSON.stringify(error)}');
    return;
  }

  // 设置回调处理拍照结果
  photoOutput.on('photoAvailable', (errCode, photo) => {
```

```
      if (errCode || !photo) {
        console.error('Photo capture failed');
        return;
      }

      const imageObj = photo.main;
      imageObj.getComponent(image.ComponentType.JPEG, (errCode,
component) => {
        if (errCode || !component) {
          console.error('Failed to get image component');
          return;
        }

        const buffer = component.byteBuffer;
        if (!buffer) {
          console.error('Buffer is null');
          return;
        }

        // 保存到媒体库
        photoAccessHelper.saveImageToGallery(buffer, context, (saveErr)
=> {
          if (saveErr) {
            console.error('Failed to save image to gallery');
          } else {
            console.info('Image saved successfully');
          }
        });

        imageObj.release();
      });
    });

    // 配置相机参数
    configureCameraSession(photoSession);

    // 启动拍照
    startCapture(photoOutput);
}

function configureCameraSession(photoSession: camera.PhotoSession) {
  try {
    const flashStatus = photoSession.hasFlash();
```

```
      console.info('Flash supported: ${flashStatus}');

      if (flashStatus) {
        const autoFlashSupported =
    photoSession.isFlashModeSupported(camera.FlashMode.FLASH_MODE_AUTO);
        if (autoFlashSupported) {
          photoSession.setFlashMode(camera.FlashMode.FLASH_MODE_AUTO);
        }
      }

      const focusModeSupported =
    photoSession.isFocusModeSupported(camera.FocusMode.FOCUS_MODE_CONTINUOUS_
AUTO);
      if (focusModeSupported) {
          photoSession.setFocusMode(camera.FocusMode.FOCUS_MODE_CONTINUOUS_
AUTO);
      }

      const zoomRatioRange = photoSession.getZoomRatioRange();
      if (zoomRatioRange.length > 0) {
        photoSession.setZoomRatio(zoomRatioRange[0]);
      }
    } catch (error) {
      console.error('Error in configuring camera:
    ${JSON.stringify(error)}');
    }
  }

  function startCapture(photoOutput: camera.PhotoOutput) {
    const settings = {
      quality: camera.QualityLevel.QUALITY_LEVEL_HIGH,
      rotation: camera.ImageRotation.ROTATION_0, // Replace with actual
  rotation value if needed
      location: { lat: 0, lon: 0 }, // Example location, replace with
  actual
      mirror: false
    };

    photoOutput.capture(settings, (err) => {
      if (err) {
        console.error('Failed to capture photo:
  ${JSON.stringify(err)}');
      } else {
```

```
        console.info('Photo capture started');
      }
    });
  }
```

代码解释如下。

导入相关接口代码如下。

```
import { image } from '@kit.ImageKit'; // 导入图像处理接口
import { camera } from '@kit.CameraKit'; // 导入相机功能接口
import { fileIo as fs } from '@kit.CoreFileKit'; // 导入文件操作接口（用于保存图片）
import { photoAccessHelper } from '@kit.MediaLibraryKit'; // 导入媒体库访问助手（用于图片保存）
import { BusinessError } from '@kit.BasicServicesKit'; // 导入错误处理模块
```

@kit.ImageKit：图像处理相关的功能模块，主要用于处理图片数据。

@kit.CameraKit：相机相关功能的模块，提供相机控制和拍照功能。

@kit.CoreFileKit：文件输入输出操作接口，用于文件的读取和保存。

@kit.MediaLibraryKit：用于与媒体库交互，如保存图片到图库。

@kit.BasicServicesKit：基础服务库，包含错误码和错误处理相关的功能。

获取照片输出流代码如下。

```
function getPhotoOutput(cameraManager: camera.CameraManager,
cameraOutputCapability: camera.CameraOutputCapability):
camera.PhotoOutput | undefined {
  let photoProfilesArray: Array<camera.Profile> =
cameraOutputCapability.photoProfiles; // 获取设备支持的拍照输出配置
  if (!photoProfilesArray) {
    console.error("createOutput photoProfilesArray == null ||
undefined"); // 检查配置是否为空
  }
  let photoOutput: camera.PhotoOutput | undefined = undefined;
  try {
     photoOutput = cameraManager.createPhotoOutput(photoProfilesArray[0]);
// 创建拍照输出流
  } catch (error) {
    let err = error as BusinessError;
    console.error('Failed to createPhotoOutput. error:
${JSON.stringify(err)}'); // 捕获并处理错误
  }
  return photoOutput; // 返回拍照输出流
}
```

cameraOutputCapability.photoProfiles：从相机能力中获取支持的拍照配置文件（例如分辨率、质量等）。

cameraManager.createPhotoOutput：根据获取的拍照配置创建一个拍照输出流。

错误处理：如果创建失败，捕获异常并打印错误信息。

设置拍照回调并保存图片代码如下。

```
let context = getContext(this); // 获取上下文信息

function setPhotoOutputCb(photoOutput: camera.PhotoOutput) {
  // 设置拍照回调，当拍照完成后调用该回调
  photoOutput.on('photoAvailable', (errCode: BusinessError, photo:
camera.Photo): void => {
    console.info('getPhoto start');
    console.info('err: ${JSON.stringify(errCode)}');
    if (errCode || photo === undefined) { // 如果发生错误或图片为空
      console.error('getPhoto failed');
      return;
    }
    let imageObj: image.Image = photo.main; // 获取照片的主图像
    imageObj.getComponent(image.ComponentType.JPEG, (errCode:
BusinessError, component: image.Component): void => {
      console.info('getComponent start');
      if (errCode || component === undefined) { // 处理 JPEG 组件失败
        console.error('getComponent failed');
        return;
      }
      let buffer: ArrayBuffer;
      if (component.byteBuffer) { // 获取图片数据的字节缓冲区
        buffer = component.byteBuffer;
      } else {
        console.error('byteBuffer is null'); // 如果没有字节缓冲区，则返回错误
        return;
      }
      // 处理完图片数据后释放资源，避免内存泄漏
      imageObj.release();
    });
  });
}
```

photoOutput.on('photoAvailable')：设置回调，当拍照成功后，获取照片数据。

imageObj.getComponent(image.ComponentType.JPEG)：从图片对象中提取 JPEG 组件，获取图像的字节数据。

错误处理：确保每个步骤都正确执行，否则打印错误信息并返回。

配置相机参数代码如下。

```
function configuringSession(photoSession: camera.PhotoSession): void
{
  let flashStatus: boolean = false;
  try {
    flashStatus = photoSession.hasFlash(); // 检查相机是否支持闪光灯
```

```
    } catch (error) {
      let err = error as BusinessError;
      console.error('Failed to hasFlash. error:
  ${JSON.stringify(err)}');
    }
    console.info('Returned with the flash light support status:
  ${flashStatus}');

    if (flashStatus) {
      let flashModeStatus: boolean = false;
      try {
        let status: boolean =
  photoSession.isFlashModeSupported(camera.FlashMode.FLASH_MODE_AUTO);
  // 检查是否支持自动闪光灯
        flashModeStatus = status;
      } catch (error) {
        let err = error as BusinessError;
        console.error('Failed to check whether the flash mode is
  supported. error: ${JSON.stringify(err)}');
      }
      if (flashModeStatus) {
        try {
          photoSession.setFlashMode(camera.FlashMode.FLASH_MODE_AUTO);
  // 设置自动闪光灯模式
        } catch (error) {
          let err = error as BusinessError;
          console.error('Failed to set the flash mode. error:
  ${JSON.stringify(err)}');
        }
      }
    }
    // 设置焦距、变焦等参数
    let focusModeStatus: boolean = false;
    try {
      let status: boolean =
  photoSession.isFocusModeSupported(camera.FocusMode.FOCUS_MODE_CONTINUOUS_
AUTO); // 检查是否支持自动对焦模式
      focusModeStatus = status;
    } catch (error) {
      let err = error as BusinessError;
      console.error('Failed to check whether the focus mode is
  supported. error: ${JSON.stringify(err)}');
    }
```

```
    if (focusModeStatus) {
      try {
  photoSession.setFocusMode(camera.FocusMode.FOCUS_MODE_CONTINUOUS_AUTO);
  // 设置连续自动对焦模式
      } catch (error) {
        let err = error as BusinessError;
        console.error('Failed to set the focus mode. error:
  ${JSON.stringify(err)}');
      }
    }
    // 获取并设置变焦比
    let zoomRatioRange: Array<number> = [];
    try {
      zoomRatioRange = photoSession.getZoomRatioRange(); // 获取相机支持的变焦
范围
    } catch (error) {
      let err = error as BusinessError;
      console.error('Failed to get the zoom ratio range. error:
  ${JSON.stringify(err)}');
    }
    if (zoomRatioRange.length <= 0 ) {
      return;
    }
    try {
      photoSession.setZoomRatio(zoomRatioRange[0]); // 设置默认变焦比
    } catch (error) {
      let err = error as BusinessError;
      console.error('Failed to set the zoom ratio value. error:
  ${JSON.stringify(err)}');
    }
  }
```

photoSession.hasFlash()：检查设备是否支持闪光灯。

photoSession.isFlashModeSupported(camera.FlashMode.FLASH_MODE_AUTO)：检查设备是否支持自动闪光灯模式。

photoSession.setFlashMode(camera.FlashMode.FLASH_MODE_AUTO)：如果支持，则设置为自动闪光模式。

photoSession.isFocusModeSupported(camera.FocusMode.FOCUS_MODE_CONTINUOUS_AUTO)：检查是否支持连续自动对焦模式。

photoSession.setFocusMode(camera.FocusMode.FOCUS_MODE_CONTINUOUS_AUTO)：如果支持，则设置为连续自动对焦模式。

photoSession.getZoomRatioRange()：获取支持的变焦比范围，并设置默认值。

触发拍照代码如下。

```
function capture(captureLocation: camera.Location, photoOutput:
```

```
camera.PhotoOutput): void {
  let settings: camera.PhotoCaptureSetting = {
    quality: camera.QualityLevel.QUALITY_LEVEL_HIGH, // 设置图片质量高
    rotation: camera.ImageRotation.ROTATION_0, // 设置图片旋转角度
    location: captureLocation, // 设置图片的地理位置
    mirror: false // 设置镜像效果
  };
  photoOutput.capture(settings, (err: BusinessError) => { // 执行拍照操作
    if (err) {
      console.error('Failed to capture the photo. error:
${JSON.stringify(err)}'); // 错误处理
      return;
    }
    console.info('Callback invoked to indicate the photo capture request
success.');
  });
}
```

photoOutput.capture(settings, callback)：触发拍照，传入设置项（如质量、旋转角度等），并提供回调来处理拍照结果。

camera.QualityLevel.QUALITY_LEVEL_HIGH：设置图片质量为高。

camera.ImageRotation.ROTATION_0：设置不旋转图片（可以根据需要调整）。

状态监听代码如下。

```
function onPhotoOutputCaptureStart(photoOutput: camera.PhotoOutput):
void {
  photoOutput.on('captureStartWithInfo', (err: BusinessError,
captureStartInfo: camera.CaptureStartInfo) => {
    if (err !== undefined && err.code !== 0) {
      return;
    }
    console.info('photo capture started, captureId :
${captureStartInfo.captureId}');
  });
}

function onPhotoOutputCaptureEnd(photoOutput: camera.PhotoOutput):
void {
  photoOutput.on('captureEnd', (err: BusinessError, captureEndInfo:
camera.CaptureEndInfo) => {
    if (err !== undefined && err.code !== 0) {
      return;
    }
    console.info('photo capture end, captureId :
${captureEndInfo.captureId}');
```

```
    console.info('frameCount : ${captureEndInfo.frameCount}');
  });
}

function onPhotoOutputCaptureReady(photoOutput: camera.PhotoOutput):
void {
  photoOutput.on('captureReady', (err: BusinessError) => {
    if (err !== undefined && err.code !== 0) {
      return;
    }
    console.info('photo capture ready');
  });
}

function onPhotoOutputError(photoOutput: camera.PhotoOutput): void {
  photoOutput.on('error', (error: BusinessError) => {
    console.error('Photo output error code: ${error.code}');
  });
}
```

photoOutput.on('captureStartWithInfo')：监听拍照开始的事件，返回 captureId。

photoOutput.on('captureEnd')：监听拍照结束的事件，返回帧计数等信息。

photoOutput.on('captureReady')：监听下一张照片是否可以拍摄的事件。

photoOutput.on('error')：监听拍照过程中的错误并处理。

录像是相机应用中最为关键的功能之一，其核心是循环捕获帧数据。为了确保录像流畅，开发者需要设置合适的分辨率、闪光灯、焦距、照片质量和旋转角度等参数。为了实现这一功能，涉及到以下几个步骤。

导入必要的模块：需要导入 media、camera 和 media 模块以便操作录像流。

创建 Surface 和 AVRecorder 实例：通过 media.createAVRecorder() 方法创建一个录像实例，然后获取与录像输出流关联的 SurfaceId。

设置录像参数并创建录像输出流：通过获取设备支持的录像输出流信息，配置录像参数（如分辨率、帧率、视频编码格式等），然后创建录像输出流。

开始录像：通过启动视频输出流和录制器来启动录像过程。

停止录像：通过停止录像输出流和录制器来结束录像。

状态监听：可以通过回调函数监听录像开始、结束和错误等事件。

示例代码如下。

```
import { BusinessError } from '@kit.BasicServicesKit';
import { camera } from '@kit.CameraKit';
import { media } from '@kit.MediaKit';

async function createVideoOutputAndStartRecording(cameraManager:
camera.CameraManager): Promise<void> {
  let avRecorder: media.AVRecorder | undefined;
```

```
let videoOutput: camera.VideoOutput | undefined;

// 1. 创建 AVRecorder
try {
  avRecorder = await media.createAVRecorder();
} catch (error) {
  console.error(`createAVRecorder failed: ${error.code}`);
  return;
}

// 2. 配置录像参数
const aVRecorderConfig: media.AVRecorderConfig = {
  videoSourceType:
media.VideoSourceType.VIDEO_SOURCE_TYPE_SURFACE_YUV,
  profile: {
    fileFormat: media.ContainerFormatType.CFT_MPEG_4,
    videoBitrate: 100000,
    videoCodec: media.CodecMimeType.VIDEO_AVC,
    videoFrameWidth: 640,
    videoFrameHeight: 480,
    videoFrameRate: 30,
  },
  url: 'fd://35',
  rotation: 90, // 旋转角度
};

avRecorder.prepare(aVRecorderConfig, (err: BusinessError) => {
  if (err) {
    console.error(`AVRecorder prepare failed: ${err.message}`);
    return;
  }
  console.info('AVRecorder prepared successfully.');
});

// 3. 获取视频 SurfaceId
const videoSurfaceId = await avRecorder.getInputSurface();
if (!videoSurfaceId) {
  console.error('Failed to get video surface ID.');
  return;
}

// 4. 获取视频输出流
const cameraOutputCapability =
```

```
cameraManager.getCameraOutputCapability();
  const videoProfilesArray = cameraOutputCapability?.videoProfiles || [];
  const videoProfile = videoProfilesArray.find((profile) =>
profile.size.width === 640 && profile.size.height === 480);
  if (!videoProfile) {
    console.error('Matching video profile not found.');
    return;
  }

  // 5. 创建视频输出对象
  try {
    videoOutput = cameraManager.createVideoOutput(videoProfile,
videoSurfaceId);
  } catch (error) {
    console.error('Failed to create video output: ${error.code}');
    return;
  }

  // 6. 启动录像
  videoOutput.start((err: BusinessError) => {
    if (err) {
      console.error('Video output start failed: ${err.message}');
      return;
    }
    console.info('Video output started.');
  });

  try {
    await avRecorder.start();
  } catch (error) {
    console.error('AVRecorder start failed: ${error.code}');
  }

  // 7. 状态监听
  videoOutput.on('frameStart', (err: BusinessError) => {
    if (err) {
      console.error('Frame start error: ${err.message}');
      return;
    }
    console.info('Video frame started');
  });

  videoOutput.on('frameEnd', (err: BusinessError) => {
```

```
      if (err) {
        console.error('Frame end error: ${err.message}');
        return;
      }
      console.info('Video frame ended');
    });

    videoOutput.on('error', (err: BusinessError) => {
      console.error('Video output error: ${err.code}');
    });

    // 8. 停止录像
    async function stopRecording() {
      try {
        await avRecorder.stop();
      } catch (error) {
        console.error('AVRecorder stop failed: ${error.code}');
      }

      videoOutput.stop((err: BusinessError) => {
        if (err) {
          console.error('Video output stop failed: ${err.message}');
        } else {
          console.info('Video output stopped.');
        }
      });
    }
  }
```

代码解释如下。

导入模块。

BusinessError：引入错误类型，用于捕获业务错误。

camera 和 media：引入相机和媒体模块，用于处理相机的功能和视频录制。

创建录像输出流和开始录像：createVideoOutputAndStartRecording 是整个流程的封装函数，负责创建录像输出流和启动录像。

创建 AVRecorder 实例：使用 media.createAVRecorder() 异步方法创建一个 AVRecorder 实例。

配置录像参数：创建录像的配置对象 aVRecorderConfig，包括视频格式、比特率、分辨率、帧率、旋转角度等参数。

avRecorder.prepare(aVRecorderConfig)：配置 AVRecorder 实例。

获取视频 SurfaceId：avRecorder.getInputSurface() 获取录像输出流所需的 Surface ID。

获取支持的视频输出流：通过 cameraManager.getCameraOutputCapability() 获取设备的输出流配置。

在支持的视频配置中，找到分辨率为 640x480 的视频配置文件。

创建视频输出对象：使用 cameraManager.createVideoOutput() 方法创建视频输出流。

启动录像：

videoOutput.start()：启动视频输出流。

avRecorder.start()：启动 AVRecorder 进行录像。

状态监听：监听录像的开始 (frameStart)、结束 (frameEnd) 和错误 (error) 事件，并打印日志。

停止录像：avRecorder.stop() 和 videoOutput.stop()，停止录像和视频输出流。

第 7 章 基础服务

7.1 通知

小马：小牛，你知道在 HarmonyOS 中，怎么通过通知让用户获得即时消息吗？

小牛：这我倒是听说过，不过具体怎么做还真不清楚。可以给我讲讲吗？

小马：当然可以啦！在 HarmonyOS 中，应用可以通过通知接口来发送各种消息。用户可以在通知栏查看这些内容，点击通知还可以直接打开相关的应用。

小牛：这听起来有点像手机上的常见通知啊，比如收到短信或者下载完成的提示。

小马：没错，通知的使用场景确实很广泛。

接收短消息和即时消息：社交应用或者消息应用可以通过通知及时显示消息内容，让用户快速了解信息。

推送消息：可以用来发送广告、版本更新等通知，保证用户随时获得最新的动态。

进行中的事件：比如显示文件的下载进度、音乐的播放状态等，让用户可以掌握当前操作的情况。

小牛：那这些通知怎么管理呢？有很多种类吗？

小马：是的！鸿蒙 OS 通过 ** 高级通知服务（ANS）** 来管理这些通知，支持多种类型的通知，主要有下面两种。

基础类型通知：就是那种简单的信息提示，适用于大多数场景。

进度条类型通知：这种类型适合需要展示进度的情况，比如文件下载、上传或者任务处理的进度显示。

小牛：这么看起来，通知真是一个很方便的功能呢！既能实时提醒用户，又能让用户掌握正在进行的操作。

小马：对啊，合理使用通知可以大大提升用户体验。不过也要注意适度使用，避免频繁打扰用户哦。

在开发应用时，我们经常需要向用户传递重要信息，Notification Kit 就是为此而生的工具。它允许开发者通过客户端直接向用户发送本地通知。根据场景，通知可以触发铃声、震动、横幅、锁屏、息屏提示或者显示在通知栏中，让信息及时触达用户。

使用场景如下。

前台通知：当应用处于前台运行时，可以直接用 Notification Kit 发布通知，比如显示上传或下载的进度、即时客服消息或者运动步数更新。

后台通知：应用退到后台后，本地通知通道关闭。这种情况下，可以配合 Push Kit 实现云端离线通知，确保用户不会错过重要信息。

Notification Kit 提供的主要功能包括以下几个方面。

文本通知：展示简短的文字消息。

进度条通知：适合上传、下载、任务进度等场景。

通知角标：显示在应用图标右上角的数字标记，用于提示未处理事项。

通知管理：支持取消某条或所有通知，查询已发布通知列表，以及检查应用通知权限状态。

注意：应用默认不具备通知权限，开发者需要通过弹窗请求用户授权后才能发布通知。

业务流程如下。

请求授权：先询问用户是否同意接收通知。

发布通知：将需要展示的信息通过通知服务推送。

通知展示：通知会被显示在通知中心或其他系统入口中。

常用通知样式如下。

文本通知：最多显示三行，超出部分会用“...”截断。

多行文本：允许显示多段内容，同样限制在三行内。

通知角标：以数字形式展示在应用图标右上角。

进度条通知：适用于任务进度提醒。

限制和约束如下。

单个应用最多可同时展示 24 条通知。每条通知的大小不能超过 200KB。系统内所有应用的通知发布速率受限，每秒最多发布 10 条新通知，更新频率限制为 每秒 20 条。

与其他 Kit 的协作解释如下。

BackgroundTask Kit：如果需要实现后台的定时通知，比如倒计时提醒或日历闹钟，使用 BackgroundTask Kit 更合适。

Ability Kit：可设置用户点击通知后的具体操作行为。

Push Kit：负责远程推送通知，适合离线提醒场景。

在应用中发送通知前，开发者需要获取用户授权。通过调用 requestEnableNotification() 方法，可以弹窗请求用户授权。后续再次调用该方法时不会重复弹窗。开发流程包括以下步骤。

导入模块：引入 NotificationManager 模块，用于处理通知相关操作。

查询授权状态：调用 isNotificationEnabled() 方法判断通知权限是否已开启。

请求授权：如未开启通知权限，调用 requestEnableNotification() 方法弹窗请求用户授权。

处理授权结果：通过错误码 1600004 判断用户是否拒绝授权，并进行日志记录。

示例代码如下。

```
import { notificationManager } from '@kit.NotificationKit';
import { BusinessError } from '@kit.BasicServicesKit';
import { hilog } from '@kit.PerformanceAnalysisKit';
import { common } from '@kit.AbilityKit';

const LOG_TAG: string = '[NotificationAuth]';
const DOMAIN_ID: number = 0xFF00;

// 获取上下文对象
let appContext = getContext(this) as common.UIAbilityContext;

// 查询通知是否已授权
notificationManager.isNotificationEnabled().then((isEnabled: boolean) => {
  hilog.info(DOMAIN_ID, LOG_TAG, 'isNotificationEnabled success, data: ${JSON.stringify(isEnabled)}');
  if (!isEnabled) {
    // 请求通知权限
    notificationManager.requestEnableNotification(appContext).then(() => {
      hilog.info(DOMAIN_ID, LOG_TAG, '[ANS] requestEnableNotification success');
    }).catch((error: BusinessError) => {
      if (1600004 === error.code) {
        hilog.error(DOMAIN_ID, LOG_TAG, '[ANS] requestEnableNotification refused, code: ${error.code}, message: ${error.message}');
```

```
        } else {
          hilog.error(DOMAIN_ID, LOG_TAG, '[ANS] requestEnableNotification failed, code: ${error.code}, message: ${error.message}');
        }
      });
    }
  }).catch((error: BusinessError) => {
    hilog.error(DOMAIN_ID, LOG_TAG, 'isNotificationEnabled failed, code: ${error.code}, message: ${error.message}');
  });
```

代码解释如下。

模块导入与常量定义代码如下。

```
import { notificationManager } from '@kit.NotificationKit';
import { BusinessError } from '@kit.BasicServicesKit';
import { hilog } from '@kit.PerformanceAnalysisKit';
import { common } from '@kit.AbilityKit';
const LOG_TAG: string = '[NotificationAuth]';
const DOMAIN_ID: number = 0xFF00;
```

notificationManager：提供通知管理功能，例如权限查询与请求。

BusinessError：用于捕获和处理业务错误。

hilog：日志工具，用于输出日志。

common：提供通用工具，包括上下文获取。

LOG_TAG：定义日志的标记字符串，用于标识日志来源。

DOMAIN_ID：定义日志域的编号，用于区分不同模块的日志。

上下文获取代码如下。

```
let appContext = getContext(this) as common.UIAbilityContext;
```

getContext(this)：获取当前应用的上下文对象。

as common.UIAbilityContext：将上下文对象转换为 UIAbilityContext 类型，便于调用通知相关接口。

查询通知授权状态代码如下。

```
notificationManager.isNotificationEnabled().then((isEnabled: boolean) => {
  hilog.info(DOMAIN_ID, LOG_TAG, 'isNotificationEnabled success, data: ${JSON.stringify(isEnabled)}');
  if (!isEnabled) {
    // 请求通知权限
    notificationManager.requestEnableNotification(appContext).then(() => {
      hilog.info(DOMAIN_ID, LOG_TAG, '[ANS] requestEnableNotification success');
    }).catch((error: BusinessError) => {
      if (1600004 === error.code) {
        hilog.error(DOMAIN_ID, LOG_TAG, '[ANS] requestEnableNotification refused, code: ${error.code}, message: ${error.message}');
      } else {
```

```
        hilog.error(DOMAIN_ID, LOG_TAG, '[ANS] requestEnableNotification
failed, code: ${error.code}, message: ${error.message}');

      });
    }
  }).catch((error: BusinessError) => {
    hilog.error(DOMAIN_ID, LOG_TAG, 'isNotificationEnabled failed, code: ${er-
ror.code}, message: ${error.message}');
  });
```

调用 isNotificationEnabled() 方法：判断当前应用是否已获得通知权限；如果查询成功，执行 then 回调，返回结果 isEnabled；如果查询失败，进入 catch 块处理错误。

记录日志：使用 hilog.info 输出授权状态查询结果。

权限未开启时：调用 requestEnableNotification() 请求用户授权；如果授权成功，记录成功日志；如果用户拒绝授权（错误码 1600004），记录拒绝原因；其他失败情况，记录具体的错误码与错误信息。

捕获查询失败：如果 isNotificationEnabled() 方法执行失败，记录相关错误日志，包括错误码和信息。

通知功能在应用开发中非常重要。文本类型通知适用于发送短信息或提示信息，分为普通文本类型和多行文本类型两种形式。下面是使用 NotificationManager 实现文本类型通知的示例代码。

```
import { notificationManager } from '@kit.NotificationKit';
import { BusinessError } from '@kit.BasicServicesKit';
import { hilog } from '@kit.PerformanceAnalysisKit';

const LOG_TAG: string = '[NotificationOperation]';
const DOMAIN_ID: number = 0xFF00;


let basicTextNotification: notificationManager.NotificationRequest = {
  id: 1,
  content: {
    notificationContentType: notificationManager.ContentType.NOTIFICATION_
CONTENT_BASIC_TEXT, // 普通文本类型通知
    normal: {
      title: '普通通知标题',
      text: '普通通知内容',
      additionalText: '附加信息',
    },
  },
};

notificationManager.publish(basicTextNotification, (err: BusinessError) => {
  if (err) {
```

```
      hilog.error(DOMAIN_ID, LOG_TAG, 'Failed to publish notification. Code:
${err.code}, message: ${err.message}');
      return;
    }
    hilog.info(DOMAIN_ID, LOG_TAG, 'Succeeded in publishing notification.');
  });


  let multiLineNotification: notificationManager.NotificationRequest = {
    id: 2,
    content: {
      notificationContentType: notificationManager.ContentType.NOTIFICATION_
CONTENT_MULTILINE, // 多行文本类型通知
      multiLine: {
        title: '多行通知标题',
        text: '多行通知内容',
        briefText: '摘要内容',
        longTitle: '展开标题',
        lines: ['行 1 内容', '行 2 内容', '行 3 内容', '行 4 内容'],
      },
    },
  };

  notificationManager.publish(multiLineNotification, (err: BusinessError) => {
    if (err) {
      hilog.error(DOMAIN_ID, LOG_TAG, 'Failed to publish notification. Code:
${err.code}, message: ${err.message}');
      return;
    }
    hilog.info(DOMAIN_ID, LOG_TAG, 'Succeeded in publishing notification.');
  });


  notificationManager.cancel(1, (err: BusinessError) => {
    if (err) {
      hilog.error(DOMAIN_ID, LOG_TAG, 'Failed to cancel notification. Code:
${err.code}, message: ${err.message}');
      return;
    }
    hilog.info(DOMAIN_ID, LOG_TAG, 'Succeeded in canceling notification.');
  });
```

代码解释如下。

模块导入代码如下。

```
import { notificationManager } from '@kit.NotificationKit';
```

```
import { BusinessError } from '@kit.BasicServicesKit';
import { hilog } from '@kit.PerformanceAnalysisKit';
```

notificationManager：提供通知管理接口。

BusinessError：用于处理业务错误。

hilog：用于记录日志，方便调试和跟踪。

定义通知请求代码如下。

```
let basicTextNotification: notificationManager.NotificationRequest = { ... };
```

定义普通文本通知的内容，包括 title（标题）、text（内容）和 additionalText（附加信息）。

发布通知代码如下。

```
notificationManager.publish(basicTextNotification, (err: BusinessError) => {
... });
```

调用 publish() 发布通知。

错误处理：检查 err 对象的 code 和 message 属性，记录失败原因。

成功日志：发布成功时，记录成功日志。

取消通知代码如下。

```
notificationManager.cancel(1, (err: BusinessError) => { ... });
```

取消指定 ID 的通知。如果操作失败，记录错误日志；如果成功，记录成功日志。

7.2 窗口管理

小马：小牛，你知道在鸿蒙 OS 中，窗口是怎么分类的吗?

小牛：窗口？是那种应用显示的窗口吗？我听说过一点，但还不太清楚。

小马：没错，鸿蒙 OS 中的窗口主要分为两种基本类型：系统窗口和应用窗口。

小牛：这两种窗口有什么区别呢?

小马：我来给你解释一下吧。

系统窗口是完成系统特定功能的窗口，比如音量条、壁纸、通知栏、状态栏、导航栏等，这些窗口都属于系统窗口的范畴。

应用窗口是跟应用显示相关的窗口。它又分为两个类型：

应用主窗口就是用来显示应用主界面的窗口，在任务管理界面里可以看到的就是这个类型。

应用子窗口则用于显示弹窗、悬浮窗等辅助窗口，它们不在任务管理界面显示，而且其生命周期是跟随应用主窗口的。

小马

小牛

听起来很有条理啊，这样分类的好处是什么？

这样分类有助于开发者更好地组织界面，提高用户界面的流畅性和交互效果。而且，在鸿蒙 OS 中，窗口的实现和开发模型有关，主要分为 FA 模型和 Stage 模型。我们更推荐使用 Stage 模型进行窗口开发，以便更好地利用窗口模块的功能。

小马

在鸿蒙 OS 中，窗口模块 是一个重要的系统组件，它为应用提供了管理多个应用界面、窗口显示和交互的机制。下面是对窗口模块的详细介绍，分为窗口模块的定义、用途和具体功能。

对应用开发者：窗口模块为应用开发者提供了界面显示和交互的能力。应用开发者通过窗口模块加载 UI 界面、控制窗口的显示和布局。

对终端用户：窗口模块提供了用户控制多个应用界面显示的能力，例如通过拖动、最小化、最大化、关闭等操作来管理窗口的状态和层次。

对操作系统：窗口模块负责管理和组织不同应用界面的显示逻辑，包括窗口之间的叠加顺序、层次管理、输入事件分发等。

在鸿蒙 OS 中，窗口模块的主要用途如下。

① 提供窗口对象　应用开发者通过窗口对象来加载和显示应用的 UI 界面。每个窗口代表应用的一个界面实例，可以用来显示内容、接收用户输入等。在开发过程中，应用可以根据需要创建不同的窗口来展示不同的内容或操作界面。

② 组织窗口显示关系　窗口模块负责维护不同窗口之间的显示层次（Z 轴高度）和位置属性。窗口模块支持多种类型的窗口，每种类型窗口有不同的默认位置和层次高度。开发者可以根据需要调整窗口的位置和层次关系，例如前台窗口、后台窗口、弹出窗口等。

用户可以通过手势操作（如拖动、缩放等）来改变窗口的显示顺序和位置，系统会根据用户输入做出响应。

③ 窗口动效　窗口模块在窗口的显示、隐藏、切换等过程中，提供动画效果。这些动效会让应用界面切换更加流畅和自然，提升用户体验。动效是默认启用的，开发者不需要手动设置。操作系统自动为窗口切换、弹出、关闭等行为添加平滑的动画过渡效果。

④ 输入事件分发　窗口模块负责根据当前窗口的焦点和状态来分发输入事件。

触摸和鼠标事件：事件会根据窗口的位置和大小进行分发。系统会识别当前触摸或鼠标点击的窗口区域，并将事件发送到对应的窗口。

键盘事件：键盘输入事件会分发到当前具有焦点的窗口。用户可以通过窗口模块接口设置窗口的焦点状态，确保正确的窗口接收键盘输入。

开发者可以通过窗口模块接口来控制窗口的触摸能力和焦点状态，定义窗口在不同交互场景中的响应行为。

窗口模块的关键特性如下。

多窗口支持：允许在同一物理屏幕上同时显示多个应用界面，并控制其显示优先级和层次关系。

动态调整：用户和应用可以根据需求调整窗口的大小、位置和层级关系。

焦点管理：通过焦点机制，确保只有具有焦点的窗口能够接收键盘输入。

动画效果：提供了窗口切换、打开、关闭等操作的平滑过渡动画，增强用户交互体验。

常见的窗口类型如下。

主窗口：应用的主界面，通常是应用启动时第一个显示的窗口。主窗口通常占据最大的屏幕空间。

子窗口：一般是从主窗口中弹出的对话框或附加窗口。子窗口可以通过用户交互动态创建或销毁。

浮动窗口：具有独立显示空间的窗口，常用于通知或小工具类应用。

全屏窗口：占满整个屏幕的窗口，通常用于游戏、视频播放等全屏应用场景。

窗口模块将窗口界面分为两种基本类型。

系统窗口：完成系统特定功能的窗口，如音量条、壁纸、通知栏、状态栏、导航栏等。

应用窗口：与应用显示相关的窗口，分为以下两种。

应用主窗口：显示应用界面的窗口，在“任务管理界面”显示。

应用子窗口：显示弹窗、悬浮窗等辅助窗口，不在“任务管理界面”显示，其生命周期跟随应用主窗口。

窗口的实现与开发模型相关，鸿蒙 OS 中的应用开发模型分为 FA 模型和 Stage 模型。不同模型下的接口功能略有区别。针对窗口开发，推荐使用 Stage 模型进行相关开发，以便更好地利用窗口模块的功能。这种设计使得开发者能够创建流畅且高效的用户界面体验，提升整体应用的交互效果。

7.3 后台任务

没错！系统会根据情况对后台应用的进程进行挂起或终止。

进程挂起：当应用在后台一段时间后，系统会挂起它的进程，停止分配 CPU 资源，这样应用就不再消耗设备的性能。

进程终止：如果设备资源不足，系统会终止一些后台应用，以释放资源给前台应用。

小马

在现代智能设备中，操作系统会自动管理应用程序的状态，尤其是在应用退至后台后。设备返回主界面、锁屏或切换到其他应用时，当前应用将进入后台状态。如果应用在后台持续运行，可能会造成设备电池快速消耗、界面卡顿等不良体验。为了优化这些问题，操作系统会对退至后台的应用进行管控。

当应用退至后台一段时间后，操作系统会挂起该应用的进程。挂起后，应用将无法使用软硬件资源（例如定时器、CPU、网络、GPS 等）。挂起的目的是防止后台进程过度消耗系统资源，从而影响设备性能和用户体验。

在资源不足的情况下，操作系统可能会主动终止某些应用进程，并回收其占用的资源。这种资源回收策略有助于确保系统的稳定性和响应速度。

为了保障一些必要功能（如后台音乐播放、日历提醒等）能正常工作，操作系统支持特定类型的后台任务。这些任务有着严格的约束和规范，开发者需要根据任务的特点选择合适的后台任务类型。

① 短时任务　适用于实时性要求高、耗时较短的任务，如保存应用状态。短时任务能够在应用退至后台后继续执行，不会长时间占用系统资源。

② 长时任务　适用于需要在后台长时间运行的任务，例如音乐播放、导航和设备连接等。长时任务避免了应用进程的挂起，因此能够持续进行需要长时间运行的操作。

③ 延迟任务　对于实时性要求不高的任务，可以使用延迟任务。延迟任务会在应用退至后台后进入任务队列，并根据系统的内存和功耗状况统一调度执行。

④ 代理提醒　代理提醒适用于定时提醒类业务，例如倒计时、日历和闹钟提醒。即使应用进程已被挂起或终止，操作系统会代理应用进行相关提醒，确保用户不漏掉重要通知。

每个应用进程都会受到资源配额的限制。这些配额包括内存使用、CPU 占比，以及 24 小时内磁盘的写入量等。如果某个进程超出这些配额限制，操作系统会根据进程状态采取不同的措施：如果进程在前台，系统会记录警告日志；如果进程在后台，系统则可能会终止该进程，以回收资源。

下面分别进行详细介绍。

（1）短时任务

当应用进入后台后，系统会对其进程进行挂起，以节省设备资源并延长电池使用时间。此时，如果应用仍然需要执行一些耗时不长的任务，例如状态保存或数据同步，可以通过申请短时任务来延长后台运行时间。接下来，我们将深入探讨短时任务的约束、限制以及开发接口，帮助开发者更好地管理后台任务。

申请时机：为了成功申请短时任务，应用必须处于前台或 onBackground 回调内进行申请。若在其他状态下尝试申请，任务将会失败。

数量限制：同一应用在同一时刻最多可以申请 3 个短时任务。例如，在图 7-1 所示的时间段①②③内，应用分别申请了 2 个短时任务；而在④时段，应用则只能再申请 1 个短时

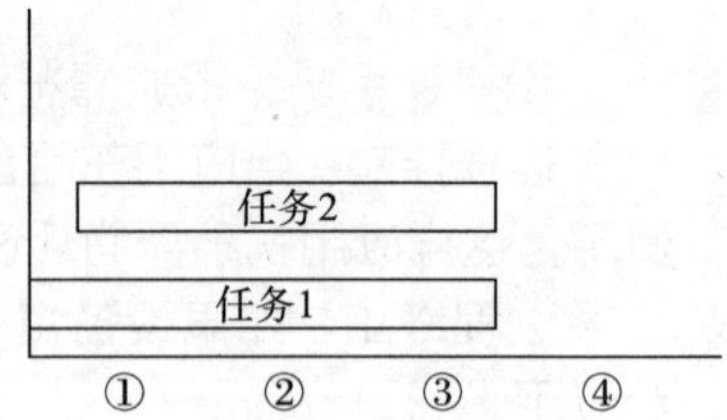

图 7-1　短时任务

任务。

配额机制：每个应用有一定的短时任务配额。配额会根据系统状态和用户的使用习惯动态调整。默认情况下，单日（24小时内）配额为10分钟，每个短时任务的最大时长为3分钟。如果设备处于低电量状态，单次短时任务的最大时长将降低至1分钟。配额用完后，应用将无法申请更多的短时任务。开发者还可以通过提供的接口查询剩余的短时任务时间，以便决定是否继续执行其他任务。

配额计算：短时任务的计时仅在应用处于后台时开始计算。同一时间段内的短时任务不会重复计时。假设应用在前台申请了任务A，然后退至后台开始计时，若后续再次进入前台，则计时暂停，直到应用再次退至后台时，任务才会继续计时。以图7-1为例，应用任务A和B分别在不同的时间段内执行，任务的总耗时为①+③+④，合计时间即为应用实际消耗的短时任务时间。

使用说明如下。

任务完成与取消：一旦短时任务完成，开发者必须主动取消该任务，否则将影响应用剩余的短时任务配额。如果任务超时而未取消，系统将强制终止对应的应用进程。

超时回调：当短时任务即将超时时，系统会发出回调请求，应用需要及时取消任务。如果未在规定时间内取消任务，系统将终止应用进程，确保设备资源不被浪费。

主要接口如下。

在进行短时任务开发时，开发者需要使用以下接口来申请、查询和取消短时任务。

requestSuspendDelay(reason: string, callback: Callback<void>)：申请短时任务。

getRemainingDelayTime(requestId: number)：获取当前短时任务的剩余时间。

cancelSuspendDelay(requestId: number)：取消正在进行的短时任务。

示例代码如下。

```
import { backgroundTaskManager } from '@kit.BackgroundTasksKit';
import { BusinessError } from '@kit.BasicServicesKit';

// 申请短时任务并实现回调
let taskId: number;            // 申请短时任务 ID
let taskRemainingTime: number;  // 本次申请短时任务的剩余时间

function requestSuspendDelay() {
  let reason = 'test requestSuspendDelay';  // 申请原因
  let delayInfo = backgroundTaskManager.requestSuspendDelay(reason, () => {
    // 回调函数，任务即将超时时回调，执行清理和标注工作，并取消任务
    console.info('suspend delay task will timeout');
    backgroundTaskManager.cancelSuspendDelay(taskId);
  });
  taskId = delayInfo.requestId;
  taskRemainingTime = delayInfo.actualDelayTime;
}
```

```
// 获取短时任务剩余时间
async function getRemainingDelayTime() {
  try {
    const remainingTime = await backgroundTaskManager.getRemainingDelay-
Time(taskId);
    console.info('Succeeded in getting remaining delay time:', remainingTime);
  } catch (err: BusinessError) {
    console.error('Failed to get remaining delay time. Code: ${err.code},
message: ${err.message}');
  }
}

// 取消短时任务
function cancelSuspendDelay() {
  backgroundTaskManager.cancelSuspendDelay(taskId);
}
```

代码解释如下。

导入模块代码如下。

```
import { backgroundTaskManager } from '@kit.BackgroundTasksKit';
import { BusinessError } from '@kit.BasicServicesKit';
```

backgroundTaskManager：用于管理后台任务，包括申请、查询和取消短时任务。

BusinessError：用于捕获并处理业务错误，通常用于 API 调用失败时返回错误代码和信息。

声明变量代码如下。

```
let taskId: number;           // 申请短时任务 ID
let taskRemainingTime: number;  // 本次申请短时任务的剩余时间
```

taskId：保存短时任务的 ID。这个 ID 用来跟踪和管理特定的短时任务。

taskRemainingTime：保存短时任务的剩余时间，帮助判断任务是否还有足够时间继续执行后续操作。

申请短时任务代码如下。

```
function requestSuspendDelay() {
  let reason = 'test requestSuspendDelay';  // 申请原因
  let delayInfo = backgroundTaskManager.requestSuspendDelay(reason, () => {
    // 回调函数，任务即将超时时回调，执行清理和标注工作，并取消任务
    console.info('suspend delay task will timeout');
    backgroundTaskManager.cancelSuspendDelay(taskId);
  });
  taskId = delayInfo.requestId;
  taskRemainingTime = delayInfo.actualDelayTime;
}
```

requestSuspendDelay：该函数用于申请一个短时任务，并指定申请的原因 (reason)。

backgroundTaskManager.requestSuspendDelay(reason, callback)：请求短时任务并指定一个回调函数，回调函数将在任务即将超时时执行。这里，callback 内的操作是打印信息并取消

短时任务。

delayInfo.requestId：返回的 delayInfo 包含请求的任务 ID，保存到 taskId 中。

delayInfo.actualDelayTime：任务的实际延迟时间，保存到 taskRemainingTime 中。

查询剩余时间代码如下。

```
async function getRemainingDelayTime() {
  try {
    const remainingTime = await backgroundTaskManager.getRemainingDelay-
Time(taskId);
    console.info('Succeeded in getting remaining delay time:', remaining-
Time);
  } catch (err: BusinessError) {
    console.error('Failed to get remaining delay time. Code: ${err.code},
message: ${err.message}');
  }
}
```

getRemainingDelayTime：该函数用于获取短时任务的剩余时间。

backgroundTaskManager.getRemainingDelayTime(taskId)：根据 taskId 获取该任务的剩余时间。使用 await 等待异步操作完成。

如果获取成功，打印剩余时间。如果发生错误（例如任务不存在或系统出错），捕获并打印错误信息。

取消短时任务代码如下。

```
function cancelSuspendDelay() {
  backgroundTaskManager.cancelSuspendDelay(taskId);
}
```

cancelSuspendDelay：该函数用于取消短时任务。

backgroundTaskManager.cancelSuspendDelay(taskId)：调用取消任务的 API，传入 taskId 来识别要取消的任务。

（2）长时任务

长时任务允许应用在后台长时间运行，如播放音乐、导航等，以确保用户体验不中断。当应用退至后台时，系统会自动挂起不活跃的进程，可能导致音视频播放、导航等功能中断。为了防止这种情况，可以通过申请长时任务来保持应用进程活跃。长时任务在系统中具有以下特性。支持多种任务类型（例如音视频播放、录制、数据传输、导航等）。在长时任务执行时，系统会做一致性校验，确保任务正确执行。用户可通过通知栏查看和管理任务，删除通知栏消息时，系统会自动停止相关的长时任务。

约束与限制如下。

申请限制：在 Stage 模型中，长时任务只能由 UIAbility 申请；在 FA 模型中，长时任务只能由 ServiceAbility 申请。

数量限制：同一时刻，一个 UIAbility 只能申请一个长时任务。如果需要多个长时任务，需要创建多个 UIAbility。

运行限制：申请的长时任务必须与实际执行的业务匹配。例如，申请音视频播放（AUDIO_PLAYBACK）任务但没有播放音频时，长时任务会被取消。若长时任务执行的进程负载超过预期，系统会进行管控。

开发步骤主要涉及两个操作。

申请长时任务：通过调用接口申请长时任务，确保任务在后台继续执行。

取消长时任务：当任务不再需要时，通过调用接口取消长时任务。

以下是实现申请与取消录制长时任务的开发示例。

```
import { backgroundTaskManager } from '@kit.BackgroundTasksKit';
import { wantAgent, WantAgent } from '@kit.AbilityKit';
import { Row, Column, Text, Button, ButtonType, FontWeight } from '@kit.ArkUI';
import { BusinessError } from '@kit.BasicServicesKit';
import { Context } from '@kit.ContextKit';

@Entry
@Component
struct ContinuousTaskApp {
  @State message: string = 'ContinuousTask';
  private context: Context = getContext(this);

  startContinuousTask() {
    let wantAgentInfo: wantAgent.WantAgentInfo = {
      wants: [
        {
          bundleName: "com.example.myapplication",
          abilityName: "MainAbility"
        }
      ],
      actionType: wantAgent.OperationType.START_ABILITY,
      requestCode: 0,
      actionFlags: [wantAgent.WantAgentFlags.UPDATE_PRESENT_FLAG]
    };

    // 获取 WantAgent 对象
    wantAgent.getWantAgent(wantAgentInfo).then((wantAgentObj: WantAgent) => {
      backgroundTaskManager.startBackgroundRunning(this.context,
        backgroundTaskManager.BackgroundMode.AUDIO_RECORDING, wantAgentObj).then(() => {
        console.info('Succeeded in operationing startBackgroundRunning.');
      }).catch((err: BusinessError) => {
        console.error('Failed to operation startBackgroundRunning. Code is ${err.code}, message is ${err.message}');
      });
    });
  }

  stopContinuousTask() {
```

```
    backgroundTaskManager.stopBackgroundRunning(this.context).then(() => {
      console.info('Succeeded in operationing stopBackgroundRunning.');
    }).catch((err: BusinessError) => {
      console.error('Failed to operation stopBackgroundRunning. Code is
${err.code}, message is ${err.message}');
    });
  }

  build() {
    Row() {
      Column() {
        Text("Continuous Task")
          .fontSize(50)
          .fontWeight(FontWeight.Bold)

        Button() {
          Text('申请长时任务').fontSize(25).fontWeight(FontWeight.Bold)
        }
        .type(ButtonType.Capsule)
        .margin({ top: 10 })
        .backgroundColor('#0D9FFB')
        .width(250)
        .height(40)
        .onClick(() => {
          // 申请长时任务
          this.startContinuousTask();
        })

        Button() {
          Text('取消长时任务').fontSize(25).fontWeight(FontWeight.Bold)
        }
        .type(ButtonType.Capsule)
        .margin({ top: 10 })
        .backgroundColor('#0D9FFB')
        .width(250)
        .height(40)
        .onClick(() => {
          // 取消长时任务
          this.stopContinuousTask();
        })
      }
      .width('100%')
    }
    .height('100%')
```

```
    }
  }
```

代码解释如下。

导入必要的模块和组件代码如下。

```
import { backgroundTaskManager } from '@kit.BackgroundTasksKit';
import { wantAgent, WantAgent } from '@kit.AbilityKit';
import { Row, Column, Text, Button, ButtonType, FontWeight } from '@kit.ArkUI';
import { BusinessError } from '@kit.BasicServicesKit';
import { Context } from '@kit.ContextKit';
```

backgroundTaskManager：用于管理后台任务（如长时任务）的模块。

wantAgent, WantAgent：用于处理 WantAgent 的模块，它可以启动其他能力或应用。

Row, Column, Text, Button：用于布局和显示内容的 UI 组件。

ButtonType, FontWeight：用于配置按钮类型和文本的字体粗细。

BusinessError：处理业务逻辑中的错误。

Context：用于获取 UIAbility 上下文对象，帮助管理 UI 组件的生命周期。

定义入口组件代码如下。

```
@Entry
@Component
struct ContinuousTaskApp {
```

@Entry：标记该组件为入口点，表示该组件为应用的起始界面。

@Component：表示这是一个 UI 组件。

ContinuousTaskApp：定义一个结构体，作为这个应用的主要结构，命名为 ContinuousTaskApp。

状态和上下文的定义代码如下。

```
  @State message: string = 'ContinuousTask';
  private context: Context = getContext(this);
```

@State message：定义了一个状态变量 message，其初始值为‘ContinuousTask’，用于显示或存储动态内容。

private context：使用 getContext(this) 获取 UI 组件的上下文对象。getContext 方法返回一个 Context 对象，用于与系统中的 UI 环境交互。

定义开始长时任务的方法：startContinuousTask() {

这是一个方法，用于启动一个持续的后台任务。

配置 WantAgent 信息代码如下。

```
    let wantAgentInfo: wantAgent.WantAgentInfo = {
      wants: [
        {
          bundleName: "com.example.myapplication",
          abilityName: "MainAbility"
        }
      ],
      actionType: wantAgent.OperationType.START_ABILITY,
```

```
    requestCode: 0,
    actionFlags: [wantAgent.WantAgentFlags.UPDATE_PRESENT_FLAG]
  };
```

wantAgentInfo：创建一个 WantAgentInfo 对象，定义了点击通知后希望启动的应用和能力。

bundleName：需要启动的应用包名。

abilityName：需要启动的能力名（如 MainAbility）。

actionType：定义当点击通知时要执行的操作类型，这里是 START_ABILITY，即启动能力。

requestCode：自定义的请求码，通常用于返回数据时标识请求。

actionFlags：操作标志，这里使用 UPDATE_PRESENT_FLAG，表示更新当前显示的界面。

通过 WantAgent 获取代理对象代码如下。

```
wantAgent.getWantAgent(wantAgentInfo).then((wantAgentObj: WantAgent) => {
```

wantAgent.getWantAgent(wantAgentInfo)：调用 wantAgent 模块的 getWantAgent 方法，通过 wantAgentInfo 配置获取一个 WantAgent 对象，该对象可以执行相关操作（如启动指定的能力）。

then((wantAgentObj: WantAgent) => {...})：如果成功获取 WantAgent 对象，进入 .then() 回调。

启动长时任务代码如下。

```
    backgroundTaskManager.startBackgroundRunning(this.context,
      backgroundTaskManager.BackgroundMode.AUDIO_RECORDING, wantAgentO-
bj).then(() => {
      console.info('Succeeded in operationing startBackgroundRunning.');
    }).catch((err: BusinessError) => {
      console.error('Failed to operation startBackgroundRunning. Code is
${err.code}, message is ${err.message}');
    });
```

backgroundTaskManager.startBackgroundRunning(...)：使用 backgroundTaskManager 启动一个后台长时任务。传入当前的 context、指定的任务类型（AUDIO_RECORDING 表示音频录制），以及 WantAgent 对象（指示点击通知后要执行的动作）。

.then(() => {...})：如果任务启动成功，打印日志表示成功。

.catch((err: BusinessError) => {...})：如果启动任务失败，捕获错误并打印错误代码和消息。

定义停止长时任务的方法：stopContinuousTask() {

这是一个方法，用于停止长时任务。

停止后台长时任务代码如下。

```
  backgroundTaskManager.stopBackgroundRunning(this.context).then(() => {
    console.info('Succeeded in operationing stopBackgroundRunning.');
  }).catch((err: BusinessError) => {
    console.error('Failed to operation stopBackgroundRunning. Code is
${err.code}, message is ${err.message}');
```

```
});
```

backgroundTaskManager.stopBackgroundRunning(this.context)：使用 backgroundTaskManager 停止当前的长时任务。

.then(() => {...})：如果成功停止任务，打印成功日志。

.catch((err: BusinessError) => {...})：如果停止任务失败，捕获并打印错误信息。

（3）延迟任务

延迟任务功能允许应用在退至后台后执行实时性要求不高的任务，如定期主动获取邮件，具体依据网络状态、电池状况、设备温度等条件来调度执行。延迟任务会在满足特定条件时进入调度队列，系统会根据设备的资源和使用习惯进行调度。

延迟任务的实现基于应用与系统的条件判断，任务会在合适的时机执行。应用可以通过接口添加、查询或删除延迟任务。调度由系统管理，考虑设备的内存、功耗、用户行为等因素。调度触发时，系统会通过回调通知应用，并为其创建一个扩展进程，处理任务逻辑。

其运行原理为应用通过调用延迟任务接口来添加、删除或查询任务。任务的调度由系统在合适的时机触发。具体步骤如下。

任务设置：开发者通过 WorkInfo 参数设置任务的条件，如网络类型、电池状态、存储状况等。

调度条件：系统在判断当前设备资源状况后，决定是否执行延迟任务。这涉及到内存、功耗、设备温度、用户使用习惯等因素。

任务回调：当满足调度条件时，系统会回调 onWorkStart() 或 onWorkStop() 方法，并启动一个单独的进程来处理任务。

约束与限制如下。

数量限制：每个应用最多只能申请 10 个延迟任务。

执行频率限制：延迟任务的执行频率受到应用活跃程度的限制，活跃程度分为不同等级，每个等级的执行频率不同。

活跃应用：最小间隔 2h

经常使用：最小间隔 4h

常用应用：最小间隔 24h

极少使用：最小间隔 48h

从未使用：禁止执行

超时限制：WorkSchedulerExtensionAbility 回调的最大运行时间为 2min，超时后会终止进程。

调度延迟：当设备资源紧张（如内存不足、温度过高）时，任务可能会被延迟执行。

接口限制：部分接口在 WorkSchedulerExtensionAbility 中受到管控，涉及后台任务管理、相机、音频和媒体服务等。

接口说明如下。

主要接口用于延迟任务的管理，包括任务的添加、取消、查询等。

startWork(work: WorkInfo)：申请延迟任务

stopWork(work: WorkInfo, needCancel?: boolean)：取消延迟任务

getWorkStatus(workId: number)：获取延迟任务状态

obtainAllWorks()：获取所有延迟任务

stopAndClearWorks()：停止并清除所有任务

WorkInfo 参数定义了延迟任务的具体条件和配置，包括以下几个方面。

workId：任务 ID

bundleName：应用包名

networkType：网络类型（可选）

isCharging：是否充电（可选）

batteryLevel：电池电量（可选）

isRepeat：是否重复任务（可选）

repeatCycleTime：重复任务的周期（可选）

isPersisted：是否持久化（可选）

当延迟任务开始或结束时，会调用回调方法。

onWorkStart(work: workScheduler.WorkInfo)：延迟任务开始时的回调

onWorkStop(work: workScheduler.WorkInfo)：延迟任务结束时的回调

开发延迟任务的步骤分为两部分。

实现延迟任务调度扩展能力：开发者需要实现 WorkSchedulerExtensionAbility，以便在任务开始和结束时接收到回调。

任务调度实现：调用系统接口来申请、取消和查询延迟任务。

示例代码如下。

```
import { WorkSchedulerExtensionAbility, workScheduler } from '@kit.BackgroundTasksKit';
import { BusinessError } from '@kit.BasicServicesKit';

// 延迟任务扩展能力定义
export default class MyWorkSchedulerExtensionAbility extends WorkSchedulerExtensionAbility {
  // 延迟任务开始回调
  onWorkStart(workInfo: workScheduler.WorkInfo) {
    console.info('onWorkStart, workInfo = ${JSON.stringify(workInfo)}');
    // 打印 parameters 中的参数
    // console.info('work info parameters: ${JSON.parse(workInfo.parameters?.toString()).key1}');
  }

  // 延迟任务结束回调
  onWorkStop(workInfo: workScheduler.WorkInfo) {
    console.info('onWorkStop, workInfo is ${JSON.stringify(workInfo)}');
  }
}

// 延迟任务调度逻辑
function scheduleDelayedTask() {
  // 创建 WorkInfo 对象
  const workInfo: workScheduler.WorkInfo = {
    workId: 1001, // 延迟任务的唯一 ID
```

```
      networkType: workScheduler.NetworkType.NETWORK_TYPE_ANY, // 网络类型，支持任意网络
      bundleName: 'com.example.mytaskapp', // 应用包名
      abilityName: 'MyWorkSchedulerExtensionAbility', // Ability 名称
    };

    try {
      // 申请延迟任务
      workScheduler.startWork(workInfo);
      console.info('startWork success');
    } catch (error) {
      console.error(
        'startWork failed. code is ${(error as BusinessError).code} message is ${(error as BusinessError).message}'
      );
    }
  }

  function cancelDelayedTask() {
    // 创建 WorkInfo 对象
    const workInfo: workScheduler.WorkInfo = {
      workId: 1001, // 与申请时的 WorkId 保持一致
      networkType: workScheduler.NetworkType.NETWORK_TYPE_ANY, // 与申请时一致
      bundleName: 'com.example.mytaskapp', // 应用包名
      abilityName: 'MyWorkSchedulerExtensionAbility', // Ability 名称
    };

    try {
      // 取消延迟任务
      workScheduler.stopWork(workInfo);
      console.info('stopWork success');
    } catch (error) {
      console.error(
        'stopWork failed. code is ${(error as BusinessError).code} message is ${(error as BusinessError).message}'
      );
    }
  }

  // 调用函数进行测试
  scheduleDelayedTask(); // 申请任务
  cancelDelayedTask(); // 取消任务
```

代码解释如下。

导入必要模块代码如下。

```
import { WorkSchedulerExtensionAbility, workScheduler } from '@kit.BackgroundTasksKit';
import { BusinessError } from '@kit.BasicServicesKit';
```

WorkSchedulerExtensionAbility：提供延迟任务扩展能力的基类，开发者继承它并实现相关回调逻辑。

workScheduler：用于管理延迟任务的调度接口，支持申请、取消延迟任务等操作。

BusinessError：封装了错误信息的类，用于捕获和处理调度失败的异常。

定义延迟任务扩展能力类代码如下。

```
export default class MyWorkSchedulerExtensionAbility extends WorkSchedulerExtensionAbility {
  // 延迟任务开始回调
  onWorkStart(workInfo: workScheduler.WorkInfo) {
    console.info('onWorkStart, workInfo = ${JSON.stringify(workInfo)}');
  }

  // 延迟任务结束回调
  onWorkStop(workInfo: workScheduler.WorkInfo) {
    console.info('onWorkStop, workInfo is ${JSON.stringify(workInfo)}');
  }
}
```

onWorkStart：当延迟任务开始时被系统调用。参数 workInfo 包含任务的详细信息，例如 workId、网络类型等。

console.info：打印日志，用于调试。

onWorkStop：当延迟任务被取消或完成时被系统调用。同样接收 workInfo 参数，用于获取任务相关信息。

workInfo 的常用属性如下。

workId：任务唯一标识。

parameters：自定义的任务参数，常用来传递任务信息。

实现延迟任务调度逻辑代码如下。

① 申请延迟任务

```
function scheduleDelayedTask() {
  const workInfo: workScheduler.WorkInfo = {
    workId: 1001,
    networkType: workScheduler.NetworkType.NETWORK_TYPE_ANY,
    bundleName: 'com.example.mytaskapp',
    abilityName: 'MyWorkSchedulerExtensionAbility',
  };

  try {
    workScheduler.startWork(workInfo);
    console.info('startWork success');
  } catch (error) {
    console.error(
```

```
        'startWork failed. code is ${(error as BusinessError).code} message
is ${(error as BusinessError).message}'
      );
    }
  }
```

功能：创建一个延迟任务，任务由 MyWorkSchedulerExtensionAbility 扩展能力接管。指定任务的唯一标识 workId 和所需条件（如网络类型）。

核心参数说明如下。

workId：任务的唯一标识，用于申请和取消任务时的匹配。

networkType：任务所需的网络条件。

NETWORK_TYPE_ANY：任何网络均可执行任务。

NETWORK_TYPE_WIFI：仅在连接 Wi-Fi 时执行。

bundleName：当前应用的包名，确保任务由正确的应用调度。

abilityName：扩展能力的名称，与注册的 Ability 一致。

异常处理：如果申请任务失败，会捕获异常 BusinessError，并打印错误代码和消息。

② 取消延迟任务

```
function cancelDelayedTask() {
  const workInfo: workScheduler.WorkInfo = {
    workId: 1001,
    networkType: workScheduler.NetworkType.NETWORK_TYPE_ANY,
    bundleName: 'com.example.mytaskapp',
    abilityName: 'MyWorkSchedulerExtensionAbility',
  };

  try {
    workScheduler.stopWork(workInfo);
    console.info('stopWork success');
  } catch (error) {
    console.error(
      'stopWork failed. code is ${(error as BusinessError).code} message is
${(error as BusinessError).message}'
    );
  }
}
```

功能：停止一个已经申请的延迟任务。

需要提供与申请时一致的 workInfo，特别是 workId 和 abilityName。

异常处理：如果任务停止失败，同样会捕获 BusinessError 并打印详细信息。

测试函数调用代码如下。

```
scheduleDelayedTask(); // 申请延迟任务
cancelDelayedTask();   // 取消延迟任务
```

执行顺序：调用 scheduleDelayedTask，创建延迟任务；调用 cancelDelayedTask，取消对应的延迟任务。

日志输出：成功执行时，输出 startWork success 和 stopWork success；如果出错，输出错误代码和消息，便于排查问题。

配置文件 module.json5 代码如下。

```
{
  "module": {
    "extensionAbilities": [
      {
        "name": "MyWorkSchedulerExtensionAbility",
        "srcEntry": "./ets/WorkSchedulerExtension/WorkSchedulerExtension.ets",
        "label": "$string:WorkSchedulerExtensionAbility_label",
        "description": "$string:WorkSchedulerExtensionAbility_desc",
        "type": "workScheduler"
      }
    ]
  }
}
```

作用：注册 MyWorkSchedulerExtensionAbility 为扩展能力。type 设置为 workScheduler，表示这是一个延迟任务扩展。srcEntry 指定扩展能力的代码路径。

（4）代理提醒

代理提醒是一种帮助应用在后台甚至进程终止后依然可以发送定时提醒类通知的能力。

支持的提醒类型包括以下几个方面。

倒计时提醒：基于时间倒数实现的提醒功能。

日历提醒：基于日历事件的提醒功能。

闹钟提醒：基于时钟时间的提醒功能。

代理提醒主要用于工具类应用，比如时钟、待办事项管理或日历应用。当应用退至后台或终止时，依然能够为用户提供可靠的提醒服务。

约束与限制如下。

数量限制如下。

三方应用：最多支持 30 个有效提醒。

系统应用：最多支持 10000 个有效提醒。

系统总量：最多支持 12000 个有效提醒。

跳转限制如下。

用户点击提醒通知后，只能跳转到发布该提醒的应用，不能跳转到其他应用以确保体验一致性。

管控限制如下。

为防止滥用，代理提醒权限默认不开放，需要单独申请。

部分场景可以通过日历 Kit 替代代理提醒功能。

① 定时提醒（Timer）示例代码如下。

```
let targetReminderAgent: reminderAgentManager.ReminderRequestTimer = {
  reminderType: reminderAgentManager.ReminderType.REMINDER_TYPE_TIMER, // 
提醒类型为倒计时类型
```

```
    triggerTimeInSeconds: 10, // 提醒将在 10 秒后触发
    actionButton: [ // 设置弹出的提醒通知信息上显示的按钮类型和标题
      {
        title: 'close',
        type: reminderAgentManager.ActionButtonType.ACTION_BUTTON_TYPE_CLOSE
      }
    ],
    wantAgent: { // 点击提醒通知后跳转的目标 UIAbility 信息
      pkgName: 'com.example.myapplication',
      abilityName: 'EntryAbility'
    },
    maxScreenWantAgent: { // 全屏显示提醒到达时自动拉起的目标 UIAbility 信息
      pkgName: 'com.example.myapplication',
      abilityName: 'EntryAbility'
    },
    title: 'this is title', // 提醒的标题
    content: 'this is content', // 提醒的内容
    expiredContent: 'this reminder has expired', // 提醒过期后显示的内容
    notificationId: 100, // 设置通知的 ID，ID 相同会覆盖
    slotType: notificationManager.SlotType.SOCIAL_COMMUNICATION // 指定提醒的
Slot 类型
  }
```

代码解释如下。

reminderType：设置为 REMINDER_TYPE_TIMER，表示这是一个定时提醒。

triggerTimeInSeconds：设置为 10，表示提醒将在 10 秒后触发。

actionButton：定义了一个按钮，点击按钮会关闭提醒。

wantAgent：当点击提醒通知时，跳转到指定的 Ability（这里是 EntryAbility）。

maxScreenWantAgent：全屏提醒时的跳转目标 Ability。

title 和 content：分别是提醒的标题和内容。

expiredContent：提醒过期后显示的内容。

notificationId：设置通知的 ID，如果同一个 ID 被多次发布，则会覆盖之前的通知。

slotType：设置为 SOCIAL_COMMUNICATION，表示通知属于社交类通知。

② 闹钟提醒（Alarm）示例代码如下。

```
  let targetReminderAgent: reminderAgentManager.ReminderRequestAlarm = {
    reminderType: reminderAgentManager.ReminderType.REMINDER_TYPE_ALARM, //
提醒类型为闹钟类型
    hour: 23, // 提醒的时刻
    minute: 9, // 提醒的分钟
    daysOfWeek: [2], // 每周的哪几天需要重复提醒，这里是周二
    actionButton: [ // 设置弹出的提醒通知信息上显示的按钮类型和标题
      {
```

```
        title: 'close',
        type: reminderAgentManager.ActionButtonType.ACTION_BUTTON_TYPE_CLOSE
      },
      {
        title: 'snooze',
        type: reminderAgentManager.ActionButtonType.ACTION_BUTTON_TYPE_SNOOZE
      },
    ],
    wantAgent: { // 点击提醒通知后跳转的目标 UIAbility 信息
      pkgName: 'com.example.myapplication',
      abilityName: 'EntryAbility'
    },
    maxScreenWantAgent: { // 全屏显示提醒到达时自动拉起的目标 UIAbility 信息
      pkgName: 'com.example.myapplication',
      abilityName: 'EntryAbility'
    },
    ringDuration: 5, // 设置响铃持续时长为 5s
    snoozeTimes: 2, // 设置延迟提醒的次数
    timeInterval: 5, // 设置延迟提醒的间隔为 5s
    title: 'this is title', // 提醒标题
    content: 'this is content', // 提醒内容
    expiredContent: 'this reminder has expired', // 提醒过期后的内容
    snoozeContent: 'remind later', // 延迟提醒时显示的内容
    notificationId: 99, // 提醒通知的 ID
    slotType: notificationManager.SlotType.SOCIAL_COMMUNICATION // 提醒的 Slot 类型
  }
```

代码解释如下。

reminderType：设置为 REMINDER_TYPE_ALARM，表示这是一个闹钟提醒。

hour 和 minute：分别设置为 23 和 9，表示提醒时间为晚上 11:09。

daysOfWeek：设置为 [2]，表示这个提醒每周的周二都会触发。

actionButton：包含两个按钮：

close：关闭按钮，点击后关闭提醒。

snooze：延迟按钮，点击后可以延迟提醒。

ringDuration：设置响铃的持续时间为 5s。

snoozeTimes：设置延迟提醒的次数为 2 次。

timeInterval：设置延迟提醒之间的时间间隔为 5s。

title 和 content：提醒的标题和内容。

expiredContent：提醒过期后的内容。

snoozeContent：延迟提醒时显示的内容。

notificationId：设置通知的 ID，确保相同的 ID 会覆盖旧的通知。

slotType：设置为 SOCIAL_COMMUNICATION，表示这是一个社交类的通知。

7.4　国际化

小牛，最近我在开发一个面向国际用户的应用，得好好做国际化。你知道鸿蒙 OS 是怎么支持国际化的吗?

小马

听说过一些，好像涉及什么 Locale 和 I18N 的概念?

小牛

对的，Locale 和 I18N 是国际化的核心概念。

Locale：它是对语言、脚本、国家或地区，以及日历、排序、货币等特性的抽象表示。开发者可以使用 Locale 对象来指定应用要显示的语言和格式，比如日期和数字的格式化方式。

偏好语言：这是用户设置的语言，可以表示用户最可接受的语言顺序。系统会根据用户的偏好语言显示应用内容。

小马

那开发时是不是得根据用户的 Locale 信息进行配置?

小牛

没错！应用可以调用国际化接口时传入 Locale 信息，系统会根据 Locale 的特性来执行相应的操作。通常，开发者会根据用户设置的系统语言和区域进行国际化处理，避免硬编码。

小马

那 I18N 又是什么?

小牛

I18N 是“国际化”的缩写，表示“Internationalization”。鸿蒙 OS 中的 I18N 模块提供了一些接口，用于支持不同语言和文化的应用开发。它包括以下功能。

文本翻译：将界面中的文本翻译成用户的偏好语言。

日期和时间格式化：根据 Locale 信息格式化日期和时间。

数字格式化：例如，将货币按照当地的习惯进行显示。

小马

那 I18N 模块有没有额外的功能?

小牛

有的！除了 ECMA 402 标准定义的内容之外，I18N 模块还提供了一些补充接口，比如以下这些。

区域管理：处理时区、地理区域相关信息。

电话号码处理：格式化和验证电话号码，适应各地的标准。

日历：支持不同文化和地区的日历系统，比如农历、伊斯兰历等。

小马

小牛

看来鸿蒙 OS 的国际化支持确实很强大，能更好地照顾到全球用户的需求。

是的，只要开发者合理利用这些国际化能力，就能让应用在全球市场上更具竞争力。

小马

在鸿蒙 OS 中，当应用面向具有显著差异的目标用户和市场时，开发者需要提供多个本地化版本，以确保用户体验的质量。以下是国际化能力的基本概念和运作机制。

基本概念如下。

Locale：Locale 是对语言、脚本、国家或区域，以及日历、排序、货币等特性的抽象表示。

偏好语言：用户设置的语言，表示用户可接受的语言。用户可以在设置中添加偏好语言。

运作机制如下。

调用国际化接口时，需要提供 Locale 信息，接口会根据该 Locale 的特性执行相应的功能。

Locale 信息可以通过硬编码提供，但通常使用用户设置的系统语言和区域来更有效地实现国际化。

通过这些机制，开发者能够更高效、低成本地实现应用的本地化，满足不同地区用户的需求。

I18N 详细解释如下。

定义：I18N 是国际化的缩写，涵盖了设计应用以支持不同语言和文化的过程，包括文本翻译、日期和时间格式化、数字格式化等。

功能：提供一系列工具和接口，帮助开发者实现应用的国际化能力。

I18N 模块除了提供 ECMA 402 标准中的国际化功能外，还包括一些补充接口，主要用于以下功能。

区域管理：处理与地理区域相关的信息，例如时区和区域设置。

电话号码处理：提供格式化和验证电话号码的功能，适应不同国家和地区的标准。

示例代码如下。

```
// 导入模块
import { i18n } from '@kit.LocalizationKit';
import { BusinessError } from '@kit.BasicServicesKit';
```

```
try {
  // 获取系统语言
  let systemLanguage = i18n.System.getSystemLanguage();
  console.log('当前系统语言 : ${systemLanguage}');

  // 获取系统地区
  let systemRegion = i18n.System.getSystemRegion();
  console.log('当前系统地区 : ${systemRegion}');

  // 获取系统区域
  let systemLocale = i18n.System.getSystemLocale();
  console.log('当前系统区域 : ${systemLocale}');

  // 获取应用偏好语言
  let appPreferredLanguage = i18n.System.getAppPreferredLanguage();
  console.log('当前应用偏好语言 : ${appPreferredLanguage}');

  // 设置应用偏好语言为简体中文
  i18n.System.setAppPreferredLanguage("zh-Hans");
  console.log("成功设置应用偏好语言为 : zh-Hans");
} catch (error) {
  let err: BusinessError = error as BusinessError;
  console.error('调用接口失败 , 错误码 : ${err.code}, 错误信息 : ${err.message}');
}
```

在全球化的应用中，不同国家和文化对时间和日期的表示方式不同。时间日期国际化可以帮助开发者实现以下功能。根据区域设置格式化日期和时间。计算并展示时间差，例如“30 秒前”或“1 天后”。格式化时间段，例如“星期三，8:00—11:30”。

约束与限制如下。

格式设置互斥：同时设置日期格式（dateStyle）和时间格式（timeStyle）；如果只设置日期格式，显示日期；如果只设置时间格式，显示时间。

选项支持规则：设置了 dateStyle 或 timeStyle 后，无法单独设置年、月、日、时、分、秒等选项；未设置 dateStyle 或 timeStyle 时，可单独指定各项格式。

示例代码如下。

```
// 导入模块
import { intl } from '@kit.LocalizationKit';

// 设置通用变量
const locale = 'zh-CN'; // 地区设置
const date = new Date(2021, 8, 17, 13, 4, 0); // 日期对象
const startDate = new Date(2021, 8, 17, 13, 4, 0); // 时间段起始时间
const endDate = new Date(2021, 8, 18, 13, 4, 0); // 时间段结束时间

// 1. 时间日期格式化
let dateFormat = new intl.DateTimeFormat(locale, { dateStyle: 'full', time-
```

```
Style: 'full' });
    let formattedDate = dateFormat.format(date);
    console.log(formattedDate); // 输出：2021年9月17日星期五 中国标准时间
13:04:00

    dateFormat = new intl.DateTimeFormat(locale, { dateStyle: 'short', time-
Style: 'short' });
    formattedDate = dateFormat.format(date);
    console.log(formattedDate); // 输出：2021/9/17 13:04

    dateFormat = new intl.DateTimeFormat(locale, { year: 'numeric', month:
'2-digit', day: '2-digit', hour: '2-digit', minute: '2-digit', second: '2-digit' });
    formattedDate = dateFormat.format(date);
    console.log(formattedDate); // 输出：2021/09/17 13:04:00

    dateFormat = new intl.DateTimeFormat(locale, { month: 'long', day: 'numeric',
weekday: 'long' });
    formattedDate = dateFormat.format(date);
    console.log(formattedDate); // 输出：9月17日星期五

    dateFormat = new intl.DateTimeFormat(locale, { dateStyle: 'short', time-
Style: 'short', hourCycle: 'h11' });
    formattedDate = dateFormat.format(date);
    console.log(formattedDate); // 输出：2021/9/17 下午13:04

    dateFormat = new intl.DateTimeFormat(locale, { dateStyle: 'short', time-
Style: 'short', numberingSystem: 'arab' });
    formattedDate = dateFormat.format(date);
    console.log(formattedDate); // 输出：٢٠٢١/٩/١٧ ١٣:٠٤

    // 2. 格式化时间段
    let dateRangeFormat = new intl.DateTimeFormat('en-GB');
    let formattedDateRange = dateRangeFormat.formatRange(startDate, endDate);
    console.log(formattedDateRange); // 输出：17/09/2021 - 18/09/2021

    // 3. 相对时间格式化
    let relativeTimeFormat = new intl.RelativeTimeFormat('en-GB');
    let formattedRelativeTime = relativeTimeFormat.format(-1, 'day');
    console.log(formattedRelativeTime); // 输出：1 day ago

    relativeTimeFormat = new intl.RelativeTimeFormat('en-GB', { numeric: "auto" });
    formattedRelativeTime = relativeTimeFormat.format(-1, 'day');
    console.log(formattedRelativeTime); // 输出：yesterday
```

```
relativeTimeFormat = new intl.RelativeTimeFormat('fr-FR', { style: 'narrow' });
formattedRelativeTime = relativeTimeFormat.format(-1, 'day');
console.log(formattedRelativeTime); // 输出 : -1 j

// 4. 获取格式化选项
let options = dateRangeFormat.resolvedOptions();
console.log(options); // 输出对象格式化的详细配置信息
```

代码解释如下。

```
// 导入模块
import { intl } from '@kit.LocalizationKit';
```

解释：从 @kit.LocalizationKit 模块中导入 intl，它是一个提供国际化（Localization）功能的工具库。

```
// 设置要格式化的日期
let date = new Date(2021, 8, 17, 13, 4, 0);
let startDate = new Date(2021, 8, 17, 13, 4, 0);
let endDate = new Date(2021, 8, 18, 13, 4, 0);
```

解释：使用 new Date() 创建 Date 对象。date 代表要格式化的口期时间。startDate 和 endDate 用于演示时间范围的格式化。

```
// 在软件上展示完整的时间信息
let dateFormat1 = new intl.DateTimeFormat('zh-CN', {dateStyle: 'full', timeStyle: 'full'});
let formattedDate1 = dateFormat1.format(date); // formattedDate1: 2021 年 9 月 17 日星期五 中国标准时间 13:04:00
```

解释：创建 DateTimeFormat 对象 dateFormat1，设置区域为 zh-CN（简体中文）。配置日期和时间的显示风格为 full（完整显示）。使用 .format(date) 方法格式化日期时间，结果为：2021 年 9 月 17 日星期五 中国标准时间 13:04:00。

```
// 在有限的空间展示简短的时间信息
let dateFormat2 = new intl.DateTimeFormat('zh-CN', {dateStyle: 'short', timeStyle: 'short'});
let formattedDate2 = dateFormat2.format(date); // formattedDate2: 2021/9/17 13:04
```

解释：与上面类似，使用 short 风格格式化日期和时间。输出结果较短，以节省屏幕空间：2021/9/17 13:04。

```
// 自定义年月日时分秒的显示效果
let dateFormat3 = new intl.DateTimeFormat('zh-CN', {year: 'numeric', month: '2-digit', day: '2-digit', hour: '2-digit', minute: '2-digit', second: '2-digit'});
let formattedDate3 = dateFormat3.format(date); // formattedDate3: 2021/09/17 13:04:00
```

解释：自定义显示格式，年份为四位数（numeric），月份和日期为两位数（2-digit），时间显示小时、分钟和秒。格式化结果为 2021/09/17 13:04:00。

```
// 仅显示一部分时间
let dateFormat4 = new intl.DateTimeFormat('zh-CN', {month: 'long', day: 'nu-
```

```
meric', weekday: 'long'});
    let formattedDate4 = dateFormat4.format(date); // formattedDate4: 9月17日
星期五
```

解释：只格式化月份、日期和星期，月份为完整形式（long），日期为数字（numeric），星期为完整形式。输出结果：9 月 17 日星期五。

```
    // 自定义时制格式
    let dateFormat5 = new intl.DateTimeFormat('zh-CN', {dateStyle: 'short', time-
Style: 'short', hourCycle: 'h11'});
    let formattedDate5 = dateFormat5.format(date); // formattedDate5:
2021/9/17 下午13:04
```

解释：自定义时制为 h11，显示下午形式的 12 小时制。输出结果：2021/9/17 下午 13:04。

```
    // 面向习惯于其他数字系统的用户
    let dateFormat6 = new intl.DateTimeFormat('zh-CN', {dateStyle: 'short', time-
Style: 'short', numberingSystem: 'arab'});
    let formattedDate6 = dateFormat6.format(date)
```

解释：

```
    // 格式化时间段
    let dataFormat7 = new intl.DateTimeFormat('en-GB');
    let formattedDateRange = dataFormat7.formatRange(startDate, endDate); //
formattedDateRange: 17/09/2021 - 18/09/2021
```

解释：使用 .formatRange(startDate, endDate) 方法格式化时间范围。区域设置为英国英语 en-GB，结果：17/09/2021 - 18/09/2021。

```
    // 获取格式化选项
    let dataFormat8 = new intl.DateTimeFormat('en-GB', {dateStyle: 'full'});
    let options = dataFormat8.resolvedOptions();
    let dateStyle = options.dateStyle; // dateStyle: full
```

解释：使用 .resolvedOptions() 获取 DateTimeFormat 对象的设置选项。

读取 dateStyle 属性的值，此处为：full。

```
    // 显示相对时间
    let relativeTimeFormat1 = new intl.RelativeTimeFormat('en-GB');
    let formattedRelativeTime1 = relativeTimeFormat1.format(-1, 'day'); // for-
mattedRelativeTime1: 1 day ago
```

解释：创建 RelativeTimeFormat 对象，区域设置为 en-GB。

使用 .format(value, unit) 格式化相对时间，−1 表示 1 天前。

输出：1 day ago。

```
    // 口语化
    let relativeTimeFormat2 = new intl.RelativeTimeFormat('en-GB', {numeric:
"auto"});
    let formattedRelativeTime2 = relativeTimeFormat2.format(-1, 'day'); // for-
mattedRelativeTime2: yesterday
```

解释：设置 numeric 为 auto，使输出更口语化。输出结果为：yesterday。

```
    // 部分语言支持更为简短的显示风格
```

```
let relativeTimeFormat3 = new intl.RelativeTimeFormat('fr-FR'); // 默认 style 为 long
let formattedRelativeTime3 = relativeTimeFormat3.format(-1, 'day'); // formattedRelativeTime3: il y a 1 jour
let relativeTimeFormat4 = new intl.RelativeTimeFormat('fr-FR', {style: 'narrow'});
let formattedRelativeTime4 = relativeTimeFormat4.format(-1, 'day'); // formattedRelativeTime4: -1 j
```

解释：对于法语 fr-FR，格式化相对时间。

long 风格：il y a 1 jour（1 天前）。

narrow 风格：−1 j。

```
// 自定义区域设置格式的相对时间格式
let relativeTimeFormat5 = new intl.RelativeTimeFormat('en-GB', {style: 'long'});
// parts: [{type: 'literal', value: 'in'}, {type: 'integer', value: 1, unit: 'day'}, {type: 'literal', value: 'day'}]
let parts = relativeTimeFormat5.formatToParts(1, 'day');
```

解释：使用 .formatToParts() 返回格式化内容的详细组成部分（数组形式）。

结果中每部分包含 type（类型）、value（值）、unit（单位）。

```
// 获取 RelativeTimeFormat 对象的格式化选项
let relativeTimeFormat6 = new intl.RelativeTimeFormat('en-GB', {numeric: 'auto'});
let options = relativeTimeFormat6.resolvedOptions();
let numeric = options.numeric; // numeric: auto
```

解释：获取 RelativeTimeFormat 对象的选项。读取 numeric 属性，此处为：auto。

7.5　Location Kit

Location Kit 是一种多功能定位子系统，结合多种定位技术为应用提供实时准确的位置服务。核心技术包括以下几个方面。

GNSS 定位：基于全球导航卫星系统，整合 GPS、GLONASS、北斗和 Galileo，通过卫星和设备芯片的算法确定精确位置。

基站定位：利用设备当前驻网基站和相邻基站的位置信息，估算设备的位置。

WLAN/ 蓝牙定位：通过周围可搜索到的 WLAN 和蓝牙设备的位置，进一步提高定位精度，尤其在室内或网络密集区域。

Location Kit 不仅提供基础的定位服务，还支持地理围栏、地理编码与逆地理编码等高级功能，为开发者设计基于位置的创新场景提供强大支持。

约束与限制如下。

定位能力作为敏感数据服务，遵循严格的隐私与权限管理规则。

用户权限：用户需主动开启设备位置开关，系统才会提供定位能力。应用在首次请求位置服务时，需明确向用户申请权限并获得授权。

实时请求与关闭：定位服务需由应用主动发起，并在场景结束时结束请求，以确保资源合理使用。

数据隐私：即使开启了位置服务，系统也只在用户授权后提供位置数据，全面保障用户隐私。

在使用 Location Kit 提供的位置服务之前，应用需要确保已获得用户的授权来访问设备的位置信息。如果未获得授权，应用需要主动向用户申请所需的位置权限。

系统定位权限：系统提供了以下三种定位权限，根据应用场景不同，开发者可选择适合的权限类型。

ohos.permission.LOCATION：用于获取精准位置，精确度在米级别。适用于对定位精度要求较高的场景，如导航、运动记录。

ohos.permission.APPROXIMATELY_LOCATION：用于获取模糊位置，精确度为 5 公里。适用于无需高精度定位的场景，如天气查询。

ohos.permission.LOCATION_IN_BACKGROUND：允许应用在后台运行时持续获取位置信息。适用于后台记录轨迹等场景。

权限的使用需参照 Location Kit 接口的具体要求，确保符合功能需求和用户隐私保护原则。

示例代码如下。

```
import { geoLocationManager } from '@kit.LocationKit';
import { BusinessError } from '@kit.BasicServicesKit';

// 判断位置服务是否开启
try {
    let isLocationEnabled = geoLocationManager.isLocationEnabled();
    console.log('Location enabled: ' + isLocationEnabled);

    if (!isLocationEnabled) {
        console.warn('请引导用户打开位置开关');
        // 调用全局开关设置引导用户打开位置服务
        // 具体实现参考全局开关设置文档
    }
} catch (err) {
    console.error('Error checking location status: ' + err.message);
}

// 单次获取最近的历史位置（方式一）
try {
    let lastLocation = geoLocationManager.getLastLocation();
    console.log('Last known location: ' + JSON.stringify(lastLocation));
} catch (err) {
    console.error('Error fetching last known location: ' + JSON.stringi-
fy(err));
}
```

```
    // 单次获取当前位置（方式二）
    let singleRequest: geoLocationManager.SingleLocationRequest = {
        'locatingPriority': geoLocationManager.LocatingPriority.PRIORITY_LOCAT-
ING_SPEED,
        'locatingTimeoutMs': 10000
    };

    try {
        geoLocationManager.getCurrentLocation(singleRequest).then((currentLo-
cation) => {
            console.log('Current location: ' + JSON.stringify(currentLocation));
        }).catch((error: BusinessError) => {
            console.error('Error fetching current location: ' + JSON.stringi-
fy(error));
        });
    } catch (err) {
        console.error('Error in single location request: ' + JSON.stringi-
fy(err));
    }

    // 持续定位
    let continuousRequest: geoLocationManager.ContinuousLocationRequest = {
        'interval': 1,
        'locationScenario': geoLocationManager.UserActivityScenario.NAVIGATION
    };

    let locationChangeCallback = (location: geoLocationManager.Location): void => {
        console.log('Location update: ' + JSON.stringify(location));
    };

    try {
        // 开启持续定位
        geoLocationManager.on('locationChange', continuousRequest, location-
ChangeCallback);

        // 模拟使用一段时间后关闭持续定位
        setTimeout(() => {
            geoLocationManager.off('locationChange', locationChangeCallback);
            console.log('Location tracking stopped.');
        }, 30000); // 持续 30 秒后停止定位
    } catch (err) {
        console.error('Error in continuous location request: ' + JSON.stringi-
fy(err));
    }
```

代码解释如下。

```
// 导入位置服务管理模块
import { geoLocationManager } from '@kit.LocationKit';
```

功能：导入 geoLocationManager 模块，该模块提供了所有与设备定位相关的接口和功能。

```
// 检查位置服务开关是否已开启
let isLocationEnabled = geoLocationManager.isLocationEnabled();
```

功能：调用 isLocationEnabled() 方法，检查设备的系统位置服务开关状态。返回 true 表示开启，false 表示关闭。

解释：应用请求位置信息前，需确保位置服务已打开，否则无法定位。可以使用此状态判断是否需要引导用户开启位置服务。

```
if (!isLocationEnabled) {
    console.log('Location service is not enabled.');
    // 如果位置服务未启用，可以拉起设置弹框引导用户开启
    // 示例：geoLocationManager.openSettings()（假设有这样的功能）
}
```

功能：根据开关状态，引导用户开启位置服务。

解释：当 isLocationEnabled 为 false 时，表示用户关闭了系统的位置服务。

为了提供正常的功能，需要提示用户开启位置服务，并引导其进入系统设置。

```
// 获取最近一次的位置信息
let lastLocation = geoLocationManager.getLastLocation();
```

功能：调用 getLastLocation() 方法，从系统缓存中获取设备最近一次的定位结果。

解释：缓存定位：返回的位置信息可能是系统最近缓存的结果。如果业务对位置实时性要求不高，可以优先选择此方式减少硬件功耗。

```
if (lastLocation) {
    console.log('Last location: ' + JSON.stringify(lastLocation));
}
```

功能：检查 lastLocation 是否有效，并输出位置信息。

解释：如果 lastLocation 为 null，说明缓存中无有效的位置信息。如果数据有效，可以直接使用（如显示位置、推荐服务）。

```
// 构建单次定位请求参数
let singleRequest: geoLocationManager.SingleLocationRequest = {
    'locatingPriority': geoLocationManager.LocatingPriority.PRIORITY_LOCAT-
ING_SPEED,
    'locatingTimeoutMs': 10000
};
```

功能：配置单次定位请求参数，用于发起实时定位。

参数解释如下。

locatingPriority：决定定位的优先级。

PRIORITY_LOCATING_SPEED：优先快速获取位置（速度优先）。

PRIORITY_ACCURACY：优先高精度结果（精度优先）。

locatingTimeoutMs：单次定位的超时时间（ms）。设置为 10000 表示超时为 10s。

```
geoLocationManager.getCurrentLocation(singleRequest).then((currentLoca-
tion) => {
    console.log('Current location: ' + JSON.stringify(currentLocation));
});
```

功能：调用 getCurrentLocation 方法，发起单次定位请求。通过 Promise 异步获取结果。

解释：当定位成功时，会返回当前设备的位置信息。返回结果是一个包含 latitude（纬度）、longitude（经度）等字段的对象。

如果定位失败，Promise 会返回错误，进入 catch 块。

```
let continuousRequest: geoLocationManager.ContinuousLocationRequest = {
    'interval': 1,
    'locationScenario': geoLocationManager.UserActivityScenario.NAVIGATION
};
```

功能：构建持续定位请求参数。

参数解释如下。

interval：设置位置信息上报的时间间隔（单位：秒）。设置为 1 表示每秒更新一次位置。

locationScenario：指定场景以优化定位效果。

NAVIGATION：用于导航场景，支持室内外场景持续定位。

```
let locationChangeCallback = (location: geoLocationManager.Location): void
=> {
    console.log('Location update: ' + JSON.stringify(location));
};
```

功能：定义位置变化回调函数。

解释：每次设备位置发生变化时，该回调会被触发，并返回新的位置信息。location 是一个对象，包含纬度、经度等字段。

```
geoLocationManager.on('locationChange', continuousRequest, locationChange-
Callback);
```

功能：开启位置变化监听。

解释：当设备位置更新时，系统会根据设置的时间间隔上报最新位置信息。可以用于导航、轨迹记录等场景。

```
// 停止持续定位监听
geoLocationManager.off('locationChange', locationChangeCallback);
```

功能：停止位置变化监听，释放资源。

解释：持续定位耗电较大，需要在定位结束后及时关闭监听，避免资源浪费和电量消耗。调用 off 方法即可解除与之前回调绑定的监听。

7.6 Calendar Kit

Calendar Kit 提供了强大的日历与日程管理能力，便于开发者集成系统日历，实现账户管理和日程操作等功能。

账户管理功能如下。

创建账户：创建特有的日历账户，返回唯一的 accountId 作为标识符。

获取账户：查询指定账户或当前应用创建的所有账户信息。

删除账户：删除账户时，相关联的所有日程也会被清理。

日程管理功能如下。

创建日程：基于账户信息创建日程，支持设置提醒功能，并返回唯一的 eventId。

更新日程：通过 eventId 更新日程信息（如标题、地点、时间等）。

删除日程：可删除单个或多个日程。

查询日程：支持按 eventId、标题或时间范围查询。

提醒机制：基于提醒时间，系统在日程到期时弹出通知。

运作机制如下。

Calendar Kit 提供接口读写日历账户和日程信息。通过授权后，应用可自由操作日历数据并实现提醒功能。

约束限制：必须声明权限 ohos.permission.READ_CALENDAR 和 ohos.permission.WRITE_CALENDAR。

示例代码如下。

```
// EntryAbility.ets
import {
  abilityAccessCtrl, AbilityConstant, common,
  PermissionRequestResult, Permissions, UIAbility, Want
} from '@kit.AbilityKit';
import { BusinessError } from '@kit.BasicServicesKit';
import { calendarManager } from '@kit.CalendarKit';
import { window } from '@kit.ArkUI';

// 全局变量定义
export let calendarMgr: calendarManager.CalendarManager | null = null;
export let mContext: common.UIAbilityContext | null = null;

// 日历账户信息定义
const calendarAccount: calendarManager.CalendarAccount = {
  name: 'UnifiedCalendar',
  type: calendarManager.CalendarType.LOCAL,
  displayName: 'UnifiedCalendar'
};

// 日历配置信息定义
const calendarConfig: calendarManager.CalendarConfig = {
  enableReminder: true,
  color: '#aabbcc'
};

export default class EntryAbility extends UIAbility {
  onCreate(want: Want, launchParam: AbilityConstant.LaunchParam): void {
    console.info("Ability onCreate");
```

```
    }

    onDestroy(): void {
      console.info("Ability onDestroy");
    }

    onWindowStageCreate(windowStage: window.WindowStage): void {
      console.info("Ability onWindowStageCreate");
      windowStage.loadContent('pages/Index', (err, data) => {
        if (err.code) {
          console.error('Failed to load the content. Code: ${err.code}, mes-
sage: ${err.message}');
          return;
        }
        console.info('Succeeded in loading the content. Data: ${JSON.stringi-
fy(data)}');
      });

      mContext = this.context;
      const permissions: Permissions[] = ['ohos.permission.READ_CALENDAR',
'ohos.permission.WRITE_CALENDAR'];
      const atManager = abilityAccessCtrl.createAtManager();

      atManager.requestPermissionsFromUser(mContext, permissions).then((re-
sult: PermissionRequestResult) => {
        console.log('Permission granted: ${JSON.stringify(result)}');
        calendarMgr = calendarManager.getCalendarManager(mContext);

        // 创建或获取日历账户
        this.createOrFetchCalendar();
      }).catch((error: BusinessError) => {
        console.error('Permission request error: Code: ${error.code}, Mes-
sage: ${error.message}');
      });
    }

    onWindowStageDestroy(): void {
      console.info("Ability onWindowStageDestroy");
    }

    onForeground(): void {
      console.info("Ability onForeground");
    }
```

```
  onBackground(): void {
    console.info("Ability onBackground");
  }

  // 创建或获取日历账户
  private createOrFetchCalendar(): void {
    calendarMgr?.getCalendar(calendarAccount).then((calendar) => {
      console.info(`Calendar exists: ${JSON.stringify(calendar)}`);
      this.setupCalendarConfig(calendar);
    }).catch(() => {
      console.info("Calendar does not exist, creating a new one...");
      calendarMgr?.createCalendar(calendarAccount).then((calendar) =>
{
        console.info(`Calendar created: ${JSON.stringify(calendar)}`);
        this.setupCalendarConfig(calendar);
      }).catch((error: BusinessError) => {
        console.error(`Failed to create calendar: Code: ${error.code}, Mes-
sage: ${error.message}`);
      });
    });
  }

  // 设置日历配置信息
  private setupCalendarConfig(calendar: calendarManager.Calendar): void {
    calendar.setConfig(calendarConfig).then(() => {
      console.info(`Calendar config set successfully: ${JSON.stringify(cal-
endarConfig)}`);
    }).catch((error: BusinessError) => {
      console.error(`Failed to set calendar config: Code: ${error.code},
Message: ${error.message}`);
    });
  }
}
```

代码解释如下。

导入依赖代码如下。

```
import {
  abilityAccessCtrl, AbilityConstant, common,
  PermissionRequestResult, Permissions, UIAbility, Want
} from '@kit.AbilityKit';
import { BusinessError } from '@kit.BasicServicesKit';
import { calendarManager } from '@kit.CalendarKit';
import { window } from '@kit.ArkUI';
```

abilityAccessCtrl：用于管理权限请求的控制器。

AbilityConstant：提供了与能力相关的常量，例如启动参数。

common：包含 UI 能力上下文等常见功能。

PermissionRequestResult：权限请求结果类型。

Permissions：权限类型，表示应用请求的权限。

UIAbility：表示 UI 能力类，这是一个基类，用于处理窗口和界面的生命周期。

Want：表示启动能力时的需求，通常用于启动应用时传递信息。

BusinessError：用于处理业务错误的类。

calendarManager：提供日历管理相关功能。

window：用于管理窗口的模块。

全局变量代码如下。

```
export let calendarMgr: calendarManager.CalendarManager | null = null;
export let mContext: common.UIAbilityContext | null = null;
```

calendarMgr：用于管理日历的对象，初始值为 null。

mContext：UI 能力的上下文，用于访问当前应用的上下文环境。

日历账户信息定义代码如下。

```
const calendarAccount: calendarManager.CalendarAccount = {
  name: 'UnifiedCalendar',
  type: calendarManager.CalendarType.LOCAL,
  displayName: 'UnifiedCalendar'
};
```

定义了一个日历账户 calendarAccount，指定了账户的名称、类型（本地日历）和显示名称。

日历配置信息定义代码如下。

```
const calendarConfig: calendarManager.CalendarConfig = {
  enableReminder: true,
  color: '#aabbcc'
};
```

定义了一个日历的配置信息 calendarConfig，包括是否启用提醒功能和设置日历的颜色。

UI 能力类代码如下。

```
export default class EntryAbility extends UIAbility {
```

定义了一个继承自 UIAbility 的类 EntryAbility，这个类用于处理应用的能力生命周期。

onCreate 方法代码如下。

```
onCreate(want: Want, launchParam: AbilityConstant.LaunchParam): void
{
  console.info("Ability onCreate");
}
```

onCreate 是 UIAbility 类中的生命周期方法，当能力被创建时调用。want 包含了启动能力时的需求信息，launchParam 是启动参数。

onDestroy 方法代码如下。

```
onDestroy(): void {
  console.info("Ability onDestroy");
```

```
}
```

onDestroy 是 UIAbility 类中的生命周期方法，当能力被销毁时调用。

onWindowStageCreate 方法代码如下。

```
onWindowStageCreate(windowStage: window.WindowStage): void {
  console.info("Ability onWindowStageCreate");
  windowStage.loadContent('pages/Index', (err, data) => {
    if (err.code) {
      console.error('Failed to load the content. Code: ${err.code}, message: ${err.message}');
      return;
    }
    console.info('Succeeded in loading the content. Data: ${JSON.stringify(data)}');
  });

  mContext = this.context;
  const permissions: Permissions[] = ['ohos.permission.READ_CALENDAR', 'ohos.permission.WRITE_CALENDAR'];
  const atManager = abilityAccessCtrl.createAtManager();

  atManager.requestPermissionsFromUser(mContext, permissions).then((result: PermissionRequestResult) => {
    console.log('Permission granted: ${JSON.stringify(result)}');
    calendarMgr = calendarManager.getCalendarManager(mContext);

    // 创建或获取日历账户
    this.createOrFetchCalendar();
  }).catch((error: BusinessError) => {
    console.error('Permission request error: Code: ${error.code}, Message: ${error.message}');
  });
}
```

onWindowStageCreate：窗口创建时的生命周期方法，用于加载界面内容，并初始化权限请求。

windowStage.loadContent('pages/Index', ...)：加载主页面内容。

请求日历相关权限：ohos.permission.READ_CALENDAR 和 ohos.permission.WRITE_CALENDAR。

请求权限后，如果权限申请成功，获取 calendarMgr，并调用 createOrFetchCalendar 来创建或获取日历账户。

onWindowStageDestroy 方法代码如下。

```
onWindowStageDestroy(): void {
  console.info("Ability onWindowStageDestroy");
}
```

onWindowStageDestroy 在窗口销毁时被调用，用于清理资源。

onForeground 和 onBackground 方法代码如下。

```
onForeground(): void {
  console.info("Ability onForeground");
}

onBackground(): void {
  console.info("Ability onBackground");
}
```

onForeground 和 onBackground 分别在应用进入前台和后台时被调用，通常用于管理应用的生命周期。

createOrFetchCalendar 方法代码如下。

```
private createOrFetchCalendar(): void {
  calendarMgr?.getCalendar(calendarAccount).then((calendar) => {
    console.info(`Calendar exists: ${JSON.stringify(calendar)}`);
    this.setupCalendarConfig(calendar);
  }).catch(() => {
    console.info("Calendar does not exist, creating a new one...");
    calendarMgr?.createCalendar(calendarAccount).then((calendar) => {
      console.info(`Calendar created: ${JSON.stringify(calendar)}`);
      this.setupCalendarConfig(calendar);
    }).catch((error: BusinessError) => {
      console.error(`Failed to create calendar: Code: ${error.code}, Mes-
sage: ${error.message}`);
    });
  });
}
```

createOrFetchCalendar 方法检查指定的日历账户是否已经存在。如果存在，设置日历的配置信息；如果不存在，创建一个新的日历账户并设置配置。

setupCalendarConfig 方法代码如下。

```
private setupCalendarConfig(calendar: calendarManager.Calendar): void {
  calendar.setConfig(calendarConfig).then(() => {
    console.info(`Calendar config set successfully: ${JSON.stringify(calen-
darConfig)}`);
  }).catch((error: BusinessError) => {
    console.error(`Failed to set calendar config: Code: ${error.code}, Mes-
sage: ${error.message}`);
  });
}
```

setupCalendarConfig 方法用于设置日历的配置信息，如启用提醒和设置日历颜色。

鸿蒙
HarmonyOS

第 8 章 鸿蒙开发案例实践

小牛：小马，我有个想法，咱们用鸿蒙开发一个记事本应用怎么样？功能简单，但能帮助用户记录日常事项。

小马：这个主意不错！鸿蒙系统的开发体验挺友好的，而且还支持多设备同步。我们可以让用户的笔记在手机、平板甚至智能手表上同步显示。这样他们可以随时随地查看和编辑笔记。

小牛：哇，那怎么实现呢？比如我要先搭建一个基础界面，怎么设计比较好？

小马：我们可以用 ArkUI 框架来搭建界面，它支持声明式的 UI 编程。你可以用 List 组件展示笔记列表，还可以添加一个 TextField 组件用于输入笔记内容。这里我们用鸿蒙的栅格布局（Grid Layout）来放置这些组件，能让界面更整齐。

开发一个记事本应用的基本步骤包括设计用户界面、实现核心功能（新增、查看、编辑、删除）、数据存储，以及可能的附加功能，如多设备同步或备份。

8.1 设计应用架构和界面

应用架构如下。主页面：显示所有笔记的列表。用户可以在此查看已有笔记，点击某条笔记查看详情，点击“新增”按钮添加新笔记。

详情页面：用于显示某条笔记的详细内容，支持编辑、删除。

新增页面：用于创建新笔记，提供文本输入框和“保存”按钮。

我们新建一个项目起名为 Note，首先编码列表页，

在 pages 文件下新建一个名为 ListPage.ets。示例代码如下。

```
import { TaskModel } from '../model/TaskModel'

@Component
export struct ListPage {
  @Link displayAddPage: boolean
  @Link taskList: Array<TaskModel>
  @State taskType: string = 'all'

  getTaskList(): Array<TaskModel> {
    if (this.taskType == 'all') {
      return this.taskList
    } else if (this.taskType == 'todo') {
      return this.taskList.filter((item) => {
        if(!item.isComp){
          return true
        }
      })
    }else if(this.taskType == 'done') {
      return this.taskList.filter((item) => {
        if(item.isComp){
          return true
        }
      })
    }
  }

  deleteTask(index: number) {
    AlertDialog.show({
      title: '删除任务',
      message: '二次确认',
      autoCancel: true,
      alignment: DialogAlignment.Bottom,
      offset: {
        dx: 0, dy: -400
      },
      secondaryButton: {
        value: '是',
        action: () => {
```

```
          this.taskList.splice(index, 1)

        }
      },
      primaryButton: {
        value: '否',
        action: () => {
          this.taskList.splice(index, 1)

        }
      }
    })
  }

  build() {
    Column({ space: 15 }) {
      Text('我的任务').fontSize(20)
        .fontWeight(FontWeight.Bold)
      Row() {
        Column() {
          Text('全部')
          Radio({ value: 'all', group: 'type' })
            .onChange((isSelect) => {
              if (isSelect) {
                this.taskType = 'all'
              }
            })
            .checked(this.taskType == 'all' ? true : false)

        }

        Column() {
          Text('待办')
          Radio({ value: 'todo', group: 'type' })
            .onChange((isSelect) => {
              if (isSelect) {
                this.taskType = 'todo'
              }
            })
            .checked(this.taskType == 'todo' ? true : false)

        }

        Column() {
```

```
    Text('完成')
    Radio({ value: 'done', group: 'type' })
      .onChange((isSelect) => {
        if (isSelect) {
          this.taskType = 'done'
        }
      })
      .checked(this.taskType == 'done' ? true : false)
  }
}.width('70%').justifyContent(FlexAlign.SpaceAround)

Stack() {
  Image('images/bg.png').width(300)
    .height(560)

  Column({ space: 10 }) {


    List() {
      ForEach(this.getTaskList(), (item: TaskModel, index) => {
        ListItem() {
          Row() {

            Checkbox().select(item.isComp)
              .onChange((value) => {
                let oldTask = this.taskList[index]
                let newTask = new TaskModel({
                  taskContent: oldTask.taskContent,
                  isComp: value
                })
                this.taskList[index] = newTask
              })


            Text(item.taskContent)
              .margin({ left: 10 })
              .decoration({
                type: item.isComp ?
                TextDecorationType.LineThrough :
                TextDecorationType.None
              })
              .width('70%')
              .maxLines(1)
              .textOverflow({ overflow: TextOverflow.Ellipsis })
```

```
                Blank()
                Image('images/delete.png').width(20)
                  .onClick(() => {
                    this.deleteTask(index)
                  })
              }.width('100%')

            }
          })
        }.width('70%').height(300)

      }
      .margin({ top: 70 })

    }.alignContent(Alignment.Top)

    Column() {
      Button({ type: ButtonType.Circle,
        stateEffect: true }) {
        Text('+').fontColor(Color.White)
          .fontSize(50)
      }.width(60).height(60)
      .onClick(() => {
        this.displayAddPage = true
      })
    }.width('100%')
    .alignItems(HorizontalAlign.End)

  }.width('100%').height('100%')
  .backgroundColor(0xBED0DC)
  .padding({ top: 50, left: 20,
    right: 20, bottom: 20 })
 }
}
```

代码解释如下。

引入模块与定义组件代码如下。

```
import { TaskModel } from '../model/TaskModel'

@Component
export struct ListPage {
```

import：引入 TaskModel 模块，这是一个定义任务模型的类。**@Component**：装饰 List-

Page，表示它是一个页面组件。ListPage 定义了一个任务列表页面组件。

属性定义代码如下。

```
@Link displayAddPage: boolean
@Link taskList: Array<TaskModel>
@State taskType: string = 'all'
```

displayAddPage：用于控制是否显示添加任务页面。

taskList：任务列表，类型为 TaskModel 数组。

taskType：表示当前任务的筛选类型，默认值为 'all'，可选值有 'all'（全部）、'todo'（待办）、'done'（已完成）。

筛选任务方法代码如下。

```
getTaskList(): Array<TaskModel> {
    if (this.taskType == 'all') {
      return this.taskList
    } else if (this.taskType == 'todo') {
      return this.taskList.filter((item) => {
        if(!item.isComp){
          return true
        }
      })
    }else if(this.taskType == 'done') {
      return this.taskList.filter((item) => {
        if(item.isComp){
          return true
        }
      })
    }
  }
```

getTaskList()：根据 taskType 筛选任务列表。如果 taskType 为 'all'，返回全部任务。如果为 'todo'，筛选出未完成的任务。如果为 'done'，筛选出已完成的任务。

删除任务方法代码如下。

```
deleteTask(index: number) {
    AlertDialog.show({
      title: '删除任务',
      message: '二次确认',
      autoCancel: true,
      alignment: DialogAlignment.Bottom,
      offset: {
        dx: 0, dy: -400
      },
      secondaryButton: {
        value: '是',
        action: () => {
          this.taskList.splice(index, 1)
```

```
        }
      },
      primaryButton: {
        value: '否',
        action: () => {}
      }
    })
  }
```

deleteTask()：显示一个确认删除任务的对话框。
secondaryButton 表示“是”，点击后执行删除任务操作。
primaryButton 表示“否”，点击后不执行任何操作。
页面构建代码如下。

```
build() {
    Column({ space: 15 }) {
      Text('我的任务').fontSize(20)
        .fontWeight(FontWeight.Bold)
```

主 Column 容器，用于垂直布局，space 设置子项之间的间距。
Text('我的任务')：页面标题，字体大小 20，加粗。
筛选选项代码如下。

```
      Row() {
        Column() {
          Text('全部')
          Radio({ value: 'all', group: 'type' })
            .onChange((isSelect) => {
              if (isSelect) {
                this.taskType = 'all'
              }
            })
            .checked(this.taskType == 'all' ? true : false)
        }
        ...
      }.width('70%').justifyContent(FlexAlign.SpaceAround)
```

Row 用于水平布局，将“全部”、“待办”、“完成”放在一行。
每个选项通过 Radio 按钮表示，点击后更新 taskType 的值，并触发重新筛选。
任务列表代码如下。

```
      Stack() {
        Image('images/bg.png').width(300)
          .height(560)

        Column({ space: 10 }) {
          List() {
            ForEach(this.getTaskList(), (item: TaskModel, index) => {
              ListItem() {
```

```
                Row() {
                  Checkbox().select(item.isComp)
                    .onChange((value) => {
                      let oldTask = this.taskList[index]
                      let newTask = new TaskModel({
                        taskContent: oldTask.taskContent,
                        isComp: value
                      })
                      this.taskList[index] = newTask
                    })
                  ...
                }.width('100%')
              }
            })
          }.width('70%').height(300)
```

Stack 容器，用于在背景图 Image 上叠加任务列表。

List 和 ForEach 遍历并显示筛选后的任务列表。

Checkbox 用于标记任务完成状态，点击更新任务的 isComp 状态。

Text 显示任务内容，带有 TextDecorationType.LineThrough 修饰（完成状态下有删除线）。

添加任务按钮代码如下。

```
      Column() {
        Button({ type: ButtonType.Circle, stateEffect: true }) {
          Text('+').fontColor(Color.White)
            .fontSize(50)
        }.width(60).height(60)
        .onClick(() => {
          this.displayAddPage = true
        })
      }.width('100%')
      .alignItems(HorizontalAlign.End)
```

Button 显示“+”符号，点击后显示添加任务页面，通过设置 displayAddPage 为 true 实现。

页面整体样式代码如下。

```
    }.width('100%').height('100%')
    .backgroundColor(0xBED0DC)
    .padding({ top: 50, left: 20, right: 20, bottom: 20 })
  }
```

设置页面宽高、背景颜色和内边距，统一样式。

接下来是首页，在 Index.ets 内编写，代码如下。

```
@Entry
@Component
struct Index {
  @State displayAddPage: boolean = false
```

```
  @State @Watch('saveTaskList') taskList: Array<TaskModel> = [
  // new TaskModel({ taskContent: '第 1 天', isComp: false }),
  // new TaskModel({ taskContent: '第 2 天', isComp: true }),
  // new TaskModel({ taskContent: '第 3 天', isComp: false })

  ]

  saveTaskList() {
    TaskHelper.saveTaskList(this.taskList)
  }

  //init view
  aboutToAppear() {
    this.taskList = TaskHelper.readTaskList()
  }

  build() {
    if (this.displayAddPage) {
      AddPage({ displayAddPage: $displayAddPage, taskList: $taskList })
    } else {
      ListPage({ displayAddPage: $displayAddPage, taskList: $taskList })
    }
  }
}
```

代码解释如下。

引入和组件声明代码如下。

```
@Entry
@Component
struct Index {
```

@Entry：指定 Index 为应用的入口页面。

@Component：标记 Index 为一个组件。

状态属性代码如下。

```
@State displayAddPage: boolean = false
@State @Watch('saveTaskList') taskList: Array<TaskModel> = [
  // new TaskModel({ taskContent: '第 1 天', isComp: false }),
  // new TaskModel({ taskContent: '第 2 天', isComp: true }),
  // new TaskModel({ taskContent: '第 3 天', isComp: false })
]
```

displayAddPage：布尔值，用于控制是否显示添加任务页面，初始值为 false，表示默认显示任务列表页面。

taskList：任务列表，是 TaskModel 类型的数组。@Watch('saveTaskList') 表示当 taskList 发生更改时会自动调用 saveTaskList() 方法来保存更新。

保存任务列表方法代码如下。

```
saveTaskList() {
  TaskHelper.saveTaskList(this.taskList)
}
```

saveTaskList() 方法通过调用 TaskHelper.saveTaskList() 将当前的任务列表保存到某个存储中。TaskHelper 是一个辅助工具类，负责读写任务列表。

视图初始化代码如下。

```
aboutToAppear() {
  this.taskList = TaskHelper.readTaskList()
}
```

aboutToAppear() 方法在组件加载时调用，通过 TaskHelper.readTaskList() 读取保存的任务列表并赋值给 taskList。

构建页面代码如下。

```
build() {
  if (this.displayAddPage) {
    AddPage({ displayAddPage: $displayAddPage, taskList: $taskList })
  } else {
    ListPage({ displayAddPage: $displayAddPage, taskList: $taskList })
  }
}
```

build() 方法负责构建页面结构。如果 displayAddPage 为 true，显示 AddPage 组件，即添加任务页面。否则，显示 ListPage 组件，即任务列表页面。使用 $displayAddPage 和 $taskList 将这两个状态变量以响应式的方式传递给子组件 AddPage 和 ListPage。

新增选项页面，创建 AddPage.ets 文件，并编写代码如下。

```
import { TaskModel } from '../model/TaskModel'

@Component
export struct AddPage {
  @Link displayAddPage: boolean
  @State taskContent: string = ''
  @Link taskList: Array<TaskModel>

  build() {
    Column() {
      Stack() {
        Column({ space: 20 }) {
          Image('images/back.png').width(30)
            .onClick(() => {
              this.displayAddPage = false
            })

        }.alignItems(HorizontalAlign.Start)
        .width('100%')
```

```
          Text('新增')
            .fontSize(20)
            .fontWeight(FontWeight.Bold)
        }


        TextArea({ text: this.taskContent, placeholder: '请输入清单内容 ' })
          .backgroundColor(Color.White)
          .width(300)
          .height(200)
          .borderRadius(10)
          .borderColor(0xc2bfbf)
          .margin({ top: 30, bottom: 20 })
          .onChange((value) => {
            this.taskContent = value
          })

        Button({ stateEffect: true, type: ButtonType.Normal }) {
          Text('确定').fontColor(Color.White)
        }
        .width(300)
        .height(50)
        .borderRadius(5)
        .onClick(() => {
          let task = new TaskModel({ taskContent:
this.taskContent, isComp: false })

          // 逆序
          this.taskList.splice(0, 0, task)
          this.displayAddPage = false
        })

      }.width('100%').height('100%')
      .backgroundColor(0xBED0DC)
      .padding(20)
    }
  }
```

该代码定义了一个名为 AddPage 的页面组件，用于新增任务。AddPage 组件包含一个输入框，用于输入任务内容，以及一个按钮，用于确认添加任务。完成任务添加后，返回任务列表页面。效果如图 8-1 所示。

图 8-1　新增任务

代码解释如下。

引入和组件声明代码如下。

```
import { TaskModel } from '../model/TaskModel'

@Component
export struct AddPage {
  @Link displayAddPage: boolean
  @State taskContent: string = ''
  @Link taskList: Array<TaskModel>
```

引入了 TaskModel 模型类，表示任务的结构。

@Link displayAddPage：布尔值，用于控制页面显示，控制从 AddPage 切换回任务列表页面。

@State taskContent：字符串状态，表示任务内容的输入值，默认为空字符串。

@Link taskList：TaskModel 类型的数组，用于接收来自父组件的任务列表。

页面构建代码如下。

```
build() {
  Column() {
    Stack() {
      Column({ space: 20 }) {
        Image('images/back.png').width(30)
          .onClick(() => {
            this.displayAddPage = false
          })
      }.alignItems(HorizontalAlign.Start)
      .width('100%')

      Text('新增')
        .fontSize(20)
        .fontWeight(FontWeight.Bold)
    }
```

使用 Stack 和 Column 布局创建页面顶部栏。

返回按钮：点击 back.png 图片按钮将 displayAddPage 设置为 false，从而切换回任务列表页面。

标题文字 '新增' 显示在页面顶部。

输入框代码如下。

```
TextArea({ text: this.taskContent, placeholder: '请输入清单内容 ' })
  .backgroundColor(Color.White)
  .width(300)
  .height(200)
  .borderRadius(10)
  .borderColor(0xc2bfbf)
  .margin({ top: 30, bottom: 20 })
  .onChange((value) => {
    this.taskContent = value
  })
```

TextArea 用于用户输入任务内容，设置了背景颜色、宽度、高度、边框颜色和圆角等样式。

onChange 事件：当输入内容发生变化时，更新 taskContent 状态。

确认按钮代码如下。

```
Button({ stateEffect: true, type: ButtonType.Normal }) {
  Text('确定').fontColor(Color.White)
}
.width(300)
.height(50)
.borderRadius(5)
.onClick(() => {
  let task = new TaskModel({ taskContent: this.taskContent, isComp: false })

  // 逆序插入新任务
  this.taskList.splice(0, 0, task)
  this.displayAddPage = false
})
```

Button 用于确认添加任务，按钮点击后执行以下操作。

创建一个新的 TaskModel 对象 task，内容为 taskContent，并将 isComp（完成状态）设为 false。

使用 this.taskList.splice(0, 0, task) 将新任务添加到 taskList 的最前面，实现逆序添加。

将 displayAddPage 设置为 false，切换回任务列表页面。

样式和布局代码如下。

```
}.width('100%').height('100%')
.backgroundColor(0xBED0DC)
.padding(20)
```

设置整个页面的宽高为 100%，背景颜色和内边距（padding）等样式。

在 ets 下新建一个 model 文件夹，并新建 TaskModel.ets 文件，代码如下。

```
export class TaskModel {
  taskContent: string = ''
  isComp: boolean = false

  constructor({taskContent:taskContent, isComp:isComp}) {
    this.taskContent = taskContent
    this.isComp = isComp
  }
}
```

代码解释如下。

export：用于导出类，使得这个 TaskModel 类可以在其他模块中导入使用。

class TaskModel：定义了一个名为 TaskModel 的类，这个类可以用于创建任务对象。

taskContent：声明了一个 taskContent 属性，用于存储任务的内容。

string：指定 taskContent 的数据类型为字符串。

= '': 将 taskContent 的默认值设置为空字符串，以避免初始化时的空值问题。

isComp：声明了一个 isComp 属性，用于存储任务的完成状态。

boolean：指定 isComp 的数据类型为布尔值。

= false：将 isComp 的默认值设置为 false，表示任务默认是未完成状态。

constructor：构造函数，用于在创建对象时初始化 taskContent 和 isComp 属性。

{ taskContent: taskContent, isComp: isComp }：构造函数接收一个对象作为参数，通过解构赋值将 taskContent 和 isComp 的值分别赋值给对象的属性。

this.taskContent：指当前实例的 taskContent 属性。

= taskContent：将传入的 taskContent 参数赋值给当前实例的 taskContent 属性。

this.isComp：指当前实例的 isComp 属性。

= isComp：将传入的 isComp 参数赋值给当前实例的 isComp 属性。

使用工具类，新建一个 helper 文件夹，在文件下创建 TaskHepler.ets，代码如下。

```
import { TaskModel } from '../model/TaskModel';
import { FileHelper } from './FileHelper';
export class TaskHelper {

  static saveTaskList(taskList: Array<TaskModel>) {
    FileHelper.saveJsonData(taskList, 'task.data')
  }

  static readTaskList(): Array<TaskModel> {
    let jsonData = FileHelper.readJsonData('task.data')
    let taskList: Array<TaskModel> = []
    Object.assign(taskList, jsonData)
    return taskList
  }
}
```

代码解释如下。

import：导入模块。

{ TaskModel }：从 ../model/TaskModel 导入 TaskModel 类，用于定义任务模型的数据结构。

{ FileHelper }：从 ./FileHelper 导入 FileHelper 类，用于处理文件的读取和写入。

export：导出类，使得 TaskHelper 可以在其他模块中导入。

class TaskHelper：定义一个 TaskHelper 类，用于任务列表的辅助操作。

static：定义静态方法，允许不创建 TaskHelper 实例而直接调用

saveTaskList：方法名称，用于保存任务列表。

(taskList: Array<TaskModel>)：参数 taskList 是一个 TaskModel 数组，代表要保存的任务列表。

FileHelper.saveJsonData：调用 FileHelper 的 saveJsonData 方法，将任务列表数据保存为 JSON 格式。

taskList：作为第一个参数传入，这是要保存的任务数据。

'task.data'：作为第二个参数，表示保存的文件名。该方法会把 taskList 保存到一个名为 task.data 的文件中。

static：定义静态方法，允许不创建 TaskHelper 实例而直接调用 readTaskList 方法。

readTaskList：方法名称，用于读取任务列表数据。

(): Array<TaskModel>：定义返回类型为 TaskModel 数组。

let jsonData：声明变量 jsonData，用于存储从文件中读取的 JSON 数据。

FileHelper.readJsonData('task.data')：调用 FileHelper 的 readJsonData 方法，读取 task.data 文件中的数据，并将其存储在 jsonData 中。

let taskList: Array<TaskModel> = []：声明一个空的 TaskModel 数组，用于存储转换后的任务列表。

Object.assign(taskList, jsonData)：将 jsonData 中的数据合并到 taskList 中。这一步将文件中的 JSON 数据转换为 TaskModel 实例。

return taskList：返回转换后的 taskList 数组，即文件中保存的任务列表。

得到的效果如图 8-2 所示。

完成任务后，事件变为中划线，如图 8-3 所示。

图 8-2　效果图

图 8-3　完成任务效果图

8.2　上架应用商店

小牛

小马，我们的应用已经开发完成了，接下来该干嘛?

小马：当然是上架应用商店啊！这样用户才能下载咱们的作品。

小牛：听起来不错！可是，我对上架流程一无所知，能不能教教我？

小马：没问题！其实上架流程很标准，但需要做好准备。

小牛：准备什么？

小马：首先，得有开发者账号。像华为、苹果、Google Play 这些平台，都要求注册开发者账号。

第一步就是注册一个华为开发者账号。到华为开发者联盟官网上注册，如果是企业，还需要提供营业执照验证。

小牛：我已经注册了账号，是个人开发者。这够用吗？

小马：可以的，个人开发者也能上架应用。不过要注意，身份验证必须通过，才能上传应用包。

小牛：资料准备好了，安装包直接上传就行吗？

小马：对的，不过鸿蒙 OS 要求的安装包是签名好的 APK 或者 APP 文件，最好使用鸿蒙 SDK 开发，确保兼容性。

在进行创建应用的操作之前，需要确保以下条件已满足。

注册华为开发者账号：登录华为开发者网站，注册开发者账号。个人或企业均可注册。

完成实名认证：开发者账号需要完成实名认证。认证方式分为个人认证和企业认证。

个人认证：需要上传身份证或护照信息。

企业认证：需要提供公司营业执照及其他相关材料。

登录 AppGallery Connect（AGC，华为为开发者提供的一站式服务平台）。打开 AppGallery Connect 官网，选择“证书、APP ID 和 Profile”，如图 8-4 所示。

图 8-4　选择“证书、APP ID 和 Profile”

点击“APP ID”进入对应页面。在页面右上角，点击“新建”按钮即可。如图 8-5 所示。

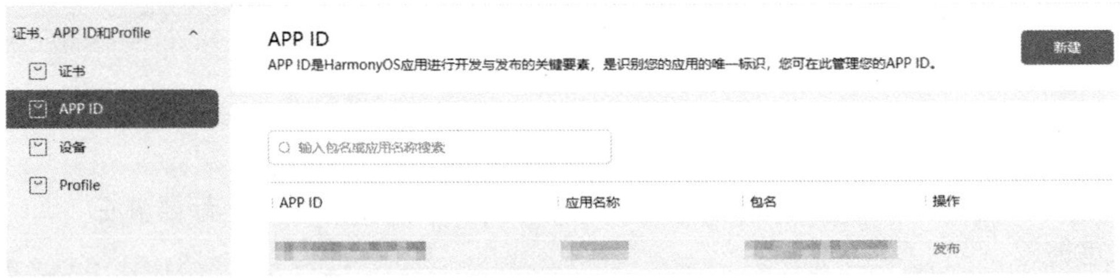

图 8-5　新建

进入“设置应用开发基础信息”页面后，填写相关的应用基础信息。完成填写后，点击“下一步”继续操作。如图 8-6 所示。

图 8-6　设置应用开发基础信息

在填写应用开发的基础信息时，首先要确定应用类型，也就是选择创建“HarmonyOS 应用”还是“元服务”。

接着，填写应用名称，这个名称会在华为应用市场的详情页上展示给用户。

对于应用包名，如果选择了“HarmonyOS 应用”，则需要手动填写包名，并且必须与 DevEco Studio 中配置的 Bundle name 保持一致。值得注意的是，包名要遵循一定的规范。

• 必须是由点号（.）分隔的字符串，且至少包含三段。

• 每段只能由英文字母、数字或下划线（_）组成。

• 包名的首段要以英文字母开头，而其他段可以字母或数字开头，且每段的结尾应为字母或数字。

• 包名长度需控制在 7～128 个字符之间，且不能包含敏感词或保留字符，例如“harmony”、“ohos”、“system”等。

最后是应用分类，这个选项一旦选择后就无法修改，因此需要谨慎决定。你可以选择将应用归为“普通应用”或“游戏类应用”。

在“开放能力接入”页面，首先选择应用所属的项目。确保所有信息填写无误后，点击“确认”。完成这一步骤后，应用便成功创建了。如图 8-7 所示。

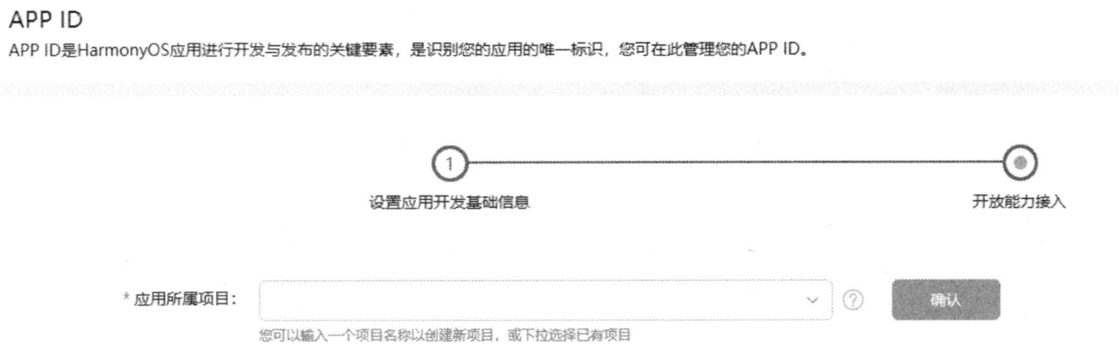

图 8-7 开放能力接入

返回到“APP ID”页面时，便能看到自己已经创建的 APP ID，以及对应的应用名称和包名信息。请记住，APP ID 一旦生成，还需要为其关联待发布的应用或元服务，只有这样，应用或元服务才能出现在“我的应用”列表中。此时，你只需点击“操作”列中的“发布”按钮，便可前往进行应用或元服务的创建和发布。如图 8-8 所示。

图 8-8 发布

点击发布按钮，在弹出的“发布 HarmonyOS 应用”窗口，将应用 / 元服务信息补充完整，如图 8-9 所示。

图 8-9　补充信息

所有星号都要进行填写，包括应用名称，应用图标等信息，参数说明如下。

应用包名：自动填充创建的应用或元服务的包名。

应用名称：自动填充创建的应用或元服务的名称，支持修改。

支持设备：根据需求选择应用或元服务发布后运行的设备，默认选择“手机”。支持设备功能如下。支持的设备包括手机、手表、大屏和路由器。手机、大屏和手表之间支持多选，但路由器只支持单选。

注意：“手机”选项包括手机和平板设备，平板设备可以在应用信息页面后续配置为兼容设备。

在应用发布前，支持设备可以随时修改，支持从单设备改为多设备，或从多设备改为单设备。但一旦应用发布，升级时仅允许增加设备类型，不能删除原有选择的设备类型。例如，如果应用支持“手机”设备，升级时无法取消勾选“手机”选项。

默认语言：华为应用市场客户端应用详情页中应用相关描述的默认语言。若应用没有提供本地化语言的应用信息，则相关信息将以默认语言显示。

最后确认发布信息，包括以下几个方面。

软件版本和包名：软件版本必须填写当前应用的版本号。确保这个版本号与上传的安装包相符。一般情况下，版本号遵循“主版本号 . 次版本号 . 修订号”的格式。包名是应用的唯一标识符，通常不能修改，因此需确保它正确无误。

应用截图和视频：提交至少 3 张应用截图，确保它们符合要求的尺寸和格式（1280*720px 或更大，PNG、JPG、JPEG 格式），并且文件大小不超过 5 MB。应用介绍视频也可以选择上传，视频应简洁展示应用的主要功能和特点。确保截图能够清晰展示应用的关键功能，并能够吸引用户点击下载。

内容分级：根据应用内容，准确选择适合的年龄分级。如果应用内容适合所有年龄段，可以选择“所有年龄段”，否则需根据实际内容选择适当的年龄分级。在华为的内容分级系统中，填写信息时要确保准确，不仅影响用户的使用，也可能影响审核的通过率。

隐私声明和隐私标签：提供隐私政策网址，并确保该政策符合相关隐私保护法规（如 GDPR、CCPA）。隐私政策应明确告知用户如何收集、使用和保护其个人数据。在隐私标签中，确保准确填写应用是否涉及个人信息收集。这些标签将显示在应用详情页面，帮助用户了解如何处理他们的数据。

版权信息：提供相关的版权证书或代理证书，这通常是申请应用上架所必需的。若未申请过版权认证，可以通过官方渠道办理相关证书。电子版权认证证书是法律文件之一，确保上传的是有效文件，并确保符合华为的格式要求。

测试账号信息：如果应用功能涉及用户身份验证（如登录、购买等），提供一个测试账号供审核员使用。测试账号应能访问应用的核心功能，确保审核员能够完成检查。提供测试账号时，需要确保它能够正常使用且具有完整的功能权限。

上架时间：在提交前，确认应用的发布日期。如果应用具有特定的发布时间要求，可以在此填入。否则，华为平台会根据审核和处理时间来安排上架。

当所有都审核通过之后，应用就可以上架商店。